A Public Servant
in the USA

Cheng Zhang
Joshua Zhang

Remembering Publishing

我的美国公务员之路

张程　乔晞华　著

Remembering Publishing
美国华忆出版社

Copyright © 2019 by Remembering Publishing

A Public Servant in the USA

Cheng Zhang，Joshua Zhang

ISBN： 978-1-951135-18-8（P-平装本）

978-1-951135-19-5（E-电子本）

LCCN： 2019918008

Remembering Publishing, LLC

9600 S IH-35, C600

Austin, TX 78748

RememPub@gmail.com

书名：我的美国公务员之路

作者： 张程、乔晞华著

出版： 美国华忆出版社 奥斯汀·得克萨斯州

版次： 2019 年 12 月第一版

字数： 247 千字

封面照片：https://pixabay.com/photos/us-capitol-building-washington-dc-4077168

美国不是天堂，也不是地狱，是人间。

本书

以细腻的寻常小事，透视在美的生活；

以真实的学习经历，讲述留学的经验；

以亲身的工作实践，介绍政府的管理；

以犀利的专家眼光，剖析美国的社会。

自 序

　　乔晞华于1989年赴美留学，获社会学硕士和博士学位，1994年进入X州政府工作至今，曾在州工伤赔偿研究中心和州保险业管理部任职，现为州司法部的研究人员。

　　乔晞华曾在美国的监狱里当过翻译，在法庭上做过陪审员，与流浪汉打过交道，对瘾君子进行过研究，到餐馆打过工，为好莱坞拍过电影，在中文学校当过教师，还做过近十年的义工。作为资深的公务员，他参与评估新法律的效果，为州议会的立法提供过科学根据，在打假诉讼中为检方提供过证据，作为专家为检方出庭作过证，参与过无数次打击欺诈的法律诉讼。如此丰富的个人经历，使我们有很多故事与心得体会想与对美国普通民众社会有兴趣的读者分享。于是，写作这本书的动力应运而生。

　　本书内容涉及美国公益代位诉讼体制，工伤赔偿保险机制，民众遇到自然灾害后重建家园的房产保险系统，政府保护消费者利益的措施，专为老人和穷人服务的美国医保体系，美国的警察、法院、监狱等司法机构的运作情况以及美国选举中鲜为人知的内情等。书中还详细介绍美国公务员的反腐防腐教育、措施及现状。

　　书中的各章节既相互联系又相对独立，阅读顺序可以由读者任选。为了保护个人隐私，书中的人名和地名均为化名。名字虽是虚构的，但所叙述的事情却是真实的。

　　资深编辑王立嘉编审为拙作进行了全面的文字修改，使之增色不少，在此表示诚挚的感谢。

　　本书曾得到朱思明编辑和翟福军编辑的帮助、指教和支持，在此表示感谢。

　　本书原订于2013年由新华出版社在国内出版，因各种原因，未能如期实现，一直拖至2019年才由美国华忆出版社在国外出版，作者向在出版过程中曾给予大力帮助的朋友表示衷心的感谢。

作者

2012年11月第一稿

2015年 2 月第二稿

2019年 9月第三稿

目 录

第1篇 求学岁月

1.1. 初到美国

1989年8月中旬，我乘飞机到达美国的M市，一座美丽的海滨城市。

我提着两只足有130斤重的箱子走下飞机，外加一个塞得几乎要涨破的背包，里面装满书籍、衣服和生活用品。为了省钱，我连做饭炒菜的厨具都带来了。这种情景，对于现在的留学生来说可能是陌生的甚至是可笑的。当时的中国刚开始改革开放，外汇控制得很严，每位留学生只能兑换30美元现金。美国大学发放奖学金是在月底，而租房要预付房租和押金，留学生刚开始在国外立足是很困难的。

我怀揣着几乎倾家荡产换来的600美元。不到万不得已，我是不会轻易动用这笔钱的。我开始打听去Ｖ大学的路。好在Ｖ大学挺有名气，我很快打听到了。Ｖ大学离机场约30公里，可以选择乘坐出租车或者小巴士。小巴士便宜些，是当然的选择。

我登上一辆小巴士。一上车，看到醒目的告示："每位七美元，不含小费"。我拿出一张十美元的票子交给司机，客气地说："零钱不用找了，算您的小费。"司机那张原本毫无表情的脸立即多云转晴，热情了许多。

车上的乘客陆续下了车。在一条小街上，司机把车往路边一靠，对我说："Ｖ大学到了，请下车吧。"我下车一看，愣住了。"这是Ｖ大学吗？"我怀疑地问道。

在我想来，大学应该有一个大门，大门边应该有门卫和传达室。通

1

过传达室，可以询问到我要去的地方。我甚至以为，学校应该在大门口设个新生接待站，专门安排新生的住宿。中国的车站和码头常见的大学新生接待站，在这里连影儿都没有。

美国的大学没有明显的大门，更没有围墙，最多只是在临街处竖个牌子。由于上课期间汽车流量较大，学校会在主要路口设立岗亭限制车辆。但是在非高峰时期，车辆进出自由。美国大学的设施（如图书馆、教室等）是对外开放的。只要你遵守规定，不影响他人，任何人都可以去大学的图书馆看书。如果教室空着，你可以堂而皇之毫无愧色地坐在里面学习。当然，有些设施（如计算机、打印机等）需要出示学生证才能使用。尽管大学对外开放，校园里大多数人都是在校学生，闲杂人员并不多。

我下车的地方是一条普通街道，两旁的建筑物有的像图书馆，有的像宿舍，就是没有像教室和办公楼的。那天是星期六，路上的行人很少。好不容易见到一个人，我不管三七二十一，劈头便问："请问这里是 V 大学吗?"

那人客气地答道："是。"看到我像是新来的，他关切地问道："你找谁?"

我连忙自我介绍说："我是国际学生，刚到这儿。"

他爱莫能助地对我说："你也许要等到周一才能见到系里的人。"

一听这话，我急了：总不能提着两只大箱子露宿街头等到星期一吧。由于出国时走得匆忙，我没有提前通知系里的研究生主任，否则可以拜托他帮忙找个临时落脚点。有些幸运的留学生，甚至可能由导师接去家中小住数日。我该怎么办? 如果没有两只累赘的大箱子，也许要好得多。

小巴司机因为得到40%以上的小费①，对我很热情，也下车帮我打听。他对我说："对面那座楼是学生活动中心，里面有不少学生，您也许可以请他们帮忙。"

---

① 在美国小费一般是 15%。

辞别小巴司机，我进入学生活动中心。这是一座三层楼的建筑，大厅很宽敞，配有茶几和沙发供学生们休息。里面还有许多大小不等的会议室和办公室，供学生社团使用。我找到亚裔学生会的办公室。可是因为是周末，这里是铁将军把门，不见人影。我看到两位学生模样的人坐在大厅里边看书边聊天，便向他俩询问。他们放下手中的书，疑惑地看着我，不知所措。还是那位女生反应快主意多。她走到电话机旁，打电话给国际学生中心，无奈没人接。她又打到社会学系，还是无功而返。只听见她对着电话说："是校警办公室吗，我这里有位中国学生需要帮忙，您能派人来一趟吗？"

我一听找警察就发怵。在我的印象中，警察与社会治安管理有关。我担心人生地不熟，被警察当做坏人就麻烦了，忙摆手说："不，不，不要叫警察。"不过已经晚了，很快一位校警出现在我们面前。

这位警察的行头非常齐全，腰挂手枪、警棒、手铐，肩上别着对讲机，架势着实有点吓人。后来在美国待久了我才知道，任何警察，只要是在岗执勤都是这副模样。警察一眼看出那个救急电话与我有关，上前与我打招呼："是您打的电话吗？我能为你做什么？"

我急忙说："我是刚到的国际学生，来自中国。我想找个地方先安顿下来。"

警察用手指着远处一辆类似高尔夫球车的轻便车，说道："我们上车，你想到哪儿，我带你到哪儿。"

我哭笑不得地对他说："我正是不知道要到哪儿去，才找你来的。"

警察彬彬有礼地对我说："我只管巡逻，对学校的情况不了解。这样吧，我载你去附近的学生宿舍，看能不能找个地方让你暂时落脚。"

我连忙点头称是。警察帮我把两只沉重的箱子搬上车，我们一起出发了。警察一只手把着方向盘，另一只手握着对讲机，一只脚放在加速踏板上，另一只脚伸在车外，那漫不经心、吊儿郎当而又悠闲自得的样子，实在让我不放心。好在车子行驶在校园里速度不快，即使出事故也不至于造成重大伤亡。

"警察中心，这是麦克。这儿有位中国学生需要帮助。我正帮他找宿舍。完毕。"说完，他收起对讲机，哼着小调继续开车在学校里转悠。车子转一大圈后，来到一幢大楼面前。他停下车，对我说："你可以进去找宿舍管理员，问问能否收留你。"

我走进宿舍大楼，对站在管理台后面的一位姑娘说："我能在您这儿暂时住几天吗，我是刚到的国际学生，没地方去。"

管理员面呈难色地对我说："对不起，我做不了主，得请示头儿。"

原来，这些管理员仅仅是在校学生，利用课余时间勤工俭学。只见她拿起电话与她的上司商量起来。过了一会儿，姑娘对我说："你可以在这儿暂住两三天，每天收费十美元。"

谢天谢地，总算有了安身之处，我忙不迭地向她道谢。搬进临时住所后，我身心疲惫，一头倒在床上，纹丝不动。过了很久我才缓过神来，开始盘算下一步的行动。首先，我得找到水和食物。我向管理员打听："请问哪里有开水？"

"什么？开水？"她被我的问题问糊涂了。

"就是喝的开水。"

"干吗要喝开水呢？"

看来，我得用另一种说法才能把问题讲清楚。"那么，你们平时喝什么水呢？"我问道。

"哦，在那儿，"她指着走廊里的一台饮水机，"那是饮水器。你也可以直接喝自来水，只是自来水不够冷。"

原来，美国自来水的水质达到可以直接饮用的标准。饮水器有降温作用，相当于一个小冰箱，里面的水一年四季都是冰冷的。美国人习惯饮用冰水，即便是在寒冷的冬天仍然如此。看着美国人在隆冬时节大口地喝着杯中浮着冰块的水，真让人替他们感到冷。更让人不可思议的是，产妇竟然也喝冰水，据说是为了帮助止血。按照中国人的习惯，这有损产妇健康，是绝对不允许的。

相对来说，我算是幸运的。我的一位大学同学两年后也来到Ｖ大学。

一见面，他就冲我嚷道："老乔，哪儿有开水，我渴死了。这大夏天的，真让人受不了。"原来他到美国后一直找不着开水，硬是十多个小时滴水未进。

按照管理员的指点，我找到餐厅。大学的餐厅是全国连锁店在学校租下门面开办的，面向所有人，对校内外人员一视同仁。可是价钱着实让我郁闷，每顿饭要五美元。按当时的黑市价格，相当于35元人民币，是我在国内半个月的薪水。这是我无论如何也舍不得消费的。

我找到校园里的一个商店，买了一袋60美分的面包，这个价格还差不多。这袋面包可以维持我两天的生活。我就着自来水啃着面包，居然感觉味道还不错。吃饱喝足后，我开始在校园里转悠，熟悉这个我即将开始新生活的地方。我从学校的信息中心得到免费的校园地图，按图索骥找到今后要去的地方——系办公室、图书馆、国际学生中心……一圈跑下来收获不小。

在回宿舍的路上，我看到一块很不显眼牌子，是国际学生接待站。值班的是V大学国际学生中心主任莱尼先生。他很热情地对我说："这儿是临时接待站，专门为像你这样来自国外的学生排忧解难。你可以在这里居住一周，比你现在住的地方更好些。我建议你搬过来住。"

"可是，我已经搬进去住了几个小时，用了人家被褥，搬出来……"我的潜台词是：那个一天十元的收费，可是我在国内一个月的薪水呀。

莱尼先生似乎看出我的忧虑，说道："你可以与管理员谈谈，应该是可以免交房租的。如果不行，我可以出面帮你说情。"

我犹犹豫豫地找到那位管理员，说："我找到国际学生接待站，想搬过去，因为那儿可以让我住一周的时间。"

"太好了，祝贺你。既然你才住了几个小时，就不收你的房租，反正你到那儿也要交今天的房租。祝你好运，早日找到正式住房安顿下来。"没想到我未开口，人家主动免我的房租。就这样，我刚落脚就搬了一次家。

第二天是星期天，我打听到在V大学读书的一对来自台湾的中国夫妇。我打电话与他们联系，他们出于礼貌请我吃晚饭。我已经两天没有正经吃饭，不加思索地答道："谢啦，一言为定，我晚上六点钟来。"挂上电话，我满心喜悦，为能吃上一顿中国晚餐而感到兴奋。饥饿是难以忍受的，不过几顿饭连着啃面包的滋味也不好受。我曾下狠心去学校的自助餐厅吃顿饭，吃上几口方才发现，这些饭菜的口感与面包相差无几。我拿着一碗煮豆子，刚吃几口就忍不住全部吐了出来，胃里翻江倒海似地难受。

那对台湾夫妇还邀请了其他几位来自中国大陆的同学。席间，同学们看见我吃得狼吞虎咽，都笑了。虽然没有什么山珍海味，但直至今日我对那顿晚餐仍然记忆犹新。

我多方打听，寻找住所和室友。恰好小马正为寻找室友分担房租而发愁，双方一拍即合，当场决定我马上搬进去。莱尼先生开车把我送到目的地。这是一幢二层小楼，楼上和楼下各有两套公寓式住房，每套有两间卧室。四套公寓，中国学生住其中的三套。

楼上的一套，有一位上了年纪的白人老头独自居住。他的女儿住在本市，平时很少来看他。老人年纪大，行动不便，很少下楼。我们时常帮他取信，所以他对我们挺客气。老人每天仅下楼一次，主要是为了"锻炼"他的汽车。为了使他那辆老掉牙的汽车能够保持运转，他每天要发动汽车空转十来分钟。那辆老爷车一发动，会发出震耳欲聋的吼叫声，吵得我们心烦意乱，看不进书，更无法休息。好在他的"锻炼"时间有一定的规律，且时间也不算长，我们还能忍受。

楼上的另一套房，租给包括我在内的四位中国学生，每间卧室住两个人。租约上写明，这套房只能住两个人，我们瞒天过海，悄悄地住下来。我们的房租相对便宜，不配备家具。先来的同学已经捡了张饭桌和几张摇摇晃晃的椅子，可以坐着吃饭。没有床垫，我们把从国内带来的床单往地上一铺，就睡在地板上。后来，那处住房变成中国学生的根据地，成了国中国、城中城。我们搬走以后，后来的中国学生前赴后继，一直没有中断过。

美国人建造房子，不像中国人注意朝向，他们太依赖灯光和空调设施。我们租的两间卧室正对西面，房间里没有窗帘，西晒的阳光直射到房间里。为了节省开支，我们舍不得开空调，室内的温度高得令人窒息。小马想出一个降温的办法：每天临睡前用湿布擦地，水分的蒸发可以带走热量，地板的温度有所降低，睡上去凉快多了。我们效仿小马的做法，享受着最原始的降温方法带来的凉爽。后来，我们把别人丢弃的报纸贴在玻璃上，阻挡阳光的照射，室内的温度稍得到控制。尽管如此，我们在宿舍里仍然汗流浃背，经常只穿个大短裤，顾不得是否雅观。

这套房子的厨房挺宽敞，配有大冰箱、炉灶和抽油烟机，还有烤箱。我们四个大男人没有烹饪经验，更不懂如何使用烤箱，所以直到离开也没动过那玩意儿。厨房的抽油烟机很特别，与外界并不相通，机器上有一块滤网，运转时将厨房的油烟经过滤网又送回室内，排烟能力甚微。炒中国菜油烟巨大，但凡中国学生用过的厨房，大多是一片狼藉，房东常常需要花费很大气力才能清洗干净。

小马为我烧好晚餐，一盘蔬菜和几只鸡腿。我一连啃了好几只鸡腿，连呼好吃。当年在国内鸡腿还是挺贵的，吃鸡腿算是改善伙食。可是，美国的鸡腿比蔬菜还要便宜，所以成为我们的主食。我们天天吃鸡腿，或红烧，或烧汤，或是炒鸡片、炒鸡块。没过多久，我就腻透鸡腿，很少吃鸡。

吃住问题解决之后，行的问题提到议事日程上来。从住处到 V 大学步行需要半个多小时，虽然不算太远，但是紧张的学习不允许把时间过多地花费在路上。我必须有个代步工具。我暂时没有能力买汽车，不过买辆旧自行车倒还在能力范围之内。自行车店离住处挺远，为了省钱，我决定步行前往。

M 市是南方的大城市，犯罪率很高。我走着走着觉得不对劲，四周的行人越来越少，房屋越来越破旧，难道是走错了路？正好有一位年轻人离我不远，边走边聚精会神地听着耳机里的音乐，那玩意儿与后来时兴的"随身听"差不多。

"劳驾，请问到市中心的运河大道怎么走？"

这位黑人青年显然沉浸在音乐世界之中，没有听见我的问话。我赶到他前面大声问道："请问到运河大道上的自行车店是这么走吗？"

小伙子不情愿地摘下耳机，回答道："对，顺着这条街一直往前走。"

"谢谢您。"我礼貌地对他说。

走了几步，小伙子突然想起什么，回头对我说："你得付给我咨询费。你问路，我给你回答，要付报酬。两块钱，怎么样？"

相比之下，我算是幸运的。V大学的一位中国学生遇到过更尴尬的事。一天清晨，他去参加一个学术会议。他刚下汽车，一位身着西装，衣冠楚楚的黑人热情地握住他的手，大声喊道："老朋友，你上哪儿去？"

他根本不认识此人，只听得对方低声对他说："请给我点钱。"他试图挣脱，无奈他的手被紧紧地握着，不给钱是走不了了。他只好给黑人几美元才脱身。

对于那位年青人索要问路费，我采用装聋作哑的办法："您说什么？对不起，我刚到这儿，英语不太好，听不懂你在说什么。"

小伙子不甘心："这么说吧，你干脆给我两块钱得了。"

正巧一位中年妇女路过，见状对我说："您走两个街区后向左转弯，再一直往前，这样更安全。我正好与你同路，跟着我走吧。"

显然，她是为了帮我解围而主动上前与我说话。她压低嗓门对我说："别理他，与他拉开距离。"

那位年青人见状，自知讨没趣，嘟嘟囔囔地走开了。好心的中年妇女告诉我，"今后尽量不要走这条路，更不能随便问路，否则危险性极大。"

她的一席话令我直冒冷汗，我连声道谢。

总算到了M市的繁华地段，行人逐渐地多起来。我拿出地图，边走边寻找目的地。到一个街口，我徘徊不定，不知该继续向前行，还是向右转弯进入另一条街。这时，一位长者停下来，拍拍我的肩膀，对我说："年轻人，看样子你是外地游客，千万别向右拐。那条街危险着呢，不能进去。要到哪儿？我来告诉你该怎么走。"

我拿出自行车店的地址，老人不厌其烦地给我讲解线路，直到我明白为止。

美国的都市化发展迅速，城市人口剧增。人口压力对城市（尤其是大城市）的生活环境造成破坏。日益恶化的城市生活环境迫使人们不得不迁离城市，因而产生一个奇特的现象：一方面大量的穷人涌入都市，另一方面大量的富人和中产阶级搬离都市，安家于都市周边的卫星城。这一过程的后果是，尽管大都市的中心地带仍然保持着原有的繁华，但是其他地段往往惨不忍睹。幸亏有这位好心长者的指点，我才避免误入高危地段。

我花40美元买了一辆最便宜的自行车。这是一辆跑车，狭窄的轮胎，高耸的座位，低矮的车把，嘿，骑起来还挺神气。在店主的建议下，我花十美元买了一把大锁。据说这里自行车偷盗成风，没有好的锁很容易被偷。

事实证明，我犯了一个决策性错误。这种跑车虽然便宜，但是只适合体育场上使用。跑车的轮胎极易扎破，窄窄的轮胎意味着外胎很薄，一块细小的玻璃碎片也可使轮胎漏气。频繁的漏气终使我成为补胎的高手，这当是后话。

1.2. 美国大学

我就读于M市的V大学。该大学始建于1834年，是一所综合性研究型私立大学，在美国南方小有名气。它的医学院和法学院在全美有些名气。该校在全美综合性大学的排名居前50名之内。V大学近年出过一些名人，如一名前国会众议院院长是该校的毕业生。联合国世界卫生组织里有不少官员曾就读于该校的医学院。医学院有一名教授是诺贝尔医学奖获得者。V大学在南美有一定的影响力，许多在该校读过书的南美人回国后成为国家的政要。V大学在台湾有一批校友，他们在政界和商界具有一定的影响。近年来，V大学成立了亚洲学生培训中心，专门培养来自大陆的政府官员，并主动出击，到中国的一些城市招募本科生和研究生。但是该大学真正出名的却是昂贵的学费；我入学那年，该校的学费在全美排第19名。

V大学的校舍分为两处，医学院在M市的闹市区，附属医院在M市很有名气。其他学院和校本部在市区的北部。由于V大学地处大城市，占地受到限制，所以校园并不太大，有人戏称这是一所袖珍大学。我被该校的社会学系录取。该系的规模较小，约有十多位全职教授和兼职教授，在校研究生大约有20多名。在我之前，社会学系从未招收过来自中国的学生，我算是系里的第一位中国学生。

我报考了美国的六所大学，获得三所大学的全额奖学金。当时我对美国的学校知之甚少，除了听说过几所顶尖的学校（如哈佛、耶鲁等大学），对其他学校一无所知。我选中V大学，出于三个非常实际的原因。首先该校地处大城市，以后利用课余时间打工相对容易。第二，V大学社会学系给我的录取信写得非常热情，使我感到教授们的真诚。事实证明，我的第六感觉是正确的。第三，V大学奖学金的数额是最高的(近21,000美元)。到了学校我才知道，V大学是三所大学中最好的一所，真是瞎猫碰见了死耗子，赶巧了。但是从奖学金的角度看，我却被误导了。以前我曾听说，朋友出国时申请到巨额奖学金(两万至三万美元)。按1989年的黑市汇率计算，相当于人民币14～20万。对于月薪只有70～100元的工薪阶层，这样的奖学金简直是天文数字。我的一位朋友曾丼坑笑说："咱把奖学金拿了不读书了。就靠这两万美金，咱可发了。"到了V大学，我才知道奖学金数额的水份可大了。虽然学校给了我一年21,000美元的奖学金，但是扣除学费15,000美元后，只剩下6,000美元。我还要交1,000多美元的学杂费，真正拿到手的只剩下4,800美元，平均每月仅有400美元。靠这么一点钱，如果在加州和纽约州，我连房租都支付不起。我这才明白，学兄学姐们为什么名义上拿着巨额奖学金，却仍然过着艰苦生活的原因。为了使家人放心，留学生大多报喜不报忧。我也一直用充满水分的奖学金，哄得家人的安心。

开学前，V大学的校长在家中举办了招待国际学生的派对。校长的住房是有来历的。V大学的一名老校友毕业后成了富翁，他留下遗嘱，将自己的豪宅捐给母校，在任校长可以免费居住，除非校长本人拒绝。这所宅院事实上成了V大学校长的官邸。

校长在派对上发表了热情而简短的讲话，欢迎我们这些来自五大洲四大洋的学生。在派对上，我结识了V大学的一位数学老师莫尔教授。他是作为"主人家庭"[①]的成员参加派对的。为了帮助国际学生更快地适应这里的生活，更深入地了解美国的风土人情，V大学的国际学生中心组织自愿者加入帮助外国留学生的项目。莫尔教授是该项目的积极参与者，他已经与多名中国学生结成了对子。

此后，我成了莫尔教授的常客。逢年过节，莫尔教授总是邀请我和中国学生到他家聚餐聊天，以解我们的乡愁。莫尔教授的家境并不富格，

[①] 主人家庭（Host family）。

家里的汽车和房子只能算是一般水平。他花了800美元买了一个二手沙发，在我们面前夸口说如何合算。莫尔教授的家里没有电视机，据说是为了能有更多的时间与妻子和年幼的儿子在一起。每次请我们吃饭，他家的饭菜总是很简单，除非是圣诞节或感恩节。有一次，他的妻子给我们烧了一顿中餐：豆腐炒饭。这样简单的饭菜，在中国是绝对不会用来招待客人的。而我们留学生平时两菜一汤的家常便饭，常常被美国人误认为是派对或请客。我与这位乐于助人的莫尔教授的关系保持了好几年，直至我离开学校。

美国的大学可以分为三类:社区大学、本科大学和综合性大学。社区大学可以授副学士学位[1]，学制为两到三年，相当于中国的大专。本科大学指的是只招收本科学生不招收研究生的大学，学制为四年，授学士学位。此类大学的排名是独立的。综合性大学规模大一些，除四年本科外还有研究生院，授硕士和博士学位。

关于学制，有些专业有其特殊的体系，它们多为实用型而非研究型学位。如4+1型硕士，即四年本科加一年研究生学习即授硕士学位。会计学硕士[2]就是一个例子。再如4+2型博士，即四年本科加两年研究生学习，毕业后授予博士学位。药学博士[3]是一例。通常本科为四年，硕士为两年，在硕士的基础上博士再加两年至三年。有些学校和有些专业直接从本科生中招收博士生，学习四到五年毕业后授博士学位。此种学位大多是研究型，不需要硕士过渡。我的一位同学原来是化学博士生，读了两年后找到了工作，希望提前结束学习。经过申请，导师允许他完成一篇论文，通过答辩授予硕士学位。

美国的大学与中国的大学相比有许多不同之处。令人印象最深的是，学校里没有班级的概念。国内的大学一般组成班级，每个班设有班干部、辅导员等。而在美国，从中学开始学生可以自由选课，所谓的同班同学，

---

[1] 副学士（Associate degree）。
[2] 会计学硕士（MAccy，全称 Master of Accountancy）。
[3] 药学博士（PharmD，全称 Doctor of Pharmacy）。

只是指曾坐在同一课堂上共同学习过一门课程而已。

由于学生选课有很大的自由性和灵活性，毕业以修满学分为条件。学生读完规定课程，所需的时间差别很大。大学中，有的人三年就能毕业，少数人则用五至六年才能修满学分毕业。大学对于学生在校学习的年限有所限制，本科一般为六年，博士必须在十年内完成学业。

学生年级的划分不是根据其入学的先后，而是以所修学分为基础。本科生需修满120～130学分方能毕业。因此，大一学生为低于30学分者，大二生为31～60学分，大三学生为61～90学分，达到91学分则升为大四生[1]。因此会出现这样的现象：在校实际时间为两年，却已是大三学生了；而有些在校时间已经达四年的学生，却仍然只是大三学生。

由于学生可以自由选课，每学期的课程负荷需经学校认可。一名全职本科学生，每学期至少修12个学分(大约四门课)。留学生为了保持合法身份，必须注册为全职学生，这是为了防止有人以留学为名行打工之实。成绩好的学生，每学期可以多修一些课程。总平均成绩达到及格(2分)的学生，一学期可以选修15～17学分的课程。总平均成绩达到良好(3分)的学生可选修19分，总平均成绩达到优秀(4分)的学生则可选修22学分的课程。V大学规定，每学期修课的学分超过12学分后，学费不再增加。学生们为了节省学费，尽可能在单位时间内多修课。该规定促使学生在尽可能短的时间内完成学业。

学生不仅可以相对自由地挑选自己感兴趣的课程，还可以选择自己喜欢的教授。有的教授讲课生动，有的教授打分比较宽松。这些教授开设的课程，学生往往很多，因此难以登记。而有些教授讲课既枯燥无味又要求过于严格，选课的学生就较少。一些商人抓住商机，建立收费网站。学生交纳一定的费用，可以获得教授的打分及学生对其评价的有关信息。这些信息给学生带来了极大的方便，同时也给教授制造了很大的压力，迫使他们改进教学方法，提高教学质量并善待学生。

---

[1] 大一学生 Freshman，大二学生 Sophomore，大三学生 Junior，大四学生 Senior。

美国大学对于学生专业的选择和变更给予许多方便。入学时，学生可以选定专业，也可以暂时不定专业，先修公共课程，待一到两年后再选定专业。而那些已经选定专业的学生，也可以中途变更专业。变更专业的手续极为简单，只要填写一张专业变更表即可。当然，有些热门专业对转系学生的成绩设有一定的门槛。

由于热门专业的学生多，授课的教授少，只有本专业的学生才能选修某些课程。一些欲选修该课程的外系学生充分利用政策，先选择转专业再申请选修该课程，修完所选课程后再迅速转回原专业。人们戏称这种做法为"短平快"或"快进快出"。

美国大学的学制分为学期制和季度制。学期制与中国的大学基本相同，四个月为一学期，每学年分为秋季、春季和夏季。季度制是三个月为一学期，每学年分为秋季、春季、夏季和冬季。由于这两种体制，每学期上课时间长短不一，因此学分的转换需要经过换算，三个季度制学分等于两个学期制学分。

美国大学的另一特点，是暑期仍然安排课程，暑期课程分为两个小的学期。每个小学期为五周，学生可集中精力选修一至两门课程。如果学生足够用功，一个暑期下来可修完四门课程，相当于一个正常学期的课程。这就是为什么有些学生可以在三年内读完本科课程的原因。暑期照常安排授课，对于教授和学生都有利。一方面，学生可以缩短在校时间提前毕业。另一方面，教授可以增加收入。教授的薪水是按学期计算的。V大学是学期制，每年两个学期共八个月。因此，如果某位教授的年薪为60,000美元，八个月中每月挣7,500美元[①]。如果教授参与夏季授课，可以挣得一笔额外的收入。如果教授没有过多的研究项目，均乐于承担夏季授课的任务。

夏季开课不但有利于师生，也使学校受益。学校的一些科研项目以及行政管理在暑期中不能中断。夏季开课学校并不需要增加太多的投资，

---

① 当然教授也可以在 12 个月中每月领取 5,000 美元。

更不需要增添任何基础设施，就为学校带来额外的收入。夏季开课实在是一种投资小、回报快、多快好省的办学方法。夏季开课对社会也有益处，可以避免学校周围的商业因学校放长假而导致停业或收入大幅减少的窘境。夏季授课加速了人才培养的速度，缩短了人才培养的周期。

由于夏季授课，学校里暑期与往日一样繁忙，教授们几乎天天去办公室或实验室。我出国前曾在一所大学任教。暑假来临，校园内一片寂静，师生们无所事事。相比之下，中国大学的老师要比美国的同行轻松得多。

美国的本科生入学一般需要经过统一考试（如ACT、SAT等），这些考试与中国的高考完全不同。美国的统考并不在教育部直接领导之下，而是由独立的非营利考试机构管理。考试每年举行多次，学生可以多次参加，不会出现"一试定终生"的情况。大学在录取时，并不将ACT、SAT的成绩作为唯一的录取标准。大学还要根据考生的平时成绩、社会活动能力及表现进行综合考量。考试涉及的内容并不算多，只包括数学、阅读和写作，ACT包括一项科学常识，是个例外。更重要的是，此类考试有可比性。各次的考试成绩，虽然时间不同、地点不同、题目不同，但是考生的分数是可比的。不像中国的高考，今年的分数到了明年就无效，需要重考。

如果考生没有参加这类全国性的考试，还可以参加各州内的统一考试进入大学。有些没有名气的大学要求更低，允许学生边上大学边通过入学考试，只要在毕业之前考试达到最低分数线即可。

研究生入学考试比大学入学考试更方便。学工商类的考GMAT，医学类的考MCAT，法学类的考LSAT，其余学生考GRE。GRE又分普通GRE和专业GRE，一般学校只要求考普通GRE。目前这些考试采用计算机，除了节假日外，考生可以随时参加考试。如果考试成绩不理想，考生可以重考[1]。考试内容(专业GRE除外)并不针对所学的专业，而是考学生的

---

[1] 一般不可在同一个月内考两次。

分析、判断和阅读能力。相对于中国的研究生入学考试，美国大学生的备考要轻松得多。

美国各大学间的合作比较密切，大学之间相互承认学分，在校生可以到其他大学修课，学分照样计算。学生放暑假回家，可以在家附近的大学修课，学习和探家两不误。有的学生为了节省学费，到社区大学选修公共课程。因为社区大学的学费相对便宜一些，教授的打分也相对松一些。

大学间的密切合作，使得学生能够自由流动。如果学生在中学期间成绩不理想，到了大学，通过努力，完全可以凭借在大学期间的卓越表现，转入更好的大学。而那些已经考入名牌大学的学生，若不继续努力很可能出局。优胜劣汰的机制，迫使学生在进入大学之后必须努力学习，丝毫不能掉以轻心。

为了保证教学质量和学校的声誉，美国的大学要求高年级学生在毕业前必须在本校修满60个学分，也就是说，学生毕业前两年应相对稳定。如果任意跳槽，将不能顺利毕业。对于研究生，美国大学的要求更加严格一些，有些专业最多只承认外校的六个学分。所以研究生如需跳槽，最好在第一学年进行，否则会浪费财力和精力。对博士学位的规定更多，学生跳槽的较少。

录取研究生与学校的院系有关，而与教授无直接的关系。如果某个学校的某个系有博士培养项目，那么学生可以在入学后根据自己的研究方向确定指导教授，无论是正教授、副教授或助理教授均可。对于中国学者挂有博导头衔，美国人是一头雾水，搞不清是怎么回事。

美国大学录取研究生时，对掌握专业知识的要求比较宽松。如 V 大学的社会学系招收研究生没有专业理论考试，只要求学生在本科阶段修过三门社会学科目（社会学理论、初级研究方法论和初级概率统计）即可。有的专业虽然要求较严格（如计算机科学、会计学等），但如果入学的研究生达不到要求，可以在录取以后补缺，待补完规定课程后进入研究生的学习。这些灵活的招生方法使得跨专业读研相对容易，利于综

16

合性人才和边缘学科人才的培养。

学生选择学校需要技巧。学生应该根据自己的实力，选择能够使自己发挥潜力的学校，宁做鸡头勿做凤尾。由于存在转学机会，在一所差一点的学校里有出色表现，就有机会进入更好的学校。反之，如果勉强进入一所好学校，由于竞争激烈，自己始终处于劣势，极有可能被淘汰出局。

明智的选校方法是，首先给自己确立一个合适的定位。如果最终目标是本科毕业，那么应选择自己能力范围内的尽可能好的学校。因为这将是学生毕业后的敲门砖，学校的档次对初次找工作有一定的作用。如果最终目标是读硕士或是博士，学生可选择一所适中的本科学校，使自己在本科期间始终保持领先地位，等到读研时再选择更好的学校。这样的选择可称为"节节高"。有些华人一味追求名校，结果虽然在本科阶段进入了竞争激烈的一流名校，但是由于本科成绩平平，到了读研时不得不屈就于比本科学校排名差的学校，这样的选择可称为"步步低"，是不明智的。

为了加强学生的管理，美国大学规定本科大一、大二的学生必须住校，不得在校外租房居住。如果本市学生希望走读，必须有家长出面为孩子申请。这一规定对于年龄尚小、思想还不太成熟的学生可起到约束作用。待学生进入大三后，学生可以自行决定住校或是在外租房。

对于研究生，学校会有一些优惠条件。研究生如果想住校，可以申请单人住宿，这样可以为学习提供便利的条件。对已婚的研究生，学校还会提供家庭住房，可带子女同住。不过，此类条件优越的住房较为紧俏，需登记排队。

大学本科的课程分为公共课和专业课，专业课又分为核心课和选修课。美国的教育系统对学生的阅读和写作相当重视，从小学起就开始抓。他们认为，如果一个人连阅读和写作都成问题，就不能在社会上生存。

美国也有政治课，主要介绍政府的结构（如三权分立），政府组成所基于的理念，政治行为（如选举、竞选、公众舆论及其影响），以及政府的各项政策的形成（如社会福利、经济政策、外交政策）等。该课程的设置，旨在使学生对社会的政治行为有所了解，不至于对自己的政府一无所知。该课程的内容不随选举结果的变化而变化，不受政府控制，不会因为政客或是某个大人物上台而改变内容，所学的内容终身受用。

美国的历史虽不长，但是历史课是每位大学生的必修课。历史有两门课，一门是美国早期移民史，另一门是美国近代史。历史教科书是由学者编写的，政府干预甚少。教科书对美国的一些不利的史实并不避讳。例如，美国早期移民对印第安人的屠杀，对黑人的剥削和迫害。

美国的学生在中学会接受一点外语教育，到了大学也会有学习外语的要求，但是没有统一的外语考试，更没有像国内的四级、六级的外语考试。各学校和院系根据本专业的情况提出外语要求，一般要求在两到三个学期里修一门外语课程。外国学生如果持有外国高中毕业文凭且母语不是英语的，可以将英语视为外语，通过考试免修外语。不少中国学生或华裔学生由于掌握了中文，常常通过考试达到免修外语的目的。

由于中国的经济发展，中文的地位不断上升，越来越多的美国大学、中学开始把中文列为外语课程。在美国普遍被接受的外语以欧洲国家的语种为主（如德语、法语、葡萄牙语、西班牙语等），亚洲的语言只有日语被接受作为外语。随着经济全球化的趋势，外语在各国之间的交流中越来越重要。但是，过多地强调外语的重要性，必然会淡化其他重要科目。外语对于绝大多数专业人士来说，只是辅助工具而已。美国的大学生对外语的掌握不太理想，所学的那么一点可怜的外语，没过多久基本上都还给了老师，与中国学生掌握外语的情况相比有天壤之别。

美国大学本科生所修的另一门重要的公共课是"沟通"[①]。这是一门研究人与人之间联系、沟通和交流的课程。该课程旨在改善人际关系提高就业能力，是一门既有理论又有实践的课程。该课程最有效的实践，是学生在课堂上进行演讲。美国人对于人际沟通的能力和艺术相当重视，

---

① 沟通 Communication，也译为"交通"。

从小开始培养演讲的能力。小学期间，学生们会被要求上台朗读自己的作文。中学期间，有形式多样的演讲、辩论和表演。到了大学，演讲对他们而言早已驾轻就熟。由于美国学生从小受到这方面的训练，他们在重大场合表现得大方自如，很少会怯场。

美国大学的专业分主专业和次专业。一名本科生可以选一个主专业和一至两个次专业。对于每个次专业，各个系有不同的规定。V大学的社会学系对于社会学次专业要求是修完六门社会学课程，指定的有三门，自选的也是三门。主专业和次专业之间不一定有联系。例如，我上司的儿子的主专业是生物学，而次专业却是音乐。这两个专业相差十万八千里，风马牛不相及。

由于每个专业涉及的领域很广，本科生在四年内不可能涉及很广的知识。各系会列出本专业的核心课程，无论学生的兴趣和研究方向如何，这些课程是必修的。在核心课程以外，学生可以根据自己的兴趣选择一个到两个主攻方向，为今后的工作或继续深造打好基础。研究生的课程设置与本科生类似，必须修完核心课程并选择一个或几个研究方向深入学习。

有一位美国教授，生动而又形象地描绘本科生、硕士生及博士生的区别。他打比方说，在飞机制造业中，本科生学的是制造飞机，硕士生学的是制造飞机的发动机，而博士生学的是制造飞机发动机上的叶尖。所以曾有人建议将"博士"改译为"尖士"，这一说法不无道理。博士的学识并不在"博"而在于"尖"。因此博士除了他们狭窄的专业领域，其他方面和常人并没有什么两样，并不比普通人高明到哪儿。

当年以色列建国时，曾想邀请物理大师爱恩斯坦担任国家总统，被有自知之明的大师谢绝了。物理大师丁肇中的三个"不知道"的回答也让人敬佩。当丁大师被问道，"您觉得人类在太空能找到暗物质和反物质吗？""您觉得您从事的科学实验有什么经济价值吗？""您能不能谈谈物理学未来20年的发展方向？"他一连回答了三个"不知道。"他的三个"不知道"丝毫无损于他的光辉形象，相反更显示出丁肇中的大师风范。这也说明，博士不是万能的，不是万事通。

与博士有关的一个认识误区，是国人对博士后的误解。许多人以为博士后是比博士更高的学位，其实博士后并不是一个学位。有些专业的博士毕业后很难找到工作，因为没有实际工作经验。为了使这些新博士积累工作经验，有的大学和研究所设立了博士后的位置，让他们过渡一下。博士如果能够在毕业时找到正式的工作（如助理教授职位），谁还愿意去做博士后呢？博士后实在是不得已而为之的权宜职位。

美国大学的公共课内容十分广泛，有英语、写作、政治、历史、沟通、外语、音乐、体育等。学生还要选择三门人文科目（如哲学、心理学、社会学、地理等）。文科学生要修文学，理工科学生则要修数学、物理、化学、生物等课程。

美国大学本科生课程的安排较为紧凑。最后一学期时本科生仍在继续上课。学校不会要求本科生写毕业论文；有的专业的硕士毕业生也不必写毕业论文，可以用修学分代替写论文。这样的要求是切合实际的。有些专业要求硕士生进行研究不太现实，因为学生还不具备研究能力。与其让学生们去做低水平的研究，不如让学生们学习更多的知识，多修几门专业课程打好基础，便于今后参与更高水平的研究。有些专业的硕士培养目标是实用型人才，对研究的要求并不高（如计算机科学的硕士、化学专业的硕士等）。

对于来自中国大陆到美国上本科的学生来说，公共课的压力普遍大于专业课程的压力。这是因为，公共课与美国人的日常生活密切相关。生长在美国的学生耳闻目染、潜移默化，早就了解了很多背景知识。而对于外国学生，这些背景知识却不是一朝一夕可以补上的。

我曾跟班与本科学生同上一门社会学理论的课程。出国前，我读的是英语专业，曾阅读过多部原版英文小说，担任过英语翻译，做过大学英语教师，翻译过一本数十万字的英文小说（可惜未能出版），出国时托福成绩在600分以上，有着扎实的语言基础。可是即使如此，我在听课时仍犹如听天书，阅读教科书和参考书时非常吃力。如果我当时是一名本科生，这门课程想要取得好成绩绝非易事。以后我曾辅导过数名从国内直接出来读本科的学生。他们的一致反映是，公共课的学习难度比专业课大很多，容易拖累总成绩。

美国大学的教科书非常贵，通常每本书100美元左右，有的甚至200多美元一本。许多学生为了省钱，买二手的教科书。学校的书店到了学期结束时，会收购学生用过的教科书，下学期再卖给新生。如果运气好的话，可以买到非常新的二手教科书。许多美国学生用了一个学期的书，几乎像没有被翻阅过。有些二手教科书上甚至连一个符号都没有勾画过，一个字都没有写过。

美国大学的教科书虽然贵，但是价有所值。首先书的纸张非常好，其次插图甚多，图文并茂。再者，每页的边角插有重点、要点、提示，一目了然，对学习非常有帮助。更重要的是，书的内容由浅入深，生怕学生读不懂。例如，一本大学代数课本，竟然从正负数开始讲起，这可是国内初中一年级学的内容。一本研究生的化学教课书，许多内容竟然是国内中学课本中学过的东西。尽管如此，千万别以为美国的教材内容就这么浅显。他们的教科书更新得很快，内容涉及近年来最新的研究成果，深浅跨度非常大。这样的安排，使得基础参差不齐的学生能够顺利过渡，跟上教学进度。

虽然我们的母语不是英语，但是对于同样的问题，我们宁愿看英语版的教科书，因为英语版的书籍所叙述的问题更易于理解。我曾经从国内带了许多专业书籍（如高等数学、统计学、概率论等教科书）。这些中文的书籍，我常看了半天不知所云，反倒是美国人写的英文教材让我茅塞顿开。

美国大学的学费昂贵。公立大学对本州的学生，相对于私立大学便宜一些。但是对外州的学生，公立大学的学费与私立大学不相上下。昂贵的学费使得民众不堪重负。为了使更多的学生能够接受高等教育，达到有教无类的目的，许多大学和有关部门采取了相应的措施。不少大学（尤其是私立大学）设立了众多的奖学金，专门提供给来自低收入家庭而成绩优秀的学生。有些大学会根据中学提供的信息，主动以奖学金招揽优秀学生。

美国的小学和中学是免费的；不仅学费全免，连书费都免，学生不必为学费和书费操心。教课书是向学校借用的，用完以后再还给学校。这一待遇对任何人一视同仁，无论是美国公民的孩子，永久居民的孩子，临时居住在美国的孩子(如留学生的子女)，或非法移民的孩子。这里没有正式居住人口和非正式居住人口之分。只要你住在这个地区，你的孩子就有权上该地区的学校。更让人感叹的，是他们对于低收入家庭的孩子的态度。为了使贫穷的孩子能够上学，连一美元左右的午餐费都可以申请补助。这是美国人的精明之处。缩短贫富差别，使社会的每一个人都有上升的机会，这是维持社会稳定的极为重要的措施。

获得大学或研究生奖学金的另一条途径是当兵。美国的各军种[1]为了提高兵源素质，与学生签定合同，由军队提供资助供学生读完大学，获得学位，毕业后到军队服役数年。我的一位美国同学是美国海军军官，由军队资助学习工程专业。根据合同，他毕业后需在部队服役四年。

学生贷款是另一个重要的途径。联邦政府有供贫困学生上学的低息贷款，等学生毕业参加工作后逐年还清。我的一位律师同事曾告诉我，他为了读法学院，申请了学生贷款，现在同时偿还房屋贷款和学生贷款。如果没有学生贷款，他是无论如何交不起学费进入法学院成为律师的。

美国的大学学费昂贵，但不会让人感觉到名牌学校等于名牌消费。穷人不会被拒之于千里之外。可以毫不夸张地说，在美国，只要学生有志读大学，没有读不成的。可惜的是，美国有太多的人不珍惜这些有利的条件，无意深造。

除了学习费用之外，学校的录取也很有个性。为了保证处于劣势的弱势群体(如黑人)能够与其他人一样平等地竞争，美国法律特别规定对于有色人种(主要是黑人和西班牙裔)给予一定的照顾。该法律具体到大

---

[1] 美国军种主要有：陆军、海军、空军及海军陆战队。

学的录取是实行比例配额制，即专门留下一定的名额给少数族裔的学生。因此在许多情况下，白人学生要比黑人学生取得更高的分数才有可能进入同一所大学。

1995年，得克萨斯州立大学奥斯汀分校法学院的三名白人落榜考生状告该校，说配额制度是对白人的歧视和不公，官司一直打到联邦最高法院。结果白人学生输了。联邦最高法院的大法官们给出的理由是，黑人历史上一直受压迫，他们的起点低，与白人不能在同一条起跑线上，所以不能一视同仁，得给他们"开小灶"，让他们逐步赶上来。

华裔学生虽与黑人、西班牙裔同属少数族裔，但是由于大多数华裔家庭比较重视教育，经济收入一般处于中等或中等偏上水平，配额制度反倒不利于华裔学生。有些学校甚至将华裔学生作为限制对象，分配一定的录取名额。否则，这些名校将被华裔和印度裔学生所垄断。

1.3. 教授和我

我就读的 V 大学社会学系的教授虽不多，却个个是精兵强将，不少教授在专业圈内小有名气。

雪利教授是系主任，擅长犯罪学研究，出版有犯罪学的专著，当时系里用的犯罪学教科书就出自其手。在全国顶尖的社会学刊物上，常常可以看到他的大作。系主任是通过民主选举产生的。每位系主任的任期为三年，最多可以连任两期。我入学时已是他的第二任期。卸任之后，雪利教授去了加州的一所州立大学，任人文学院的院长，后来当了副校长。2013年，雪利教授成为该大学的校长。

史密斯教授是研究生主任，也是位犯罪学家。他在雪利教授的系主任任期满之后接任系主任，并担任美国的一个研究谋杀的学术刊物的主编。他和雪利教授一样，是位治学严谨的学者。从他们的办公室可略见一斑，别人形容他俩是"一尘不染"。无论是办公桌、书橱还是地板，总是整洁干净，书籍和材料放得有条不紊。这在美国人中间是不多见的。

詹姆斯教授在系里名气最大，是全美一个有名的社会科学刊物的主编。他发表过多部专著和上百篇学术论文。虽然在系里并不兼任任何行政职务，但对系里的决策有着决定性的影响，人们背后称他为"影子主任"。雪利教授曾是他的学生，学生做了系主任后，便把他从北方的一所大学挖到 V 大学来。詹姆斯教授从1973年开始任教，直至2017年退休，在教育战线上工作了44年，桃李满天下。我们不仅是师生，而且成为朋友和学术上的合作者，合著过两本专著。

布罗迪教授是位副教授，主要研究方向是统计学、研究方法论等。由于与我的兴趣相近，我们接触较多，后来他成为我的博士导师。布罗迪教授以后升任系研究生主任和系主任，后来又转到另一所大学任系主任，并担任过小布什的总统专家咨询委员会成员，到华盛顿为总统的决策接受咨询。我毕业后，仍时常向布罗迪教授请教工作中遇到的问题。

克尼克教授是一位老教授，专攻社会心理学。由于快到退休年龄了，他似乎对科研不很卖力。他自嘲地说"我就要退休了，不用再学了。"他对开始时兴的计算机不感兴趣，仍用一部老打字机写文章出考卷，再由系里的秘书帮他输入计算机。一直到他退休，他都没有使用过计算机。克尼克教授是位热心乐于助人的人。我买第一辆汽车时还不会驾车，无法从车行把买的汽车开回家。他知道后，从老远的地方赶来，帮助我把汽车开了回来。

图图教授是系里唯一的一位黑人教授，虽然没教过我，但我们很熟悉。图图教授生性活泼，非常风趣。如果说前面提到的几位教授多少都有点学者风度的话，那么在图图教授身上却丝毫看不出学者的风范，更像一个调皮捣蛋的顽童。只要与我见面，他总是免不了开玩笑、说笑话。刚开始时，我以为他是系里的一位研究生，后来才知道他还是位副教授呢。别看他没有学者的外表，做起学问来却毫不含糊。不久，他另有高就，到普林斯顿大学任教去了。

系里还有一位日本裔的奇卡格助理教授。她已在Ｖ大学社会学系教了三年书，正在申请晋升副教授职位。她的学术研究做得不错，只是课讲得有点死板。她在课堂上教本科生和研究生如何写论文，竟然规定如何开头、分段及结尾。美国学生从中、小学开始起就学习如何写论文，对她的这种教学方法很反感。后来她的晋升申请未获批准，不得不离开了Ｖ大学。所幸的是，她最终谋到了一个研究所的职位，继续从事她的社会学研究工作。

我们社会学系雇用了两位秘书，负责日常的事务工作，文稿的计算机输入是她们的主要工作。由于当时计算机的使用并不很普及，她们每天的工作量挺大的。在系里，她们的权力有限，充其量只是个勤杂工，无缘介入系里的重要决策。

其中的一位秘书是日裔黑田女士。她的丈夫早已退休闲居在家，黑田女士再干两年也可以退休了。她和丈夫出生在夏威夷，退休以后将回到那儿。我一入学，就感觉到黑田女士对我特别关照。每次见面她总要和我聊会儿天，问寒问暖。后来我才知道，她有一个儿子年龄与我相仿，但是不在身边，每次她见到我就想起她的儿子。

我们很快成了朋友。我常帮她干点体力活，而她在生活上给我指点，帮助我尽快熟悉周围环境。更重要的是，她向我介绍了系里的情况和人际关系，使我避免卷入不必要的纷争。印象最深的，是她曾帮助我纠正了一个令人尴尬的错误。我当时所穿的衣服，都是从国内带来的。有一次，我穿着一件绣有兔子头的 T 恤衫来到系里。黑田女士见状，把我拉到一边小声地问我："你知道你的衣服上绣的是什么东西吗？"

我很纳闷，这是明摆的事，她怎么还明知故问。我一脸无辜地回答道："是只兔子啊。"

她惊讶地问："你知道是什么意思吗？"

我被她弄糊涂了，一只兔子能有什么意思呢？"兔子就是兔子呗。"

"你真的不知道？"

我看出其中必有奥妙，便迫不及待地问她："怎么回事，有什么问题吗？"

她告诉我，"兔子是'花花公子'的特有标志。穿这样的衣服意味着自我标榜是个花花公子，会招人鄙视的。"她接着告诉我，"连比较自由开放的美国人，都不敢穿着这样的衣服招摇过市。你穿这件衣服会给人不好的印象，赶紧换了。"

她的一席话，着实让我尴尬万分。我赶紧回家换了衣服，再也没有穿过那件 T 恤衫。后来，我遇到一位国内的主任医师来 M 市参加学术会议，说话间，他竟然堂而皇之地取出花花公子牌的老花镜戴上。我想，这位仁兄如果在美国医学年会上拿着这副老花眼镜招摇过市，真不知会给他的美国同行留下什么样的印象。

"花花公子"在国内是个名牌，该品牌的皮鞋和服装卖得很好。来美国的时间长了，我开始关注商店里的所谓名牌。离我住处不远，有一个全美排名第三的厂家直销商场，集中了数百家各类名牌商店，但是我至今没有发现有任何一家商店出售"花花公子"牌的商品。由于地域的分割，理念的差异，商人的炒作，有些在美国名不见经传的品牌在国内成了名牌，甚至被美国人所不齿的牌子在中国竟然登上了大雅之堂，"花花公子"牌现象就是如此，这是题外话。

系里的人员结构简单、层次分明，除了两位秘书外其余的全是教授。教授不论名气和资历，均需给本科生和研究生授课，系里的行政管理由教授兼职承担。由于行政事务会占用教授的时间，担任行政管理的教授可以减免一定的课时。兼职行政管理是件吃力不讨好的苦差事，已经在学术上站住脚的教授一般对此不感兴趣。兼职行政管理唯一的好处是可以作为业绩，对将来晋升有好处。助理教授或副教授在有了一定的教学经验和科研成果准备申请晋升正教授或副教授时，会选择参加竞聘行政管理职位。

正式上课前，系里的詹姆斯教授为欢迎新生，在家里举行了一个派对。詹姆斯教授家里有游泳池，所以通知大家可以到他家游泳。美国人家里搞个游泳池并不困难，花上几万美元在地里挖个坑、铺上水泥或瓷砖、灌上水就成了。我在国内已有多年不下水了，听说可以游泳，我带上了三角游泳裤准备露一手。尽管我的泳技不高，但是划个蛙泳、自由泳、仰泳、蝶泳什么的还能扑腾几下子，自我感觉不错。

詹姆斯家的游泳池并不大，长约15米，宽约七米，最深的地方只有1.5米，像一只大澡盆。当我到达时，早已有人在游泳池里嬉戏了。此时我惊奇地发现，美国男士们所穿的游泳裤居然与我们的泳裤完全不同。在国内，男士们游泳时都穿着三角泳裤，与比赛时运动员们所穿的泳裤相仿。可是，这里的男士们却穿着齐膝的大裤衩，没有一个人穿三角泳裤。幸好我先打探了一下行情，那身不合时宜的行头才没有在众目睽睽之下暴露出来。

詹姆斯教授知道我为游泳是有备而来，便对我说："约翰，我家的游泳池不赖吧。今天看你的了。"约翰是我到了美国后起的英文名字，为的是让美国的老师和同学叫起来方便。我有口难言。

"别犹豫了。今天太热，快到水里去凉快凉快。"

"我，今天不太舒服……"我推脱说，没敢说出实情。

后来为了有机会一显身手，我专门买了那种专为男士设计的游泳大裤衩。在美国，男士们穿背心外出的并不多见。他们的短裤越来越长，如今流行的短裤更是达到膝盖以下，大有像中东妇女从头包到脚的趋势。相比之下，女士们的衣服却越穿越短、越穿越露。

派对是在詹姆斯教授家的院子里举行的，詹姆斯教授亲自掌勺，给我们做了烧烤。看他那娴熟的动作，就知道他是位烧烤高手。他在院子里架上一只炉子，用木炭当燃料。炉子的铁格上放着浸过作料的牛肉和香肠，在他家门外就可以闻到阵阵香味。院子里放着一个临时搭起的长桌，上面摆放着各种食品，令人目不暇接。出于好奇，教授和同学们围着我问东问西，我竟然成了派对上的明星。

"约翰，你的家乡是哪个城市？"

"南京。"

"南京在哪儿，城市大吗？"一位同学问道。

"是北京吧？"另一位同学抢着说。

"别瞎掰了，你只知道中国有个北京。"不知是谁呛了他一句。

众人笑开了。我发现，中国在他们眼中竟然如此陌生。许多人甚至连中国的地理位置都搞不清楚。近年来，随着中国经济实力的迅速上升，众多的留学生进入美国，这一状况才逐渐得到了改善，越来越多的美国人开始了解中国了。

一位女生问我，"听说你们中国人吃饭端着饭碗，而且吃东西不用刀切用牙咬，是真的吗？"从她的眼神里看得出，美国人认为端碗和牙咬是不文明的举动。

我回答道，"你说的不错，老一辈的中国人有端着饭碗吃饭的习俗。不过，年青人已经有所淡化。我们习惯使用筷子吃饭，不用刀叉，是因为我们不愿看到在饭桌上的刀光剑影。"

她不由得点头称是。

我接着说，"一副小小的筷子功能齐全。你得用刀、叉、勺才能抵得上我们的一双筷子。"

说话间，她将手指伸入嘴里舔了舔食指上的肉酱。天赐良机，我找到机会反击了。"我们习惯用牙齿代替刀咀嚼食物，在你们看来不太文明。可是您刚才用舌头舔手指的行为，在中国被认为是一种粗俗的举止，正规场合是犯大忌的。"

"啊，有这么回事？"这位女生大吃一惊，赶紧把手缩回去找餐巾纸擦手。

又有一位同学问我，"我听说中国人吃狗、猫和蛇之类的动物，有这事吗？"

在他看来，狗和猫是宠物，怎么能食用呢？虽然我不爱吃狗肉，更没有看到过别人吃猫肉，但有所耳闻。这下我难以回答了，只好硬着头皮解释说，"我和我周围的人没吃过这些动物。我好像听说有些中国人吃猫肉和狗肉。不过那些狗啦、猫啦不是宠物，是专门饲养作为食物的动物，就像在美国吃鸡、猪、牛一样。"

一位女教授问起了中国的计划生育政策。她是位研究妇女问题的专家，对中国妇女问题感兴趣。"听说你们中国人只能生一个孩子。这个规定太没有道理，不人道。"

在美国，这是一个被媒体炒作得最多的话题。美国普通民众由于听到的是一面之辞，所以对中国的独生子女政策有相当深的误解。我开始了高谈阔论："要说明这个问题，让我举一个例子来解释。现在有两个家庭收入相当。一个家庭的孩子不多，丰衣足食，无忧无虑。另一个家庭有一大堆的孩子，衣不遮体、食不果腹，挣扎在死亡线上。两个家庭中哪一个家庭对孩子更有利、更为人道？"

"以我个人的愿望，我也想多生几个孩子。但是中国的人口实在是太多了。表面看来，一胎政策过于强硬，但这是无奈之举。如果有朝一日中国由于人口过度增长出现大量的难民，由于饥饿造成死亡，这样也不人道。所以这是个无论谁处在决策者的地位都难以解决的难题，谁都无法找到一个两全其美的方法。"

"有道理，约翰说得好！"一位教授插话说。

我的这番话，说得在场的教授和同学连声称是。我们留学生在与美国教授、同学及朋友交往时，难免会遇到中国的文化、历史及政府的政策等话题，在美的华人中对于中华民族及中国政府的态度莫衷一是。这是可以理解的，仁者见仁、智者见智。但是，有些华人自己瞧不起自己，在美国人面前尽揭自己的短，似乎他身在美国加入了美国国籍，就与中国无关了。其实无论国籍如何，华裔的帽子是永远摘不掉的。一个连自己的民族和自己的同胞都不热爱的人，是得不到他人尊重的。一个人绝不可以不爱自己的民族和孕育自己成长的那片土地。瞧不起自己的同胞就是瞧不起自己的父母，就是瞧不起自己。

当然狭隘的民族主义也是要不得的，过激的民族主义只会加深美国人对中国的误解和偏见。与其扛着红旗、挥舞拳头、高呼口号在美国的大街上游行示威，不如静下心来心平气和地做工作，让美国人民了解中国的文化和中国人民，消除偏见。这样的工作更难，但更加容易深入人心，更有效果。

新的学期开始了。没想到，我以为最容易的一门课统计学，竟然让我吃尽了苦头。过去在国内学习，我习惯了从头开始的方法。中国人习惯了从原理开始讲起。例如学习操作计算机，多半要从计算机的二进制讲起，要讲内存、硬盘、显示屏等。美国人处理问题很实际；从某种角度上说，美国是个偷懒的民族。他们将那些专业知识和原理交给专家去处理，寻常百姓只要会使用即可，根本不去考虑其原理。他们多一点都不想知道，因为他们不想为不该自己搞清楚的事耗费精力。

在学习计算机使用时，他们抱着计算机摆弄，只要学会了打字、存取、修改就算会用了。他们学习开车，只要会换挡、踩油门、刹车、转动方向盘，能够把车开起来就满足了。在美国，考驾照的程序非常简单，通过了交规的理论考试以后，只要一位有正式驾照的人坐在副驾驶的位子上，就可以开着车满街跑了。反映在课堂上，教授更多的是强调动手能力，从实践中学习逐渐体会，加深理解。

教授统计学的西尔斯教授布置我们做计算机作业，同时附了她编写的计算机指令，让我们照葫芦画瓢照着做。短短的几条指令使我一头雾水。我曾有机会学过一点编程，还曾接触过计算机硬件的基础原理，然而这些知识都是纸上谈兵，我很少有机会真正去碰过计算机。这些知识反倒阻碍了我的学习。我极力想搞懂每一个指令的作用、意义以及计算机如何执行操作的过程，结果越搞越糊涂。我的美国同学则不然，他们照猫画虎，不管三七二十一，抄了几句指令，上机运行算出了结果。而我偏偏在那儿白费劲地去想搞懂什么原理，结果连作业也无法完成。

此时，美国同学向我伸出了援助之手。他们告诫我别钻牛角尖，先把作业完成再说，几次做下来自然而然就懂了。我及时调整了思路。果然，几次作业完成后，那些令人生畏的指令变得不可怕了。后半学期，我开始跟上了其他同学的学习进程。

西尔斯教授似乎缺乏教学经验，讲课东一榔头西一棒槌。在讲述一个重要的统计学模型时，所有的同学都被她弄得云里雾里，不知所云。美国大学培养的博士中，有不少人会进入高校成为教授。在研究生攻读博士时，为了使未来的教授积累一些教学经验，系里会让即将毕业的博士生担任一两门课程的教学任务。然而奇怪的是，系里并不会安排老教授对新手进行"传帮带"，基本上是放任自流。许多博士由于没有系统地受到如何教书的训练，讲课水平参差不齐。我们很不走运，教统计学的西尔斯教授属于低水平的那一类。

期末考试前，我到图书馆查阅了相关的书籍，从中获得启发，茅塞顿开，提前一周答完了考题。其他的美国同学可就惨了，他们直到交卷前两天还无从下手。罗伯特同学找到我，对我说："约翰，我们俩一起去找西尔斯教授，要求考试再宽限几天。其他同学都没有完成。"

"可是，我已经做完了，上个星期就交了卷。"

一听到我的回答，罗伯特夸张地一屁股瘫坐在地上，埋怨我道："这下你把大家害惨了。如果我们都做不出来，也许可以与教授讨价还价。你让我们失去了筹码。"

看着他失望的样子，我同情地对他说道："我可以辅导你们。不过，一个一个地辅导太花时间。你们能不能约定个时间，我给你们一起上一堂辅导课。"

一听这话，罗伯特高兴地一跃而起，"行，就这么着，我去联络人。"说完一溜烟地跑了。

我们十来个研究生聚集在系会议室里，开始了由我主讲的辅导课。我用了近两个小时的时间，深入浅出地从基本原理讲起，一直讲到如何计算，如何解读计算机的结果。在讲解过程中，史密斯教授恰巧有事进入会议室。看得出他很满意，很欣赏我的互相帮助、共同进步的做法。他开玩笑地在一旁插话，"约翰，你可是我们系里的'统计王'和'WordPerfect王'[①]了。"刚讲完，他又幽默地说道，"不对，应该叫你'统计皇'和'WordPerfect皇'，因为你们中国没有国王，只有皇帝。"

他的玩笑引得大家哄堂大笑。叫我"Word Perfect王"，是因为我后来居上，最先掌握了最新版的Word Perfect。我的辅导课讲完之后，同学们感叹道："这两个小时学到的东西，比一个学期学到的还要多。"并开玩笑说："约翰，你可以靠教书挣饭吃了。"

美国是一个竞争激烈的国度，但是人们很注重团队精神。社会既需要个人英雄主义，更需要集体英雄主义。在当今的社会中，科技发展迅速，分工越来越细。那些精通多个领域的全才已经很罕见了，更多的是在某个狭窄领域里的专才。社会分工的细化，使得人们（尤其在专业技术性强的领域里）的密切合作成为必然。因此，合作精神和团队精神是取得成功的关键。我的那次辅导课给教授和同学们留下了深刻的印象，使我在系里的人气迅速上升，教授和同学对中国人的好感大大增加了。

---

① Word Perfect 是一种类似 Word 和 WPS 的文字处理软件。

　　每一位中国留学生在与美国老师、同学、同事和朋友的交往中，无形中扮演了一个亲善大使的角色。美国人不一定会记住每一个与他们接触的中国人的名字，但是我们的一言一行却会被他们牢牢记住。他们不会记住某某中国人做了什么事，但是他们会记住中国人如何如何。第二年的秋天，Ⅴ大学的社会学系一下子招收了四名中国大陆的留学生，占当年招生人数的一半。许多教授诙谐地惊呼："中国人入侵社会学系了。"系研究生主任私下对我说，当年的招生与我的表现有直接的关系。

　　在北美的华人圈子里以及在中国，经常有人说起华人在美国所受到的歧视。毋庸置疑，美国社会确实存在着许多的歧视。其实任何一个社会，都存在着不同程度、不同对象的歧视。在我们中国人受到外族人歧视的同时，我们也歧视其他族人。要消除歧视，除了使全社会产生共识，指责歧视、抵制歧视，作为被歧视的对象，也应反省如何提高自己，不让别人歧视。

　　我刚进学校那会儿，犹如刘姥姥进大观园，对许多事情一窍不通，遭了许多白眼。这没什么好埋怨的。这种情形有点像武林江湖。身在江湖，凭什么在武林中立足？靠的是真本事。只会花拳绣腿的江湖混子，甭想得到武林中人的尊重。而当你靠真功夫打败对手，尊重就会自然而来了。当你弱小、当你打不过人家的时候，与其花时间抱怨或说服他人让人家尊重你，不如闭门思过，苦练功夫，日后去战胜他，用自己的实力赢得尊重。

　　美国是个崇拜英雄的民族。当你干净、利落地打败他，他会竖起大拇指，说你是好样的并与你交朋友。这叫不打不成交。如果你被他打败，他会更加趾高气昂，甭指望他能平等地对待你。有人说，我们与美国人的友谊是靠打出来的，此话不无道理。

　　自从我在统计学崭露头角又毫无保留地帮助了其他同学以后，遭白眼成为历史。教授也好、同学也好，对我的态度大为改善。如果说刚开始人们对我的友好态度是出于礼貌的话，那么后来则是发自内心的服气了。美国人的这种信服实力的务实态度，是他们的国家能够吸引和容纳人才为之服务的重要原因之一。

又一个新学期开始了，我的助教工作遇到了麻烦。上个学期我为布罗迪教授做助教，布罗迪教授很满意，希望我留任继续为他做助教。而詹姆斯和迪范恩教授申请到一个大型研究项目，希望我能为他们的项目作助研。他们在系里的教授会议上互不相让。系主任史密斯教授不愿意因一名学生而得罪两边的教授，提出了一个折中的方案，让我来挑选教授。教授们欣然同意。他们很自信，相信他们对我的影响力。

从感情上说，两边的教授对我都很好，而且两个工作对我的专业都有帮助。更重要的是，我也不愿意得罪任何一方的教授。当史密斯教授向我征求意见时，不无幽默地说："约翰，你可是我们系里第一位有权选择为哪位教授工作的学生啊。"

我对他说："史密斯教授，我可不想要这个特权，您决定我给谁干，我就给谁干。"

这下轮到史密斯教授为难了。他说，"我可不敢做这个主，你还是自己与两边的教授们沟通一下吧，相信你可以处理好这件事。"

我找到布罗迪教授，一方面表示感谢他对我的信任，另一方面表示我可以两头兼顾，反正助教的工作量并不大，批改作业和试卷对我来说不需花费很多时间。我表示，我对詹姆斯和迪范恩教授的研究项目挺感兴趣，不想失去作助研的机会。

布罗迪教授笑着对我说，他自己也感到不应再留我作为他的助教了。系里规定，学生的助教和助研工作应该轮换，他承认他有点自私了。因为他与那两位教授的关系很好，所以想与他们争一争。布罗迪教授支持我为詹姆斯和迪范恩教授作助研。至于他的助教，他会自己想办法的。

问题总算有惊无险地顺利解决了。

学校进入了寒假，我可以借机休整一下。M市的1989年冬季异常寒冷，虽然地处美国的南方，竟然连续下了几天的大雪。全城银装素裹，道路陷入瘫痪。这是M市50年来罕见的大雪。布罗迪教授一家到外地度假，得知我假期不离校，委托我代为看家。在外地的布罗迪教授从电视新闻中了解到了M市下大雪降温的情况,打电话嘱咐我把他家里的水龙头打开,持续慢速放水,以免水管结冰。这种防冻方法我是很难接受的。这样做不知要浪费多少水。布罗迪教授告诉我,房子里的水管四通八达,一旦水管冻裂墙壁、地毯就全完了,损失更大。

我立即骑上自行车,在风雪中艰难地向教授家进发。由于积雪较深,车骑得很慢。有一辆汽车在我的左后方缓慢地行驶着。突然,自行车轮陷进了积雪的车辙中,我失去了平衡,连人带车摔了个人仰马翻。忽听到身后"轰"的一声巨响,两辆车追尾撞车停在了我的身后。

从前面一辆车里跑下了一位惊慌失措的中年女士,边跑边叫道:"我的天啊,我的天啊!"她关切地问我伤着了没有,原来她以为我是被她的车撞倒的。其实我摔倒的地方离她的车还有五六公尺远呢。

我爬起来试了试手脚,还能动弹,摔得不算重。我说,"是我自己摔倒的,没事、没事。"

那位女士将信将疑,追问道:"你肯定没事吗?"

在她眼里,事故的责任并不重要,要紧的是人的安危。为了表示我真的没事,我骑上了自行车,对她说,"瞧,我不是还能骑车吗?"

她这才露出了笑容,闭上眼睛轻轻地说了声"感谢上帝"。

接下来是她与后面那辆车的车主处理追尾事故了。由于车速原本不快,两车只伤了点皮毛。两人决定私了,很快各行其道了。

到了布罗迪教授家,我调高了室内温度,打开水龙头慢速放水,打开小灯照射家中的植物,并为植物浇水。我心里直嘀咕,用电灯照射植物取代阳光,这样的作法太奢侈了。假期很快过去了,布罗迪教授结束了他的外地度假回来了。他看到我圆满地完成了看家任务,执意要付工钱。这是我无论如何不能接受的。不要说是自己的导师,就是一般的朋友,做点举手之劳的事怎么可以要报酬呢?布罗迪教授见我执意不收工钱,送给我一只精致的小杯子。

我的美国同学劳莉学习统计学有些困难。她请我做家教辅导,并提出付我工钱,问我是否愿意。我尽力辅导了她,但是谢绝了她的家教费。

以后劳莉在各方面给了我不少无私的帮助，我们之间的友情一直维持至今。

    V大学工程系的一位来自中国大陆留学生，为导师的研究项目作数据分析，可以得到3,000美元的报酬。他对数据处理不在行，请我帮忙。我帮助他建立了数据库，又手把手地教会他如何输入和整理数据。他完成项目之后，请我到他家去吃了一顿饭，只字不提报酬之事。其实，即使他提出给我报酬，我也不好意思接受。在这方面，美国人与中国人的处理方式是有较大差别的。

1.4. 学做学问

作为社会科学的一个分支,社会学要求学生在学习过程中学会如何做科研。按中国人的话讲,是学习如何做学问。社会学中的很重要的一门基础课,是研究方法论。在 V 大学社会学系里,这一门课是由詹姆斯教授讲授的。詹姆斯教授研究经验丰富、知识渊博,常用生动而又实际的例子来说明问题。他的讲课有声有色,许多内容我至今记忆犹新。

研究方法论首先讨论的是因果关系。这一话题对于平常人来说似乎不成问题,实际上,其中的学问深着呢。如果一个事物导致另一个事物发生,我们把前者叫做因,后者叫做果。因果关系存在三个条件:第一,两个事物中存有内在的联系;第二,时间上的联系,因先果后或者因果同时;第三,两个事物接触并存在于同一个空间。例如,拨动开关和灯亮存在着因果关系。这是因为:第一,开关接通了电源,这是内在的联系。第二,先拨动开关,灯才会亮。第三,开关和灯同处一个回路中,在同一个空间。

在日常生活中,如果我们不注意观察和分析,会被假象蒙蔽,得出错误的结论。詹姆斯教授举了一个通俗易懂的例子来说明这一问题。我们常常看到,发生火灾时消防车越多,火灾的损失越惨重。如果我们由此得出消防车数量导致火灾损失的大小,肯定是可笑的。但是在实际生活中,我们却常犯此类错误。由于火势大导致所派遣的消防车多,也由于火势大所以损失也大。两者共同的原因是火势的大小。

加州一所大学的有位教授,曾对学生每周做爱次数与总平均分之间的关系作了研究,下结论说,学生做爱越频繁总平均分越高。该研究结果引起轩然大波,教授被校方解职。仅凭这一结论解雇一名教授的作法,有点太严厉了。不过，这位教授的结论确实有些问题。因为他只看到了表面现象，没有看到实质。

报刊上曾有报道说，少量地喝葡萄酒对身体有好处，可以减少心血管系统的疾病。因为研究发现，许多常喝葡萄酒的人较少患有心血管系统疾病。这一结论后来遭到质疑。问题在于如何证明葡萄酒减少心血管疾病。一条途经是从生理机制上证明葡萄酒的作用，从而揭示葡萄酒抑制心血管疾病的原理。另一条途经则需排除与喝葡萄酒有关的其他抑制心血管疾病的因素。而排除其他所有可能的因素绝非易事。前者类似"正证法"，后者类似"反证法"。无论哪一种方法，都不会像人们想象的那样简单。

因为常喝葡萄酒的人可能比较注意锻练身体，也可能这些人饮食很注意，或可能这些人生活习惯上很讲究。只有将其他可能的因素都排除了，才能真正得出喝葡萄酒可以减少心血管疾病的结论。换句话说，无论人们是否注意锻练身体，无论人们的饮食如何，无论人们生活习惯如何，无论人们的遗传基因如何等等，只要喝了葡萄酒心血管疾病就少，只有这样才能肯定喝葡萄酒的作用。否则，很难断定心血管疾病的减少一定是喝葡萄酒引起的。到目前为止，还没有这样的研究。所以喝葡萄酒是否能减少心血管疾病，仍是个悬而未决的疑案。

科研人员必须有打破砂锅问到底的精神，不能只看表面现象，被其蒙蔽。这些道理，对于平常百姓也很有用。

研究方法论讨论的第二个问题是偏差。在被抽样时，有些成员比其他成员更容易被选中，从而导致结论的错误。詹姆斯教授用有名的例子来说明这一问题。罗斯福总统竞选总统时，两家民意测验公司作出了截然相反的预测。盖乐普[①]公司预测罗斯福会当选，而另一家公司则预测罗斯福的对手会取胜。两家公司对自己的预测均把握十足，后来的结果

---

① 盖乐普公司（Gallup, Inc.），成立于1935年，美国的一家大型研究型公司，精于全球管理咨询。

是众所周知的。那么，另一家公司到底错在哪儿呢？两家公司都采用了科学的随机抽样调查的方法，为什么会得出大相径庭的结论呢？盖乐普公司采用上街直接问行人的方法，另一家公司则采取打电话的方式。看起来两个方法似乎差别不大。可是上世纪的30年代，美国的电话并不普及，拥有电话的都是有钱人。另一家公司尽管采用了貌似随机的方法，实质上从一开始就隐藏着倾向，只问富人不问穷人。当时的富人大多支持罗斯福的对手，穷人却大多支持罗斯福。这一事件使盖乐普公司名声大震。

另一个有名的例子，是美国哥伦比亚大学著名统计学家沃德[①]教授的研究。二战期间，英国空军试图找到增强飞机生存力的秘方。沃德教授收集了盟军轰炸机被击伤的资料得出结论，飞机机翼部分最容易被击中，座舱和机尾被击中的最少。出乎预料的是，他建议在座舱和机尾部分增强装甲，以增强飞机的存活率。他的建议遭到了空军指挥官的反对。沃德解释说，这是因为他收集的资料，只包括那些被击中并侥幸返航的飞机。那些不幸再也没有回来的飞机，往往被击中座舱和尾部。死去的飞行员和被击落的飞机，无法向人们发表他们的看法。事实证明，沃德教授是正确的。

貌似公平的方法隐藏着不公平，使得人们得出错误的结论，导致政策失误的例子并不少见。要使研究真正客观地和公正地反映现实，不是一件容易的事。

研究方法论涉及的另一个问题是如何进行比较。进行对比，是研究中常使用的方法。在日常生活中，我们也常使用这样的方法，似乎没有多大的困难。其实，这里面包含着深奥的道理。譬如，我们想采用一种新的教学方法；为了证实新方法的有效性，我们选择了两个班级做为试点。甲班采用新的方法，乙班级仍用老的方法。经过一段时间后我们检

---

① 亚伯拉罕·沃德（Abraham Wald，1902 年 10 月－1950 年 12 月），匈牙利人，数学家，美国哥伦比亚大学教授。

查效果，发现采用新教学方法的甲班成绩优于乙班。我们下结论说，新的教学方法对提高成绩很有效，建议推广。然而研究方法论告诉我们，我们的结论很可能是错误的，因为我们没有查看两个班级原先的成绩情况。如果甲班的成绩原本比乙班好，那么新的教学方法未必使甲班成绩有实质意义的提高。

近年来，国内有不少人(包括一些名气不小的人物)呼吁取消中医。他们的主要理由是，中医没有科学依据，现代科学无法证明中医的许多理论（如经络学等）。虽然这些人指责中医缺乏科学性，但是这些人的批评却同样缺乏科学性。用目前的科学手段证明中医的理论存在困难，但是不能仅凭这一点就轻易地下结论，宣判中医死刑。"我思故我在"是唯心主义，但是"我无思故我不在"同样站不住脚，也是唯心主义的。

目前，证明中医具有科学依据存在许多困难，但是证伪(即证明中医毫无作用是江湖骗术)同样很困难。如果我们选择病人，将他们任意地分成两组，一组不采取任何治疗，一组采取中医治疗。如果两个组病人的病情没有显著的差别，也许可以说中医没有作用。但是如果两组病人的情况证明中医的疗效确实存在，那么仅凭"理论上证明中医有困难"否定中医，是不合适的。目前对中医的批判，充其量不过是"隔靴搔痒"。令人费解的是，西方的不少医生开始对中医转变态度，由怀疑到逐步相信，反倒是中国人反对起中医来了。笔者无意卷入中医存废之争[①]，这里只是想说明科研的方法很复杂，切忌武断而轻易地下结论。

进行科学研究还要求科研人员的思想能够超脱，以超然的态度进行研究，并以超然的态度对待别人的研究。当社会科学家分析人的心理和行为时，他们把人与周围的环境孤立起来(也就是超脱和抽象)，然后加以分析。如果我们对号入座，再掺杂情感，研究就无法搞下去了。

譬如，在"囚徒困境"这一研究课题里，两个囚徒就不是我们平常

[①] 对"中医存废之争"感兴趣的读者，可以参阅我们合著的《傲慢与偏差——66个有趣的社会问题》（2014 年）里"中医的存废之争"和"定性定量，孰优孰劣"两章。

讲的有血有肉的人。这里先简单介绍囚徒困境的问题。有两个合谋的嫌犯被抓并被隔离，他们的犯案罪证未被警方完全掌握。警察对他们宣布"坦白从宽，抗拒从严"的政策。如果他们中一个人交代并揭发合谋者的罪行，另一个人顽固不化，那么前者可以从宽当场释放，后者从严判十年徒刑。如果俩人都主动交代并揭发，那么每人各判五年。如果俩人都拒绝交代，由于警方证据不足，他们俩因为犯有另一个小案子各判六个月。两位囚徒被隔离不可能串供，他们会做出什么样的决策呢？

根据心理学家、经济学家和社会学家等社会科学家的分析，两个囚徒均会选择对自己最有利的决策。拒绝交代，搞得好可以只判六个月，但搞不好会判十年徒刑。如果主动交代，可以保证最多是五年的徒刑，搞得好还可以当场释放。所以在大多数情况下，囚徒会选择后一种决定，或者说背叛同伙。您要是问心理学家、经济学家或社会学家，他们自己在这种情况下会如何决策，或者认为他们得出背叛同伙是最佳决策，从而认定他们将来会背叛同伙，那么研究就无法搞下去了。

犯罪学教授雪利博士在他的第一堂课上，提出了学习犯罪学的要求。他要求我们抛开常识、情感和先见或者说是偏见。雪利教授要求我们，作为研究犯罪学的学生，不应该以百姓的视角来看待犯罪现象，应当以科学的、超然的态度去分析犯罪问题。对待不同意见和不同观点，可以展开批评和驳斥，但是不能进行人身攻击，更不能用道德帽子压人。

当时我对雪利教授的这一要求不以为然，甚至感到多此一举。可是后来的事实让我明白了雪利教授的先见之明。克林顿任职期内，美国的司法部长曾建议研究毒品合法化的可能性。此举在美国政界掀起了轩然大波，许多政客激烈地指责司法部长，甚至有人对部长进行人身攻击。众压之下，司法部长不得不收回成命，研究不了了之，一个研究和解决吸毒犯罪的计划就这样胎死腹中。

科学研究还要求我们能客观地分析我们所能获得的资料，从迷雾中分析客观真实的情况。雪利教授提出，作为一名学过犯罪学的大学生或研究生，必须首先学会如何解读犯罪率的统计。美国联邦调查局每年向民众公布全国、各城市和各地区的犯罪率。犯罪率是社会治安的重要指标，一直是民众和政客关注的对象，民众的态度会随着犯罪率的升降而变化。政客们为拉选票，利用这些数据大做文章，或者攻击对手，或者标榜自己的功劳。

然而官方所公布的犯罪率数据，并不能准确地反映犯罪情况。这一情况犹如画家描绘一个物体，由于画家的取舍、角度和绘画水平等诸多因素，所画出的物体与真实的物体存在一定的差距。就拿性犯罪来说吧，人们普遍抱怨现在的犯罪率比以前（尤其是20世纪50年代）要高出许多（美国人很怀念几十年前的平安日子）。而犯罪学家却思考着另一种可能。政府对犯罪率的统计是由受害者向警方报警，记录在案，经层层上报后纳入统计的。那么有没有可能在数十年前，人们由于种种原因隐瞒了自己的受害？

例如，当时的妇女受到强暴后，由于顾及本人及家人的名誉，未向警方报案。数十年后的今天，随着妇女运动的发展，越来越多的妇女为了维护自己的权益，敢于正视现实，敢于挺身与罪犯抗争，并将罪犯告上法庭。因此，性犯罪率的上升是否受到这种情况变化的影响，学术界的争论至今尚无定论。

又如在当事人受害报警后，警方要作详细的调查记录，这种调查会占用当事人许多时间。有不少受害者怕麻烦，隐而不报，自认倒霉，使得官方公布的犯罪率低于实际犯罪率。这一现象已经从以往的对受害者调查得到了证实，美国实际的犯罪率要比官方公布的犯罪率高很多。

另一个常见的现象是，一些官员常标榜在任期内打击犯罪举措得力，从而使犯罪率显著下降。然而依照犯罪学家的观点，犯罪的发生有其自身的规律，不受政策影响。一个地区的人口年龄发生变化，犯罪率会相应地变化。青春期是犯罪的高发年龄段，随着年龄的增长，老牌罪犯日趋平静，犯罪行为相应减少。所以当一个地区的青少年人数减少时，犯罪率会随着降低，与当时的施政毫无关系，并非是行政官员的功劳。

此外，犯罪案件的统计会有水分。例如，美国联邦调查局每年公布的犯罪率中包含偷窃一项。该项统计有一个门槛：50美元。窃贼偷了49.99美元，不必作为偷窃案正式上报。曾有研究发现，某城为了打击犯罪，把点子动到了数字上。该城出现了许多50美元以下的偷窃案，当年上报的偷窃案大大降低。其实偷窃案并未减少，只是警官们大事化小小事化了罢了。

克林顿总统在台上的时候，为警察增加了经费，加强了警力，可以派更多的警察上街，为的是减少犯罪。可是犯罪学家却持怀疑态度，认为这种杯水车薪式的经费增加只是为了作秀，毫无实际意义。因为犯罪学家在上世纪70年代做过试验，证明此种方法毫无用处。

试验是在密苏里州的堪萨斯城进行的，时间是1972至1973年。研究人员对警察常采用的三种应付犯罪的措施加以比较。第一种是平常的警察巡逻方式，警车按正常的路线对街道进行巡逻。第二种方式是主动出击式的巡逻，警察增加曝光率，巡逻车辆是第一种的两倍到三倍，用以阻吓犯罪分子。第三种方法是被动式的巡逻，不派警察巡逻车，警察只是在民众打电话报警后迅速赶到犯罪现场。按照普通百姓的观点，第二种方式应该效果最好。可是出乎人们预料的是，三种方式效果相同没有明显的区别。

上述研究结果与纽约市的发现异曲同工。纽约市的研究发现，当某个地区增加警察时，罪犯就跑到其他地方去做案了，警察只是把"祸水"从一个地方赶到另一个地方而已。犯罪事件就像中国人说的，"天要下雨，娘要嫁人"，无人能阻止，除非街头到处布满警察。

研究的基点是科学研究的一个大问题。例如对于犯罪的根源众说纷纭[①]，人们常谈起中国和西方国家的各种差别。其实中西差别，归根结底是对待"人之初"的认识上。中国人普遍认同的观点是"人之初，性本善"，而西方人的观点却与我们大相径庭，他们认为"人之初，性本

[①] 如果读者对"人为什么会犯罪"的问题感兴趣的话，可以参阅我们合著的《西方社会学面面观》（2013年人民日报出版社出版）一书中"人为什么会犯罪"一章。

恶"。

我们中国人普遍认为，人出生时是天真无邪的，有些人在成长过程中受到了社会上歪风邪气（特别是来自资产阶级）的不良影响，逐渐变坏，走到了善的反面，成为罪犯。而西方人则认为，人生下来就是有罪之身。当然这个罪不是指触犯法律之罪，是基督教中亚当和夏娃偷吃禁果造成的原罪。这种基于宗教(主要是基督教和天主教)的观点，对西方人的思维方式造成了深远的影响。西方人认为人人都会犯罪，上至国王总统，下至庶民百姓，无一例外。人不犯罪只是犯不成，或者不敢犯而已。

这一认识的差别，反映在我们日常生活中比比皆是。在中国，我们的办公室常挂有这样的提示，"请随手关灯"，"请随手关门"。在厕所里，我们常见到这样的告示，"注意节约用水"，"用毕请冲洗"，"注意节约用电"。在公路上常可见到这样的警示，"请遵守交通规则"，"请减速行驶"。这些提示、告示和警示说明，我们相信人本来是善良的，是可以教育好的，有了这些提示就可以使人遵守公共道德。

而在西方，由于他们认为人的本性是邪恶的，不遵守公共道德和国家法律是人的天性，所以不奢望人们会自觉遵纪守法。由于彻底抛弃了幻想，只能从另一个角度着手解决问题。因此出现了电灯的声控或红外线控制开关，可以自动关门的弹簧门，自动开关的感应门，会自动开关的红外线感应水龙头和冲便器等一系列不依赖于人的觉悟而达到目的的设施。

在美国，有些地段不允许车辆高速通过，地上会有规律地设置一根根的水泥条，再好的越野车也得减速通过障碍。更有甚者，在纽奥尔良市的飞机场，有一段很长的路是由无数小砖块铺成，汽车开在上面只要时速超过30英里就会全身颤抖，迫使驾车人不得不放慢速度。

由于对"人之初"存在着"性本恶"的观念，西方人对自己的政府存在着极大的不信任。他们不奢望会出现什么"明君"或者"清官"。在他们看来，"明君"和"清官"都是被逼出来的。他们整天像防贼一样地盯着自己的政府，生怕一不留神闹出个祸国殃民的昏君或贪官。中国人和西方人在"人之初"问题观念上的差异，使得在研究犯罪和控制犯罪问题上存在着巨大的差异。一字之差不仅造成了中西方在文化、制度、政策等方面的巨大差别，还使科学研究采取了不同的方向。

詹姆斯教授在讲课中用统计学的原理，解释了中国人常说的"富不过三代"的现象。社会现象大多以正态分布的形式存在，通俗地讲，是中间大两头小。例如，人们的能力和智力，大多数人处在平均水平，天才和白痴毕竟是少数。人的身高、体重也是如此，巨人和侏儒只是少数。社会现象又有回归平均数的趋势，也就是说，天才的后代有降为一般人水平的趋势，超高人的后代趋于变矮。因此，富人的后代趋于变穷，太穷的人穷则思变，后代趋于变富一些。社会就是这样在上下变化中前进。因此，当一个各方面出色的父亲生了一个平庸的儿子，或者一对丑陋的父母生得一个漂亮的女儿，我们不必感到不解，一切均在规律之中。这倒是我第一次听到从统计学的角度解释这一现象。

真正使我学会如何做学术研究的是雪利教授。他的言传身教，使我逐步入了门。我进行的第一个研究课题是对犯罪率的评估问题。以前在国内读大学时，我曾写过论文，但并没有人认真辅导过我们该如何进行科研和撰写学术论文。我在这方面悟性也不高，所以无从下手。

几天后，雪利教授把我叫到办公室，拿出了我的学期论文。我一看傻了眼，只见我的论文上一片红色，到处是雪利教授的修改。雪科教授首先安慰我："你不要气馁。我的论文在发表前也曾被编辑改得面目全非。"接着，他逐一给我讲解论文中的问题。雪利教授最后向我建议道："你可以参考玛奇同学的相同题目的论文。"

阅读了玛奇同学收集的参考文献和她的学期论文，我茅塞顿开。我的论文的主要败笔在于，没有按照论文的格式写作。过去我们所批判的洋八股，在这里仍大行其道。文章的开头、结尾、中间的论述都有规定的套路。按照新的思路，我大刀阔斧地将我的学期论文进行了修改，重新写了一遍。

很快，我收到了雪利教授的回音。他给了令人振奋的评价："进步很大，继续努力。"从第一次写论文的失败中，我学到了撰写论文的基本要素，算是入了门。有了这个基础，在以后的学习和研究中，我所写的论文就上了正轨。该门课的第一篇学期论文，我得了不及格，进行了返工。虽然这门课的另外三篇学期论文我得到了较好的成绩，我以为总成绩一定会被拖累。令我想不到的是，这门课的总评分我竟然得到了Ａ。按照我在国内学校的教学经验，由于这门课中我曾有过不及格的分数，其余考试或论文的分数再好，充其量我只能得到75分，也就是Ｃ。

数年后，雪利教授给新生授课时讲到他的评分标准，拿我的经历作为例子。雪科教授说："我的评分标准是横向比较和纵向比较相结合。我们系里有一位来俄罗斯的女生，她在本国上本科时读的是社会学，基础好起点高，这一门课她得了Ａ。"他接着说："如果是单纯的横向比较，约翰的水平远不如她。但是他的进步幅度大，所以同样也得了Ａ。"这种灵活的评分方法有其独到之处，也是我以前从未遇到过的。

除了雪科教授给我的分数令我吃惊之外，让我更加想不到的是，我在学期论文中所提及的运用模糊数学的想法，引起了雪利教授的重视。我提出用模糊数学的原理，对犯罪率测量中的不确定因素加以校正。说实话，我对模糊数学只知道些皮毛，当时只想能够标新立异蒙混过关，根本没打算进一步研究。然而我之无心却招来了雪利教授的有意。他力主我在这一课题上作进一步的研究，并最终能够成为我的硕士毕业论文。他认真地帮我找了几篇关于模糊数学的论文，给我做参考。在雪利教授的"逼迫"之下，我不得不在这一课题上动了真格。我检索和阅读了这方面的许多资料和文献，对该课题进行了认真的学习和研究。最终，我以该课题完成了硕士论文，并得以在美国的一个学术杂志上发表。

关于研究方法论的讲课，给我印象最深的是詹姆斯教授给我们上的最后一堂课。而那堂课却与研究方法论毫无关系，他用了整整两个小时的时间，给我们讲了关于做学术研究的职业道德。我没有想到，美国大学的专业教授会用专业课的时间讲授与专业无关的思想道德课。这些内容理应由政治辅导员、班主任或系书记之类的人员来讲授。

詹姆斯教授首先讲的是经济问题。作为未来的教授或研究人员，将来肯定会接触研究经费。他告诫我们，一定要克制自己，千万不要在这个问题上犯错误。教授和研究人员在申请到研究经费后，有权支配经费的使用。但是这些经费并非科研人员的个人财产，研究人员必须按照申请经费时所报的预算分项专款专用。尽管研究人员可以有一定的灵活性支配经费，但是有一条不得越雷池一步的禁区：经费不得随意地进个人腰包。

美国教授的薪水是以八个月或九个月计算的。教授如果想用研究经费给自己发薪水，只能以基本薪水为标准。这就是说，教授可以用研究经费每年给自己加发三到四个月的薪水。因为，教授可以用没有薪水的那段时间，为科研工作出力而得到报酬。教授也可以用研究经费给自己每年发12个月的薪水。在这段时间里，教授不必担任教学任务，全职为科研工作，停掉学校的薪水。但是无论如何，教授不能得到多于12个月的薪水。例如，一位年薪八万美元，按八个月发薪的教授，每年最多从学校和科研中所得的收入总和不得超过12万美元。詹姆斯教授告诉我们，美国社会学界有位老前辈，因为同时从学校和科研经费中获取了超过12个月的薪水而坐了牢，从此被逐出学术界，毁了一世英名。

美国的学术界对于科研经费的规定，旨在防止科研人员为一己私利，将本该用在科研上的经费挪为他用。科研人员甭想靠申请科研经费达到个人致富的目的。在大学里搞科研，可以带来荣誉和名气，但是很难带来经济利益。当然在美国的学术界有一个潜规则：教授们唯一可以"滥用"经费而不受指责的是，教授们可以将少量的多余经费发给系里的研究生。因为学生普遍比较穷，向这些未来的科研人员提前预付经费，是学术界普遍认可的行为。正是由于这一潜规则，我们有时能得到额外的几百美元的奖金。系里常有教授手头上有多余的研究经费花不完，上交挺可惜，不如作个顺水人情。

詹姆斯教授对我们讲的第二个问题是师生恋。詹姆斯教授郑重地告诚我们，今后有朝一日当了教授，千万别与正在上你课的学生发生性关系。在美国的大学里（甚至中学里），有的学生已经同居怀孕生孩子，学校当局不会多加干涉[①]。大学中发生师生恋是很正常的事。但是当学生与正在授课的教授发生性关系时，问题就变得复杂了。教授手中操有批分大权，他可以利用手中的大权要挟学生。而这一作法为美国的法律所不容。如果今后两人关系破裂，学生状告老师当年以权谋"性"，一旦罪名成立，老师的前途就会毁于一旦。即使罪名不成立，丑闻足以使老师蒙羞。

教授讲的第三点是关于数据公开的问题。当研究人员申请研究基金，研究项目完成后，研究人员应与其他科研人员分享他的数据，不可占为己有，以使更多的人有机会进行研究。詹姆斯遇到过尴尬的事：他与前妻离婚在分割财产时前，妻与他平分了他多年研究的成果，其中包括他掌握的数据。数年后，有人写信给詹姆斯教授，索要他曾作过的研究数据。不巧的是，那部分数据被法院判给了前妻。詹姆斯教授只好回信，告诉索要者他的尴尬处境，并附上前妻的地址。至于此事的结果，就不得而知了。

这三点忠告，每一个学生都留下深刻印象。我们平时上课时课堂气氛很轻松，时而笑声连连。但是这一节课，讲课的教授一脸严肃，听课的学生一腔认真。

[①] 2015 年 2 月 5 日，美国哈佛大学发表声明，明令禁止本校教职工与学生恋爱和发生性关系。

1.5. 马克思主义在美国

马克思和恩格斯的著作是美国社会学专业的必读书。人类的研究可分为五个层次，即物理、化学、生物、心理和社会。物理的变化不涉及分子结构的改变，因此是最基本的。化学变化导致物质的内部变化，层次深了一层，但仍不涉及生命。生物变化比化学变化进了一步，是研究生命的科学。心理变化比生物变化又进了一层，是研究个人的思想变化。而社会变化比心理变化更深一层，所以社会研究是最深的层次研究，它的研究对象是整个社会。

从社会学研究的层面来说，社会学理论可以分为宏观和微观两大类。宏观社会学理论，顾名思义是从社会整体层面来分析社会、研究社会现象。而微观社会学理论则反之，着重强调社会组成的单元，即人与人之间的关系及其规律。近代出现了试图将宏观和微观理论相结合的趋势，以期取长补短，弥补各自的缺陷和不足。

从研究社会的出发点来分类，社会学理论可分为和谐派和冲突派理论[①]。和谐派认为，共同的道德准则和价值观是社会的基础。他们强调建立在默契之上的社会秩序，认为社会变化是缓慢而有序地进行的。而冲突派的观点则相反，他们认为社会中的一部分人统治另一部分人，社会的秩序是统治者所操纵和掌握的，社会的变化是由被统治者推翻统治者产生的，因而这一变化是剧烈和无序的。

社会基础观点的分歧始于哲学上的认识。和谐论的代表是柏拉图，冲突论的代表是亚里士多德。马克思的理论属于宏观层面的冲突派阵营。马克思作为社会学的开山鼻祖之一，在社会学中占据极为重要的地位。

[①] 和谐理论（Consensus theory），冲突理论（Conflict theory）。

虽然由马克思理论产生的共产主义理论和共产主义运动在西方受到非议和指责，但是马克思主义的理论在西方学术界并未遭到非议。马克思的一些经典著作仍然是社会学理论的必读课本。

当我在美国大学里重读马克思的"阶级斗争和生产方式"、《资本论》的部分章节、"共产党宣言"、"哥达纲领批判"、"社会民主的策略"、"中央委员会对共产国际的发言"、"恩格斯在马克思墓前的讲话"、"社会主义：乌托邦和科学社会主义"、"论无政府主义"、"历史唯物主义的信件"等著作，研究有关异化、政治经济学、剩余价值、共产主义概念、历史唯物主义、阶级、阶级斗争、阶级统治、意识形态和觉悟等论述时，我真后悔以前在国内没有认真地阅读和理解这些著作。

中国曾兴起全民学习马克思和恩格斯的原著之风。可惜当时我只是局限于形式上应付，并未认真地研读。现在我不得不在美国的大学里艰难地去啃这些大部头的英文版著作。真想不到，在与共产主义运动为敌的美国的大学里，马克思、恩格斯的著作竟然可以堂而皇之地成为社会学的必读教科书。更有甚者，教社会学理论的迪范恩教授，因为赞同马克思的许多观点，还自诩为马克思主义者。我不由地满腹疑虑，难道他们不怕学生们真信了马克思主义，成为马克思主义者而去推翻资本主义？我几次想问迪范恩教授，但话到嘴边，还是未敢开口。

马克思主义理论是一个庞大的体系。该思想体系内存在许多派别，马克思去世之后，有许多信奉马克思主义的理论家不断地发展和完善了马克思主义。在美国，我学习的主要是西方马克思主义，与国内学的马克思主义有一定的差别。在众多的马克思主义派别中，第二共产国际时期盛行的经济决定论是一个重要的派别。持这一观点的马克思主义者认为，资本主义的灭亡是不可避免的。马克思主义理论能够科学地预见资本主义的灭亡，像物理和自然科学可靠地预测自然现象一样。按照该派的观点，在资本主义经济结构中存在着一系列的因素，最终将导致资本主义的灭亡，我们所需要做的是发现和分析这些因素。考茨基和伯恩斯坦^①等人是该派别的代表人物。

该观点遭到了其他马克思主义者的批判。经济决定论退出历史舞台后，黑格尔马克思主义占了主导地位。持这一观点的马克思主义者试图恢复社会生活中主观与客观的辩证关系，尤其是主观能动性的作用。黑格尔马克思主义的代表人物之一是卢卡奇^②。卢卡奇的最大贡献，是他的物化意识形态和阶级觉悟的论述。卢卡奇认为，资本主义社会中商品交换形式处于支配地位，并渗透到社会的各个方面，因此出现了资本主义社会特有的物化现象。意识形态不仅仅是一种思想体系，更是一种物化的社会关系。物化导致的人的痛苦，产生的心灵震荡，渗透到了人的生活的各个方面。

卢卡奇还认为，在资本主义社会中各阶级只有自发的阶级意识，不可能有自觉的阶级意识。只有无产阶级才能形成自觉的阶级意识。随着无产阶级和资产阶级斗争的深入，无产阶级从自在的阶级成为自为的阶级。换言之，阶级斗争必须从经济斗争提高到意识目标和阶级觉悟的高度。这两大贡献，使卢卡奇成为西方马克思主义的奠基人之一。

黑格尔马克思主义的另一位代表人物是葛兰西^③，他在从经济决定论发展到现代马克思主义的过渡中起了重要作用。葛兰西摈弃了资本主义灭亡是自动的、不可避免的和历史必然的观点。他强调，群众必须行动起来进行社会革命。要进行革命，群众必须提高觉悟，而群众觉悟的提高不是自动的。因此无产阶级的精英（即无产阶级的知识分子）率先产生阶级意识，然后推广到无产阶级的广大群众中去，进而推动革命向前发展。

---

① 考茨基（Karl Johann Kautsky, 1854 年 10 月——1938 年 10 月）社会民主主义活动家，马克思主义发展史中的重要人物。伯恩斯坦（Eduard Bernstein, 1850 年 1 月—1932 年 12 月）德国理论家、政治家。
② 捷尔吉·卢卡奇（Georg Lukacs, 1885 年 4 月—1971 年 6 月），匈牙利马克思主义哲学家和文艺批评家。
③ 安东尼奥·葛兰西（Antonio Gramsci, 1891 年 1 月—1937 年 4 月）意大利马克思主义理论家和政治家。

关于自在阶级和自为阶级的论述,经历过文革的中国人应该不会陌生。葛兰西的提高群众觉悟的观点,让人想起文革中常讲的要对广大群众灌输马克思主义先进思想的说法。

法兰克福学派是新马克思主义的一个重要派别。他们以马克思、黑格尔、卢卡奇、葛兰西等人的理论为基础,对20世纪的资本主义、种族主义和文化等进行探讨,汲取了韦伯[①]的理论和弗洛伊德的精神分析。他们最大的贡献在于建立了批判理论[②],相对于传统的社会科学研究以科学和量化的方式研究社会经济等的规律,他们更进一步探讨历史的发展以及人的因素在其中的作用。

在新马克思主义派别中,还有一个派别是结构主义马克思主义。顾名思义,该学派是结构主义与马克思主义的结合。结构主义致力于研究社会生活中隐藏的但却是根本性的结构。根据该派的观点,资本主义社会中真正重要的特点应该在结构中发现,只有理解了现代社会的结构才能理解资本主义及其历史发展。该学派的缺陷是忽略了人的因素,受到了其他马克思主义学派的反对和批判。

除了以上这些学派,还有新经济社会学派、近代的博弈论马克思主义等等。马克思主义理论课程的阅读量大得惊人,即使是美国学生也难以全部读完。所以对于我这个原本对理论缺乏悟性的人来说,这些书更是难上加难。许多章节读过一遍之后,我仍不知所云,经常需用反复阅读方才理解其意。

更糟糕的是,我的思维方式远不能适应美国的大学教育。我在国内接触过诸如哲学、辩证唯物主义、文学理论等理论性的课程。我们习惯的思维方法和学习方法,基本上是理解、记住并使用所学到的原理去解释现象。如果考试的话,有可供参考的标准答案,对某个题目总有若干个要点,考试分数按这些要点来计分。而迪范恩教授却要求学生以批判

---

① 马克斯·韦伯 （Max Weber, 1864 年 4 月—1920 年 6 月）,德国社会学家,哲学家,政治经济学家,与马克思和杜尔凯姆并称三大社会学开山鼻祖之一。
② 批判理论 （Critical Theory）。

的眼光去看待事物,对待任何理论不仅要理解,而且还要了解它的缺陷,学生必须了解正面和反面两种不同的观点。对马克思理论的一个重要的批评,是马克思对阶级的划分过于简单化。在现实社会中,除了资产阶级和无产阶级以外,人们还以阶层来划分。同是无产阶级,都是为别人打工,却属于不同的阶层,这些阶层存在着很大的差异。例如打工皇帝、白领、粉领、金领与普通的工人(即蓝领),虽然同样是为别人打工,但是所处的阶层却截然不同。

我对于美国大学里的那些学习方法始终不得要领,从未想过马克思主义的理论如同其他形形色色的社会学理论一样,也有缺陷和局限性。多年来在国内养成的思维方式使我不敢越雷池一步,对于权威的理论始终不能做出批评,成为我学习的障碍。迪范恩教授对我还是很宽容的,看到我学得非常努力,就不为难我了,让我顺利地过了关。以后我与迪范恩教授成为了朋友,我曾私下问他:"如果我是一个美国学生,我所写的那些学期论文能通过吗?"

"哈,哈,那个,哈哈,"他只是笑而不答。

1.6. 同学众生相

V大学的社会学系是个小系，加上我们这批新招的八名，研究生总共只有20来人，学生来自全国各地。

马丁同学是我的好朋友，他来自美国的北方，本科念的是社会学。为了读书，他告别了妻子和三岁的儿子，只身来到M市的V大学。他文笔优美，对社会学理论更是如鱼得水，深受教授的赏识。令人难以置信的是，他的GRE语言部分的考试分数并不高，只考了510分。这个分数对于许多中国学生是轻而易举的。从他的词汇量、写作和阅读的能力看，他应该可以考得更好。

对于如何解读托福和GRE的得分，仁者见仁，智者见智。美国国内对此类标准化考试一直骂声不断，这是此类考试连年更改的原因之一。一般人很容易以分数论英雄，认为获得托福高分的人英语水平一定好。其实这是一个误解。毋庸置疑，获得托福和GRE语言高分的考生中不乏有英语高手，但高分低能者不在少数。

一个人的英语真实水平，体现在阅读、听力、会话及写作的总体水平，这几者之间的关系相互制约。这里所说的阅读，不仅仅是托福、GRE试题中的那些阅读文章。我在国内曾遇到过一位在大学里专门从事英美文学研究的教授，也是一位我所崇拜的老师，她的托福成绩竟然不到600分。那些晦涩费解的英美古典文学作品没有难倒她，倒是四选一的题目难住了她。我见过GRE考试成绩接近1,500分，却连英美文学名著都读不懂的学生。

阅读不仅是对语句的理解，更是对语义的理解，后者更具备挑战性。而在托福、GRE的考试中，对前者的测试更多一些。因此，这类考试只能说是对阅读基本能力的测试。而要想具备真正高水平的英语能力，仅仅对语句理解是远远不够的。

近年来，标准考试中增加了写作项目，考试难度确实增加了。然而此类写作难题，很快被擅长考试的中国考生破解。由于找到了解题的规律，按一定的格式，英语能力平平的考生也可以考出相对高的写作分数。结果考生写出的作文雷同，以至于曾发生过美国考试中心对少数考生的雷同作文宣布无效的事件。

从一个人的口语优劣判断其英语水平，是评判英语水平的另一个误区。外国人学英语难免有些口音。一个人外语说得流利与否，未必能够体现其外语的真实水平。对于一个口语流利的文盲，我们绝不会认为他的语言水平高。有的人英语说得很好，可是却听不懂人家说的英语，看不懂人家写的文章。上帝造人，让人只有一张嘴而有两只耳朵和两只眼睛，这是因为听和看比说更困难。

V大学社会学系的汉尼斯同学与马丁同学不同，他是计算机专业的本科毕业生，是社会学系学生中计算机和统计学的佼佼者。汉尼斯性格内向，不苟言笑，沉默中透出一股傲气，后来证明他是我学习上最强劲的竞争对手。最终，他和我成为我们这批学生中仅有的两名获得博士学位的学生。

我和汉尼斯一直在暗中较劲，比个高低。他的基础好，占了先机，我则靠勤奋努力，后来居上。几年来我们的成绩一直不相上下。博士阶段，一门高级统计进行期末考试，道道是难题。我们是在会议室里进行考试的，彼此可以看到别人的动笔情况。卷子发下来以后，刚开始所有的人几乎都无从下手，只有我一个人运笔如飞。到了该交卷的时间，我们都没能做完答题，大家反映时间不够。布罗迪教授扫视了参加考试的学生，最后目光落到了我的身上。他问我："约翰，你还需要多少时间可以答完？"

"大概还需要半个小时，"我答道。

布罗迪教授当场决定："那就再宽限你们半个小时。"

教授走后，其他同学齐声埋怨我："约翰，你半小时够了，可是我们怎么办？"

我真后悔没有多留点余地。"对不起，真对不起，我没想到教授会以我需要的时间为准。"我忙不迭地向众人道歉。

几天后，当我在教室里遇到汉尼斯时，他对我说："这一次统计考试太难了，我只得了72分。布罗迪教授说我是全班第二名。我想你一定是第一名。"接着，他怯生生地问我："你得了多少分？"

美国人一般不打听别人的分数，这一次他实在忍不住，迫切想了解他的强劲对手。

我告诉他，"我得了95分。"

他眼中露出惊讶和佩服的目光。第二天，当我再一次遇到他时，他开口道，"乔先生，我想邀请你参加我的婚礼。"

"谢谢啦，我一定参加。"我高兴地应道。

在系里，我还是第一次被同学和老师称为"乔先生"。这一称呼只有在很正式的场合和表示尊敬时才用。如果说前一次我给大家开小灶讲解赢得了人们的尊重的话，那么这一次的考试我把最强劲的对手汉尼斯远远地甩在后面赢得了他的尊重。在此之前，汉尼斯还有点不服气。现在，他再也无话可说了。以后我们成了走得比较近的好朋友。他先于我找到了工作，我们一直保持着联系。他曾主动邀请我加入他的一个科研究项目，为他出谋划策。

我们这批同学中最有趣的是罗伯特同学。他是本市土生土长的南方人。罗伯特不修边幅，不拘小节，时常调皮得让人啼笑皆非。全美社会学协会在M市召开年会，会议邀请了一位著名的英国社会学家参会。作为东道主，V大学社会学系邀请该专家到系主任家做客，我们研究生也被邀请作陪。系主任生怕罗伯特这个调皮鬼做出令人尴尬的古怪行为，专门发信要求参加者注意着装和举止，因为英国人比较刻板保守。谁知，罗伯特竟然穿着红色的花裙子、扎着辫子出现在派对，把系主任弄得尴尬万分，满脸通红，众人们则笑得前仰后翻，热闹非凡。系主任当时连连后悔发了那封提醒着装的信，罗伯特十有八九是冲着那封信故意搞怪。

罗伯特不知何时看上了中国的军帽，缠着我弄一顶给他。我被逼无奈，只得托家人设法搞了一顶带来送给他，从此他天天将那顶草绿色军帽盖在他梳着小辫子的头上招摇过市。罗伯特对中国很感兴趣，他甚至还藏有一副中国的麻将牌。在我们学习紧张得没日没夜的时候，他竟然硬让我教他打麻将。可惜我对麻将只知其一不知其二。看来我们的老祖宗发明的玩意儿还真具有股吸引力，娱乐活动是不分国界的。

最令人尴尬的是，罗伯特缠着我教他中文骂人的粗话。"约翰，你们中国人骂人怎么骂？"

"这……"我有点语塞。

"你就教我几句中国的粗话，越难听越好，最好是那个带 F 字的骂人话。"他拉着我的手不放。

"我们中国人没有那样的粗话。"我想蒙他。

"你别糊弄我。"他央求道，"就一句，就一句。"

我实在拗不过他，为了不辱我们的语言，我只好教了他一句国骂："他妈的。"

"Ta－Ma－De，Ta－Ma－De。" 他认真地学着，还不断地问我，"约翰，我的发音对吗？中国话最难的是音调。我可要学正宗的中国脏话。"

以后，罗伯特逢人就嚷"他妈的"，骂完之后还非常得意地告诉别人："这可是地道的中国人的骂人脏话，由正宗的中国人教我的。"

我暗自庆幸，没有教他难以启齿的脏话。

罗伯特曾遇到过大麻烦。V 大学的计算机中心怀疑他是黑客，企图非法进入该中心主机。罗伯特被多次盘问，还将我们系主任请去作证。系主任认为，虽然罗伯特平时桀骜不驯，但是还不至于成为电脑黑客，因为他还不具备所需的计算机水平。此事就此作罢。没想到罗伯特的低智商救了他，真是因祸得福。

凯文同学是位沉默寡言的小伙子，本科毕业于数学系。令我大惑不解的是，这位数学系的本科毕业生却学不好社会学中的统计学。许多问题甚至还要向我这位文科生请教。由于在学习中逐渐地对社会学失去了兴趣，他在入学的一年后不辞而别，没了踪影。

凯文给我印象最深的一件事，是他断了顿。那天我看见他浑身湿透地坐在教室里，边啃着一只香蕉边听课。他沮丧地告诉我："这个月的钱已经全部花光了，连汽车的汽油都用完了。今天只得从家里步行到学校。"老天不作美，下了一场大雨，难怪他全身湿透，淋得像个落汤鸡。他举着手中的香蕉，无奈地对我说："这根香蕉是我的最后晚餐了。我就等着明天发津贴了。"

可是我清晰地记得，他不久前曾告诉我说，他常去酒吧喝酒。我不解地问他："为什么不去超市买酒回家喝？超市的酒要便宜很多。"他得意地告诉我，"咱要的就是酒吧里的气氛，一个人在家喝酒和到酒吧喝大不一样。"看来为了气氛，他提前用光了口袋里的银子。

菲尔比我高两届，我进校时他快毕业了。这位白人小伙子对中国非常好奇，常常和我聊中国的事。这两年他还学起了中文，时常给我发夹杂着中文拼音的邮件。他和妻子到中国领养了一名十岁的女孩，学中文是为了这位来自中国的养女。据菲尔说，他已经能认识1,000多个汉字了。

给我印象最深的是他毕业时的处境。他告诉我，作为一个白人，他在南方找工作很困难，他真希望自己是个少数民族（如黑人）。如果他是黑人，凭他目前的条件，一定能找到一个很理想的工作。我还是第一次听说有白人想变成黑人的。最后，他不得不在拿了社会学博士后又进了法学院，读了个法学博士才在一家律师事务所找到了工作。

他的祖母对他很好，为他提供免费的住房，所以他很自豪地向我透露，他有2,000美元的存款，因为他这几年一直不用交房租。我听了他的话，心中不觉好笑，这么多年才存2,000美元，真不知他的钱是怎么花的。

系里为了使大家尽快熟悉新生，为每一位新同学拍了照片，并将照片和个人简历贴在系的公告栏上。因为我是第一位而且是唯一的一位来自中国的学生，所以受到了大家的关注，成为系里的新闻人物。很多人能叫出我的名字，但是我却总是记不住老外的名字。我的记忆力不平衡，对人名格外没有亲和力。别说是外国人，即使是中国人的名字，我记起来也很困难。记得在国内任教时，教了一年半载的学生，我还常常叫不出他们的名字，这一缺陷常常把我搞得很尴尬。系里的教授或同学会很热情地叫出我的名字打招呼问候，我却常常张冠李戴地乱叫一气。无奈之中，我只得把这些教授和同学的名字全部当作英文生词一一背过，一一对号。后来的经验告诉我，熟悉人名对搞好人际关系相当重要。

美国同学劳莉是位漂亮活泼热心肠的白人姑娘。由于我曾义务辅导过她统计，我们的关系一直不错。一次，研究生办公室里只有我们俩人，她冲我嚷道，"约翰，要不要一个Kiss？"我不由地一惊。Kiss在英文中是"亲吻"的意思。我与她尽管关系不错，但还没有近到接吻的地步。况且她是已婚之妇，我与她的丈夫也挺熟悉。看到我不知所措，她哈哈大笑，说道："约翰，我逗你玩呢。接着！"

说着，她向我扔来几粒巧克力糖，说："这种糖叫Kiss，你一定没吃过吧。"

从她那里，我得知了美国的一种叫做Kiss的巧克力糖。

有一天，劳莉告诉我一个消息；"约翰，Y大学的社会学系需要一名统计学助教，正在招人。"

Y大学是V大学的邻居，是劳莉本科时的母校。她得意地对我说；"我和招聘的教授很熟悉，是他告诉我的。我已经报名了，你也去试试吧。一个学期可以挣3,000多美元呢。"

系里的其他同学得知这一消息后，又有几位报名加入了竞争行列。对于我们这些穷学生，3,000美元着实是一笔不小的收入。

Y大学的教授对我进行了面试。整个过程与其说是对我进行测试，不如说是对我进行工作介绍。教授对我说，"我已从劳莉那里了解到了你的情况，劳莉告诉我，你是最适合的人选，所以我已决定聘用你。

本来我是准备聘劳莉的。由于你，她已经退出了竞争，因为她认为你比她更合适。"

遗憾的是，当我被聘用时，却因为没有合法的工作签证而无法正式受聘。外国留学生只能在本校被雇佣，在本校以外的任何地方打工都是非法的。结果我和劳莉都没能干成。我对劳莉表示了深深的歉意，她却一笑了之，并为我未能得到这份工作感到惋惜。

劳莉的举动让我感到很纳闷。首先，招聘助教并不是公开的招聘，只是由于她与导师熟悉而且导师认为她合适，才将消息告诉她。劳莉完全没有必要也没有义务告诉我，更没有必要让全系的人都知道。这样做只会让她面对更多的竞争对手，使即将到手的工作拱手让给他人。

更让我不解的是，她居然还向教授推荐我，而自己却退出了竞争。她这样做似乎太傻了，按我们中国人的说法，劳莉是个缺心眼的姑娘。不过这位缺心眼的同学发展得却并不差，十多年的功夫，她从助理教授、副教授、教授，升为文学院院长。前两年她又成为美国北方一所大学的校长。我去信向她祝贺，开玩笑说，"今后我可以向我的亲朋好友吹嘘，我的好朋友是个大学校长了。"她给我发来一封热情洋溢的回信，对我当年的帮助表示感谢，并说没有我当年的帮助就没有她今天的成就。20多年前的区区小事，她竟能牢记不忘，真让人感动。

小孙来自北京，比我晚来两年。他毕业于国内顶尖的大学，拥有双学士学位，既是社会学学士又是无线电学学士。小孙的妻子在他来了之后不到半年，也来到了M市。他妻子来的那天，是我开车去接的。小孙挺浪漫的，特地买了一束鲜花献给赶来与他团聚的妻子。小孙的妻子好感动，我在一旁真羡慕他俩。

可是偏偏我的那辆老爷车不争气，不知什么时候前轮被扎破了。当时是深夜了，没有地方修，我还不会换轮胎，只好冒险开回家。好在漏气的速度不快，一路上虽然担惊受怕，总算有惊无险安全地到了小孙的家。

也许是由于这一倒霉的经历，小孙和妻子后来有点不顺。他们很快有了孩子。留学生没有收入，小孙把妻子送到了一家慈善医院去生孩子，因为这家医院对穷人是免费的。孩子早产，生下来只有一磅多一点，与一只小猫差不多。夫妻俩瞧着这么小的孩子，打算不要了，反正他们还年青，以后可以再生。小孙领着妻子出院了，把孩子留在了医院。

谁知一个多月以后，医院打来电话叫他们去领孩子。原来他们出院以后，医院不遗余力地抢救孩子，孩子竟然活了下来。孩子的存活是一个科学奇迹。医院为了抢救孩子，花费了数万美元。可是对于小孙夫妻来说，孩子有可能是个包袱。孩子先天不足，以后出了问题怎么办？可是医院已经把孩子救活了，小夫妻俩不能无缘无故地抛弃。没有办法，他们只好到医院领回了早产的孩子。

为了欢迎新同学，增加中国同学之间的交往，V大学中国学生会组织了一次聚会。在美国大学里，成立中国学生会组织的程序并不复杂，只需到校方备个案即可。学生会的负责人通过选举产生。V大学的中国学生对竞选学生会负责人感兴趣的并不多，基本是由上一届学生会的核心人物在熟人圈内推荐几个代表作为下一届学生会的候选人，到时候让大家通过选举。

学生会负责人并不是肥缺，当选后不可能得到任何好处，相反有时还吃力不讨好。所以学生会干部不但要心甘情愿，而且还要有时间和精力为大家服务。逢年过节，学生会组织大家聚会，学生会的干部们忙里忙外，聚会结束后还要打扫场地。如果活动组织得不如人意，还会招来一片骂声。曾有人推荐我为V大学中国学生会主席的候选人，我婉言谢绝了。我的功课压力大，实在没有更多的时间承担这个工作。

V大学中国学生会的主席，曾经由一位学生的太太担任。有些留学生疑惑不解，对其资格提出质疑。后来人们了解到，她在V大学的实验室里谋了一份差事，好歹也算留学人员。有人出面打圆场说，既然那位太太愿意为大家服务，何乐不为呢？如果现在有谁想干，下一届的学生会主席选他得了。

在欢迎新同学的聚会上，大家互相自我介绍，互留电话号码，忙得不亦乐乎。最有意思的是，人们可以从服装上看出身份。学生穿着随便，无论男女大多穿着宽松的T恤衫，而陪读的太太们穿着讲究得多。她们化着淡妆，身着漂亮的裙子，在人群中显得格外漂亮。这样的服装区别，避免了不必要的误会。那些没有女朋友的男士们，不会招惹已经名花有主的太太们，否则有故意拆散他人家庭之嫌。那些衣着随便的女生们成了聚会上的宠儿。无奈僧多粥少，很多男士只能望"丫"兴叹了。

V大学的中国学生会多次成功地组织了学生聚会。给我留下不好印象的，是一次春节聚会。包饺子过年，是中国人过春节的习俗。有人提议聚会吃饺子，得到了大家的一致赞同。可是在美国吃饺子，不是一件轻而易举的事。饺子皮只有中国店有售，包饺子很费时间。留学生们学业紧张，很难抽出时间来参与。学生会的几位干部加班加点，辛辛苦苦地忙活了好一阵子，才算把饺子搞定了。

聚会那天，参会者每人交两美元作为入场费，大家依次排队等待着饺子出锅。没想到，饺子一露面，队形大乱，很快由乱变成了哄抢。百把号人争先恐后地挤成一团，不少饺子从人们的盘中滑落到地上被踩得稀烂。我正与国际学生中心的主任莱尼先生聊天，他代表校方来参加我们的聚会，向中国学生祝贺新年。由于与他比较熟悉，我自然成了他的陪同兼翻译。看到当时的那番情景，莱尼先生直摇头。我只好尴尬地向莱尼先生解释说："我们已经很长时间没有吃到家乡的饺子了，所以太性急了。"

莱尼先生尴尬而又不自然地笑了，也许我的解释有点牵强附会。看样子，如果不马上想办法，莱尼先生得饿肚子了。我走到人群边，踮着脚尖，向正在分发饺子的学生会干部指指莱尼先生。此时喊叫是听不见的，我只能不断地做手势。幸好那位学生会干部看见了我。他顺着我手指的方向，看到了全场唯一的老外，心领神会地硬是从人头攒动的上方递出了两盘饺子。

学生会和学校的有关部门还会组织一些知名人士开设关于中国的讲座。参加的人员主要是来自中国大陆、台湾和香港的学生。讲座结束后，主讲人会留出时间让听众提问。在这段自由提问的时间里，有一个奇特的现象很有意思。按理说提问者应该简单扼要地提出问题，由主讲者回答。可是在这里，我们常常听到不需回答的问题。不少提问者充分利用提问的机会，阐述自己的观点。

开始我很不习惯这种提问形式，觉得有点喧宾夺主。还是一位朋友给我指点了迷津。原来，在美华人在美国并没有多少讲话的机会。虽然在美国可以骂总统、骂共和党、骂民主党、骂校长或骂讨厌的人，你可以尽情地一吐为快，但你常常是自说自话，没有人有时间和兴趣当你的听众。有人总结道，这些人过去是没处说，现在是说了没人听，只好到人家的讲座上乱放一通。

更有趣的是，有些人参加讲座的目的是为了说上几句话，根本无视主讲人的演讲。有一次，主讲人花了一个半小时的时间讲述了国内的经济形势。演讲结束提问时，一位听众提出："您是否能谈谈目前国内的经济形势？"主讲人被问得啼笑皆非，无奈地反问道："我刚才花了近两个小时不是一直在谈论这一问题吗？"

有一些留学生，很会忽悠国内不知情的人们。比如说，我认识的一位朋友来美后一头钻进必胜客打工，每小时挣五美元。临回国前两天，还在千方百计设法留在美国。回国后，居然成了谢绝美方高薪聘请的牛人，很快得到了提拔。还有一些人，推销五花八门的商品（如盛行一时的精华素、深海鱼油、卵磷脂等）。一些在美国很便宜的、名不见经传的商品，到了国内转眼成了昂贵的紧俏商品。来美旅游观光的导游们，总是把国内的游客领到定点的商店，推销美国人很少问津的商品。

在美国华人圈内办报纸，也是某些人夸耀的成就。其实在美国，报业举步艰难。华人圈内只有一份收费的报纸——《世界日报》，其他报纸都是免费赠送的。在各大城市的中国超市和中餐馆门口有许多报架，摆满了各式各样的免费报纸。报纸经费的来源，主要靠广告收入。这些报纸的主要精力放在拉广告上，刊登的内容和水平与专业报纸根本无法相提并论。

　　我曾受朋友委托，帮忙去拉广告，分发免费报纸。我的名片上堂堂正正印着某某时报驻Ａ城记者。可是我无暇顾及这一业余工作，只拉过100美元的广告，写过几则报道，朋友大失所望。后来那家报刊倒闭了，至今我还留有记者名片。每当我看到这些名片，常暗自发笑。或许我也可以回国忽悠国人，讲讲我办报的经历，可以摇身一变，成为在美办报的牛人。

1.7. 清点流浪汉

1990年是美国每十年进行一次人口普查的年份。美国没有户口制度，对于有固定住处的居民，人口普查局向各住户发信，收集有关的人口资料。无家可归的流浪者，是人口普查中的难题，因为很难对这批人有个准确的统计数字。有专家估计，美国大约有200万到350万无家可归的流浪者。为了能够获得准确的统计数字，1990年，人口普查局开始实行一个新方法，在十大城市中进行试点，M市作为南方影响力较大的城市入选。V大学社会系的詹姆斯教授和迪范恩教授，申请到了这一研究项目。

人口普查局在4月1日凌晨2点至4点之间，对无家可归的流浪者进行清点。人口普查员到他们常聚集的地方进行逐个登记。该方法的缺陷是显而易见的，人口普查局无法确切知道他们得到的统计数字是否准确。

这次的新方法是，科研人员组织60名假扮者打入流浪者的队伍，通过已知的假扮者来检测人口普查员的统计结果。由詹姆斯和迪范恩教授主持的M市试验，以V大学的社会学系为中心。我们近水楼台先得月，成了假扮流浪者的招募对象。

假扮者的任务是，在人口普查清点日的凌晨2点至4点钟，等候在选定的位置上，恭候人口普查员的清点，然后回来报告情况。每位假扮者可得到100美元的报酬。两个小时的活付100美元，这可是桩美差。而且活也不重，什么事都不要做，只要站在街上等着被人清点。大家纷纷响应，我也不甘落后报了名。调皮的罗伯特同学手头有点紧，问道，"詹姆斯教授，您是否可以给我预支50美元，俺正缺钱花。"罗伯特的俏皮话引发了大伙的笑声。

遗憾的是我没能通过批准。美国移民局对外国学生打工有严格的规定。许多国人以为，到了美国没有钱交学费可以打工挣钱。这是误解。虽然许多留学生确实靠打工挣学费，但是这样做是非法的。如果不幸被移民局抓获，会被取消签证递解出境。V大学曾有一名获得全额奖学金的中国留学生，因非法打工挣外快被移民局抓获，V大学因此取消了他的奖学金。他不得不放弃学业提前回国，实在是得不偿失。

我不能正式参加这一项目，因为我不能在校园以外被任何单位雇用，哪怕只有两个小时。但是对于千载难逢的学习机会，我不甘心放弃。于是我找到詹姆斯教授，对他说，"教授，我能不能义务为您的科研项目工作?不给报酬没关系。这一次机会难得，我想多学点东西。"有人义务为他干活，教授当然乐不可支。他欣然同意，给我交代具体的工作任务。

假扮流浪者有一定的危险。V大学为每位上街的假扮者投了保。万一发生意外，受害人可以获得最多50万美元的赔偿。我属于非正式工作人员，只好做些内勤工作。教授不敢把我放到街上去冒险。为了我的安全，詹姆斯教授要我寸步不离他的左右。正是这样的安排，使我能够了解项目的全过程。

普查的日子到了。夜里12点，我们来到集合地点。新闻记者来了一大堆，人头涌动，又是照相又是摄像，镁光灯闪闪发光。詹姆斯教授和迪范恩教授出足风头。他们对着记者在电视镜头前侃侃而谈，介绍他们的研究项目及其重要意义。

奉命前来的自愿者中，不少人穿着厚厚的棉衣，有的还带了围巾，捂了大帽子。早春的M市户外还是挺冷的。我的一位美国同学穿了一件红色的花格子衬衫，我没有觉得不正常。谁知，詹姆斯教授却拿这位同学的衬衫开起了玩笑。"嘿，你这件衬衫是哪儿弄来的，穿上去可真像流浪汉，"教授调侃道。

"是呀，您老不是让我们装成流浪汉吗？这不，我从衣柜里找来一件当年装酷时买的衬衫。这件衬衫买了之后没穿几次。没有想到这次还真派上用场了。"

巧得很，我也有一件类似的衬衫。经教授这么一说，我再也没有穿过它。其他的美国同学，都穿着他们最破旧的衣服。真是人靠衣装马靠鞍。同学们平时像模像样的，现在穿上破旧的衣服，还真有点像流浪者。假扮者中，还有数十名社会上招募来的人员。不知道教授是从哪儿招的来的，他们衣服褴褛，看起来脏兮兮的。

我等在门口，忙着张罗对照花名册，登记每一位前来的假扮者。登记后，我把詹姆斯教授签署的印有 V 大学公章的证明信交给他们。信上说明，该信的持有者是 V 大学进行人口普查研究工作的自愿者，请给予协助。其实这封信是给警察看的。如果假扮者遇上警察，希望警察不要找他们的麻烦。因为他们穿得太像流浪者了，深更半夜在街头溜达，真有可能让警察给误抓了去。

在忙乱中，詹姆斯教授不失时机把我拉到摄像机镜头前，向记者介绍道："这是中国来的学者，此次也参加这一研究项目。"

"请问您从哪儿来？"记者立即将麦克风对准我，问道。

这是我生平第一次面对记者采访，不免有点拘谨。因为这是新闻直播，要上电视的。

"我来自中国大陆，"我答道。

"您是来这儿读书还是工作？"记者继续问道。

"我来这儿是读书，是詹姆斯教授的学生，"我不太自然地答道。

"您认为这个科研项目对中国有用处吗？"

说到中国，我变得自信多了，"我认为会有很大的用处。"

"为什么？"

"因为中国开始改革开放，人口已经流动起来。将来一定会遇到同样的人口普查难的问题。用假扮流浪者修正普查数字的办法可以运用到中国去，"我答道。连我自己也没有想到，我竟会如此流利地回答记者的问题。

"这么说来，这次进行的科研变成了国际性的啦，"记者补充道。

"对，这次科研是国际性的。我们不仅有来自中国的专家，还有从加拿大来的专家。"詹姆斯教授接过话题，指着一位陪同人口普查局的男士说道。

记者转而把话筒对准了加拿大人，继续他们的采访。那位加拿大人是该国人口普查局的官员。此次来访，主要是学习美国同行如何解决统计流浪者人数难的问题。詹姆斯教授挺能侃的，把我说成是中国来的专家。其实我到学校还不到一年，社会学的课程还没学几门。

美国人口普查局来了两名官员，一男一女，他们的角色是导演。一方面他们了解人口普查员如何清点流浪者，另一方面他们又来对詹姆斯和迪范恩教授组织的假扮者进行督战，只有他们俩了解双方的人员布置。

人口普查局的那位男性官员宣布，一切安排停当准备出发。他要求大家站起来，举起右手，在美国国旗下宣誓。他领着大家念道："我受雇于联邦政府，保证在这次工作中忠于国家，尽心尽责……"在场的每个人，都神情严肃地跟着这位官员一字一句地重复道："我受雇于联邦政府，保证在这次工作中忠于国家，尽心尽责……"这是法定的形式和程序，但凡为联邦政府做事，哪怕是短短的数小时也不例外。

宣誓完毕，大家分头进入指定地点。在此之前，迪范恩教授已经领着几位美国同学，开车到 M 市的各地转悠过，确定了流浪者散布的地区，并在城市地图上做了标记。每位假扮者都清楚自己该去的地方。这些地方包括 M 市的火车站、长途汽车站、高架桥下、慈善医院的候诊大厅等。

我跟随詹姆斯和迪范恩教授乘坐指挥车，与各处的人员联络。当时还没有手机，我们只能以汽车作为联络工具。我们到了一个点，此处聚集着十来位假扮者。早春的凌晨寒风嗖嗖，假扮者们独自分散在夜幕中，无所事事。我们的车停了下来，詹姆斯教授下了车，走向一位伫立在黑暗之中的假扮者。

"辛苦了，您怎么样，还好吗？"教授问道。

"教授，您好。我还好，只是……"那位假扮者吞吞吐吐地说。

这是一位女士。看样子好像有难言之隐。

"怎么啦？没关系，有问题尽管说。我一定尽力帮您解决，"詹姆斯教授热情地说道。

"我有点内急，可是没地方去，"这位女士不好意思地答道。

这里是一片空旷地带，附近没有店家。深更半夜的，就是有店家也都关门了。

"在北边有一座楼，里面有值班的保安。我想到那儿借用厕所，可是那位保安可凶了，不肯开门，还把我骂了一顿。我们好几个人都去试过，他不答应，"那位女士继续说道。

詹姆斯教授立刻带上那位女士，驱车来到那座办公大楼门前，敲了敲门。保安看到教授，态度好多了。可能我们的假扮者太像流浪者，他怕是坏人，不敢开门。詹姆斯教授从口袋里掏出他自己签署的印有V大学公章的介绍信，隔着玻璃门给那位保安看。

教授对他说："我是V大学社会学系的教授，有事要和你商量，绝对不会亏待你。"这么一说挺管用。保安打开了门。

詹姆斯教授从口袋里拿出一叠钞票，数了四张五美元的票子塞给了那位保安，对他说："凡持有我所签署的介绍信的人都是我手下的雇员。请给个方便，让他们用一下厕所，可以吗？"

俗话说有钱能使鬼推磨。在此之前，我们的假扮者再三乞求保安，他要么置之不理，要么凶神恶煞。现在拿到了钱，保安的态度一百八十度大转弯，满面笑容地说："可以，当然可以。"

问题就这样轻松地解决了。我跟随两位教授继续到其他各处去查看。有的地段挺可怕的，尤其是一个叫做"住房项目"①的地区。所谓的"住房项目"，实际上是政府拥有并管理的公寓式住房。建造此类住房的目的，是为了向穷苦百姓提供房租低廉的住房。该地区的路面上一片狼藉，公寓里许多房间的窗户连玻璃都没有，都是用三合板钉死的。公寓大楼

① 住房项目（Public housing，也称为 Housing project）正式名是"公共住房"，简称为"住房项目"。

的外墙上满是涂鸦。

在M市繁华的背后，竟有如此糟糕的地方，出乎我的预料。詹姆斯教授不无感慨地对我说："我住在M市已有不少年了，如果不是这个研究项目，我是不会到这里来的。"

两小时的人口清点工作结束了。詹姆斯教授一声令下，各处的假扮者陆续撤回来汇报情况。令人惊讶的是，尽管人口普查局花了大功夫训练人口普查员，我们的假扮者竟然有一半没有被清点到。这就是说，如果人口普查局登记有100万流浪者，那么实际情况要严重得多，流浪者应该有200万之众。汇报结束后开始发钱，每人100美元，全是现金。大家高高兴兴地拿着钱离开了。

我随着两位教授来到市区的一个慈善机构，进一步采访那里的无家可归流浪者。我们挑了七位流浪者，请他们参加会谈。詹姆斯教授开始了自我介绍："各位，我们请诸位来，是想和你们随便聊聊，我们带了点吃的，请自便。"

一听说有吃的，流浪者们眼睛一亮，不约而同地把头转向了我。我正忙着打开包装，把食物放在桌子上。我端起一盘面包圈，依次请他们选用。当我发到最后一个人回头看时，第一个人手里已经空了。他在几秒钟之内就把一只面包圈狼吞虎咽地给解决了。我走到他面前，请他再拿一个。他也不推辞，又拿了一只，大口大口地吃起来。

教授干脆停下讲话，让他们先吃，要不然讲了也是白讲，他们哪有工夫听他说话。终于，他们吃饱了，有几个人还肆无忌惮地打了饱嗝。詹姆斯教授开始了他的采访。他首先问一位女士："您是本地人吗？"

"不，不是。"

"那您打哪儿来？"教授接着问。

"我从纽约来，"那位女士回答说。

"您为什么大老远的从纽约来？"

"我听人说M市的慈善机构多，所以就一路流浪到这里。"

还有几个人附和道："对，我们也是听说M市的慈善机构多，才跑到这里来的。"

教授问一位30多岁的流浪汉："您每天怎样解决肚皮问题？"教授边说边幽默地指指自己的肚皮。

那位流浪汉答道，"M市到处有慈善点，为我们流浪者服务。"

"这些服务点在哪儿？"教授饶有兴趣地问道。

"慈善点一般设在教会里，每天有免费的食品。"

"那您在哪家教会就餐？"教授刨根问底地问道。

"我不会总是在一个慈善点，我穿梭于几家供应点之间，所以填饱肚皮不成问题，"他得意地回答，"不过路要走得多一些，有时我一天得走十来英里路。"

"您怎么解决住的问题？"

"这好办。夏天找个高架桥，在桥下睡上一觉。要是冬天就到汽车站、火车站的候车大厅里。再不行，我就到M市的慈善医院候诊大厅，挂个号等着看病，等到快排到我时溜号走人，"他乐呵呵地答道，言谈中没有一点沮丧。

教授问一位中年流浪女，"您怎么解决住的问题？"女士们住的问题比起男士们来说有许多不便。

她答道："我是因吸毒被家人赶出家门的。我常排队住专供流浪者的临时住所。在这些地方住不能超过三个星期。我出来后再重新排队，等着机会再进去。"她就这样周而复始，混迹于街头和临时住所之间。

他们中有位失去了一条腿的中年流浪汉。教授问他："您每天靠什么生活？"

这位流浪汉未开口先笑开了。"我是个天生的乐天派。我有我的招数，饿不着我。我每天靠拣空饮料罐为生。有时运气好，我一天能挣个百把美元。别人看我是残疾人，对我格外照顾，常常把他们积攒的饮料罐送给我。"

最令人婉惜的是一位姑娘，年纪轻轻流落街头。当她讲话时，手指不停地颤抖。我不明就里，感到很奇怪。詹姆斯教授悄悄地指指她的手，低声告诉我，这是典型的吸毒者的症状，可能她的毒瘾来了。

在美国，一个人吸毒染上毒瘾，家人手足无措，往往将其赶出家门了事。因此常见到被父母赶出家门的儿子，被丈夫赶出家门的妻子，被妻子赶出家门的丈夫，在大街上流浪。会谈以后，詹姆斯教授对我说："流浪者中不少是瘾君子。他们的平均寿命只有50岁左右。唉，这群人真是挺可怜的。"

詹姆斯教授的另一个研究领域是吸毒问题。他研究吸毒反对吸毒，但是他略有所思地对我说："我猜想，吸毒一定很舒服。要不然，为什么有这么多人宁可倾家荡产家破人亡？"

他感叹道，"真不知道该如何解这个套，了这个结。"

过了几天，詹姆斯教授把我叫到办公室。他关上门，递给我一只信封。我打开一看，里面有一张百元大钞。詹姆斯教授对我说："这次项目完成得很好，你立了汗马功劳。我和迪范恩教授商量过，不付报酬无论如何说不过去。"

我担心詹姆斯教授因付我报酬违反规定，忙说："我们事先讲好的是义务，我不能要这钱。"

詹姆斯教授咧嘴一笑，对我说："放心好了，这钱绝对干净，也不是我自掏腰包。"他拍拍自己的口袋，接着说："研究经费里，还是有点机动余地的。"

我想起来了，他时常给学生买比萨饼吃。那天晚上，他给保安付了小费。见我仍有疑虑，詹姆斯教授拍拍我的肩膀，开玩笑道："这里可不是共产主义，没有义务干活一说。"

我认为该研究很有指导意义，美国人口普查的修正方法值得中国借鉴，写了稿件投给了《人民日报》(海外版)。不久，文章发表了。我把文章剪下来翻译给詹姆斯和迪范恩教授听，告诉他们："中国的头号大报刊登了我们的研究项目。"

两位教授乐了，说道："我们的名让你给传到中国去了。"

1.8. 戒毒试验所

我开始为詹姆斯和迪范恩教授的戒毒研究项目工作。这是一项拨款经费达到350万美元的研究项目。无家可归者吸毒,是美国社会的一个大问题。美国政府和许多私人机构花费大量的人力和物力帮助瘾君子戒毒,使其过上正常人的生活。然而这些努力均不理想。在戒毒所里,瘾君子进行为期三周的免费治疗。疗程结束后,一般放任自流,许多人很快又染上毒瘾。这些流浪的瘾君子在马路街头和戒毒所之间转悠,无法摆脱困境。

美国的决策者们很想知道目前的努力是否价有所值,要求社会学家研究这一问题。詹姆斯教授与迪范恩教授提出了检验的方法。他们设想挑选部分从戒毒所出来的流浪瘾君子,进入长期的封闭式戒毒治疗,并进行就业训练。经过长达一至两年的教育和治疗,再让他们返回社会。然后观察当年与他们一同从戒毒所出院的流浪瘾君子,进行比较。

该研究有着深刻的政策指导意义。如果发现两组经过不同治疗的流浪瘾君子在吸毒问题上存在显著差别,政府和私营慈善机构应该延长治疗时间,并加强就业培训,以期逐步解决流浪瘾君子的吸毒问题。如果两者间没有显著差别,那么也许政府和私营慈善机构不必再浪费人力和物力。可能这些人是扶不起的阿斗,花再大的力气也没有效果,得另外想辙。

该研究项目的经费为350万美元,对于社会科学来说,这是一笔大经费。詹姆斯和迪范恩教授的建议获得批准,不仅两位教授,而且整个社会学系和Ｖ大学都感到振奋,因为研究经费的65%要交给学校和社会学系。

尽管该研究项目既有理论又有实践意义，而且还会给学校和城市带来一定的好处，但是两位教授却遇到了预想不到的困难。首先，赶来采访的记者们并不完全理解项目的宗旨和方法，发表了漏洞百出的误导新闻，引来了不明真相的居民的反对声，搞得教授们狼狈不堪。

更麻烦的是，该项目遇到了政府机构的刁难。纽奥尔良市经济落后，腐败猖獗。21世纪初，新市长上任的首要任务是反腐。警察局的车辆年检所里，多名警官因受贿被捕。有名的佛罗里达迪斯尼乐园原本计划建在纽奥尔良市，由于腐败官员的贪心未得到满足而搁浅，被佛罗里达州捷足先登。连任四届的路易斯安那州长，在纽奥尔良市建赌场时受贿十万美元，锒铛入狱。

两位教授的数百万美元的大项目，成了某些人眼中的肥缺。该项目需要在M市选择一处住房，做为参与实验的流浪者的居住地。而该地点的选择，必须经过M市警察局的批准。詹姆斯教授深知事关重大，关系到研究项目是否能够顺利进行，已经预留了5,000美元作为公关费，美其名曰"咨询费"。詹姆斯教授满以为5,000美元足以打发讨厌的警察，他曾不屑一顾地嘲讽道，我一个堂堂的大学知名教授，居然还要向这帮小子咨询，太可笑了。谁知警察局里几位科员的胃口还真大，并不把5,000美元放在眼里。他们借故刁难，对教授的申请置之不理。

摆在两位教授面前有两个选择：要么追加咨询费直至他们满意为止，要么奋力抗争将问题捅破，讨个公道。教授们选择了后者。詹姆斯教授找到V大学的校长，将情况如实汇报告，希望校方能够出面帮助解决。校长二话没说，立即带着詹姆斯教授去约见M市的市长。

在美国，尽管大学校长并非政府官员，但是他们说话很有影响力，市长和州长一般不敢轻易得罪。V大学在全国颇有影响力，市长就更不敢得罪我们的校长。市长听取了校长和教授的汇报后勃然大怒，下令彻查这一事件，处理有关的当事人，绝不留情。结果负责审批的科长及手下的四名科员立即被解雇，研究项目的申请很快获得警察局的批准。事后，詹姆斯教授不无遗憾地说，其实他本意并不想把那些人怎么样，只是他们的胃口太大，他实在咽不下这口气。况且，科研经费不能就这样糟蹋了。他调侃道，这样也好，省下5,000美元的咨询费。

研究项目正式启动，我们到M市的戒毒所挑选流浪瘾君子。他们在我们的戒毒中心，开始脱离流浪和吸毒的新生活。对于他们来说，詹姆斯教授的实验如同天上掉下来的一个大馅饼。他们积极配合治疗，希望能走出吸毒和流浪的阴影，过上正常人的生活。

研究项目的另一部分人是对照组。他们是与那些幸运者同时进入戒毒所的流浪瘾君子，经过为期三周的戒毒治疗后，又返回街头，自生自灭。这是一群居无定所、吃无饱食、穿无暖衣的流浪者。他们曾经有过很好的工作，有过美满的家庭，可是因为染上了毒瘾不能自拔。我们需要对这批人进行定期的追踪调查，在研究开始时和以后的一个月、三个月、六个月、一年、两年、三年，对这批人进行六次调查，查看他们的生活和戒毒状况。我们遇到的困难是，如何按期找到这批人。我们在每次与他们面谈调查时，发给他们一张卡片，上面印着项目组的电话号码，让他们及时与我们联系。为了吸引他们，我们在面谈后发给他们十美元。这笔钱对于流浪者来说，不是一笔小收入。为了取得更高的回访率，我们还在无家可归者出没的地方张贴告示，提醒他们按时与我们联系，结果引来了其他的流浪者。他们希望加入我们的研究项目，以便得到十美元的外快，项目组的电话时常被打爆。

詹姆斯和迪范恩教授根据我的特长，让我负责数据处理工作。其他美国同学负责面谈，记录他们的回访情况。出于好奇，我以旁观者的身份参加过他们的面谈。有一位受访者是位黑人青年，对于下层社会的生活情况极为熟悉，许多情况连我的美国同学也是第一次听说。

他们的语言与我在学校里所接触的语言相差很大。我只能听懂一半，许多话要靠同去的那位美国同学翻译。有些话甚至那位美国同学也不理解，需要打断受访者，请他解释才能听懂。他们使用一套自成体系的暗语，与中国过去土匪圈里的黑话相似。如"冰毒"就是他们的暗语。"冰毒"在英文中其实只是"冰"一词，翻译成中文时加上了"毒"，以便

75

与日常生活中的"冰"相区别。瘾君子使用"冰"一词替代"毒品"，是为了躲避警察的抓捕。当然由于冰毒的泛滥，该词已不再是毒品的暗语了。

教授的研究项目不仅雇用本系的研究生作为助研，还从社会上招聘几名专业人员，全职为该项目工作。福兰克是位学戏剧的大学毕业生。由于戏剧专业的毕业生很难找到工作，他通过自学改行，成了计算机通。福兰克负责管理数据库的工作。他的薪水并不高，一年只有两万多美元，靠这点薪水养活一家四口还真有点困难。更要命的是，他的妻子非但不工作，还是个费钱的主儿。她是位热心的动物保护主义者，发现街头的流浪猫或流浪狗，一概带回家饲养，她收养了八九只猫和狗，每月的费用不亚于养几个孩子。由于家庭的经济负担过重，福兰克家里的空调坏了没钱换新的，一家人只能在炎热的夏天开着窗子吹电风扇过日子。实在热得受不了了，只好贷款买了空调。更糟的是，福兰克常年开的一辆破车终于不堪重负抛锚，再也无法开动了，只好由我每天接送他上下班。

福兰克是一位热心人。虽然他只是研究项目的专职人员，但是对系里的教授和学生一概有求必应。结果主次颠倒，时常延误他的本职工作，不能及时完成詹姆斯和迪范恩教授下达的任务。福兰克的薪水是由两位教授从课题研究经费中支付的，他们对福兰克大为不满，决定辞退他。

有一天，迪范恩教授把我叫到办公室，悄悄地告诉我，他们准备辞退福兰克，并叮嘱我不要告诉其他人。除了两位教授外，我是系里唯一知道这一决定的人。教授告诉我的目的，是让我为数据作备份，以防福兰克得知消息之后在数据上做手脚，影响研究的进程。教授让我接替他的工作，全面负责管理研究项目的数据库。

听到这一消息，我悲喜交加。悲的是福兰克将被解雇，他为人热心，工作勤恳，在相处的一年多时间里，我得到过他的很多帮助，我们已经成为好朋友。这份工作对于他来说十分重要，如果他失业，一家人该怎么办？喜的是两位教授对我的信任，把如此重要的工作交给我。这一工作对于我今后的事业发展有极大的帮助。

　　我进入课题组的数据库，将所有的数据拷贝到安全的地方保存起来。教授们得知我已完成数据备份之后，正式辞退福兰克。倒霉的福兰克在度假回来后的第一天，就被当头一棒打懵了。还算好，他没有在数据上搞任何名堂，只是沮丧地离开课题组。值得庆幸的是，他很快在 V 大学的另　位教授那里找到数据管理工作，总算没有加入失业者的队伍。

　　该研究项目一直持续到我离开 V 大学后才告结束。据詹姆斯和迪范恩教授介绍，他们的研究结果表明，进入长期治疗的流浪瘾君子尽管受到完善的治疗和职业培训，但是返回社会后仍然摆脱不了毒品的诱惑，大多又流落街头。他们的结局与对照组比较，本质上没有多大的差别。延长戒毒治疗和就业培训似乎不能解决吸毒问题，看来还得另辟蹊径。

1.9. 难产的博士论文

经过一段时间的打拼，我在工作单位站稳脚跟，继续完成博士论文的问题提到议事日程上来。V大学规定，研究生必须在十年内完成从学士后到博士学位的学习；如果十年之内不能完成博士学位，被认为自动放弃。

一般来说，学生要花三年到四年的时间修完硕士和博士学位所需的课程，用半年时间准备博士资格考试，最后用一年左右的时间完成博士论文。以我的个人经历，兼职读博士学位是非常困难的。尤其是读博初期，不仅要上课还要搞科研，不可能有精力兼职工作。美国大学没有兼职读博的项目，都要求学生全职读博，以便在规定的时间内完成学业。当然到了功课和考试都完成后，只剩下写博士论文的时候，学生可以带着论文到工作单位去继续完成。不过许多人因为很难兼顾工作和论文，终于功亏一篑。我曾见过两位博士生，因工作繁忙，不得不放弃几乎就要到手的博士学位，成为终生遗憾。

学位论文需要经历三道关口：第一是选题，第二是选评委，第三是答辩。论文的选题，对于我这样从国内来的学生有很大的困难。当我刚进入研究生学习，对社会学还基本上一窍不通时，教授已经要求我们开始选择硕士论文题目。国内多年来的填鸭式教育，使我养成等待老师给我下课题的习惯。我以为，教授会列出一串论文题目让我们挑选。遗憾的是，直到离开V大学，我从未见过哪个教授开出过论文题目单。

论文题目确定后，第二步是选评委。学位的评委一般由三位教授组成。评委主席是学生的指导教师，是生产者，而学生是他的产品，学生在他的帮助和指导下写出论文拿到学位。评委中的其他委员也负责指导，但是更多的是起把关作用。评委是由学生选择的，只要正式在册的教授(包括助理教授)都可以入选。如果是跨专业的课题，还可以选择外系的教授。选择评委大有学问，学生应该选择对己有利的教授。开后门在美国是行不通的，但是人情世故总是有的。如果选择一位不喜欢自己的教授作为指导老师，无异于自投虎口。

詹姆斯教授是我系威望最高的教授，学术方面一直是领头人，虽然并未兼任系里的行政职务，但是凭其威望，在系里的大小事务上说一不二。詹姆斯教授人品正派，处事果断，颇有大将风度。他对人重大节、轻小节，因为他本身就是一个大大咧咧、不拘小节的人。更重要的是，我和他之间有着良好的师生关系。我为他的研究项目作过助手，多次的接触使我对他的研究套路有所了解。有一次，他让我对数据进行分析，我很快完成向他交差。他要我根据现有的结果进一步分析，我得意地拿出预备好的结果。当他再要我根据结果继续做分析时，我又拿出早就预备好的结果。一连两个预备的结果，是我根据他平常的思路，超前做好的准备。他吃惊而又满意地看着我，对我的主动研究精神颇为欣赏。以后只要他申请到研究项目，总是把我拉入他的团队。

詹姆斯教授对我特别关照，为方便我能从家中上网，专门拨一台计算机给我，还给我买了"猫"[①]，当时这些玩意还处于刚刚发展阶段。尽管我的住房条件并不好，但是家里的计算机设备，在教授的帮助下走在时代的前沿。

詹姆斯教授的另一个特点是不计名利。我试图发表一篇论文，需要他的指导和帮助，尤其是论文的开头和结尾，我需要借助他的优美文笔，他毫无保留地给我帮助。在论文的署名问题上，我主动将他的名字放在第一位，自己放在第二位。论文退还给我时，他毫不留情将他的名字删去。按他的说法，这篇论文的主要精华都是我的主意，开头和结尾在他看来只是吹吹牛，不值得一提。说着，他形象地用手模仿嘴巴的样子，

---

① "猫"即 Modem。

上下拨动几下，我被他逗乐了。不过，他写的两个部分，对我的论文发表起到关键的作用。没有他的优美文笔，我的论文可能会胎死腹中。在我的一再坚持下，他才勉强同意作为论文的第二作者。

在一次全美南方社会学的年会上，我宣读论文。我请他到场，为我壮胆和救场，因为这是我第一次在大型的学术会议上宣读论文，我生怕在回答提问时因语言问题冷场。万一我回答不上别人的提问，他可以及时救场，教授欣然答应。那天他穿着 T 恤衫来了，与众人的西装革履成鲜明对照。同学们羡慕地对我说，"詹姆斯教授可给足你面子"。

事后我才知道，一般情况下詹姆斯教授并不参加此类的学术会议，除非作为特邀的演讲者。当然他对会后的派对还是积极的，这是他社交的好机会。定期举行各类学术会议的一个重要目的，是为研究人员（尤其是新手）提供一个机会，让他们将研究成果展示给有兴趣的同行并得到反馈。学术会议对于年轻教授和学生，是个扩大研究成果影响和提高知名度的重要途径，但是对于像詹姆斯教授这样已经在领域里确立地位的著名教授，就显得不那么重要了。他们会把更多的精力放在写书、写文章上，争取早日见诸于学术刊物，因为那才是货真价实的研究成果。

詹姆斯教授是个会开玩笑的人，风趣而又幽默。刚来美国那阵，我讲的还是中国式的英语。一天，他正在与同事聊天。我有一个问题想请教他，便上前问他："Are you free？"意思是"您现在有空吗？"可是该词是个多义词，还可以理解为"免费"的意思。美国人在问"你有空吗？"时，很少用我在国内所学的那种说法。詹姆斯教授大嘴一咧，笑着说："我不免费，但很便宜。"

选他作为我的评委主席，一来他的水平高，可以给我指点；二来他比较容易通融，对学生不搞管卡压；第三他对我的印象很好，一直视我为勤奋认真的好学生。而且他的威望较高，其他评委不会为难我。

我找到詹姆斯教授，表达我的想法，希望他能成为我硕士论文的评委会主席。他满口答应，而且问我是否考虑好其他评委的人选。当得知我还未选定人选时，他提出了建议。很显然，他推荐的两名教授与他关系相当密切。这样的选择对共同指导很有利。

然而事情并未完。有一天，西尔斯教授把我叫到办公室。我曾上过她的统计课，尽管同学们对她的教学批评多多，我向来是老好人主义，一直对她很尊重维护她的威信。她表示希望成为我的评委，而且不留余地对我说："既然你的论文涉及到统计方面，我认为我是当然的评委之一啰。"

面对她的自信，我心中暗暗叫苦。我已经与詹姆斯教授商定人选，半路杀出个程咬金，我不好交代。我知道，其他三位评委与西尔斯教授的关系有点微妙。在这个问题上，我两面不想得罪。好在虽然詹姆斯教授并不太情愿，但是他没有为难我。就这样，我的评委有四名教授，这在我们系里还是不多见的。

论文的题目和评委搞定后，我开始启动研究课题。我的想法是把人工智能学科中的模糊分类运用到社会学的分析中来。詹姆斯教授和其他评委坦率地对我说，他们对模糊数学不在行，这方面的研究全靠我自己。

我曾请教过 V 大学数学系的教授。由于具体的专业不同，他们对我的帮助并不大。我只好自己去啃，整整花了一年时间才搞清楚来龙去脉，写出论文初稿。我将初稿交给了詹姆斯教授，仅仅一个星期之后，教授将论文连同他的修改意见退还给我。教授作风严谨、高效，学生的作业总是很快批改完毕，退还给学生。在这方面，他是出名的快手。正是由于他的高效率，他出书和发表论文的数量，是系里无人能及的。他的批改意见不是那种笼统的建议，非常具体；具体到这儿加几个字，那儿加上一段话。

他看了我按照他的意见修改好的论文后，对我说："行了。"我的论文就这么写好了。其他教授碍于詹姆斯教授的面子，没有提出多大的异议。

下面一步是答辩。论文到了这一步，答辩其实只是个形式，走走过场。学生用15分钟时间介绍论文的要点，教授用15分钟的时间提问，最后由评委会合议论文是否通过。答辩那天，我身着西装，脚登皮鞋，一副正正规规的样子。其他教授却并没有像我想象的那样衣冠楚楚，詹姆斯教授更是只穿了件T恤衫，大大咧咧地坐在会议桌的一端。当我把在台下演练了无数遍的答辩流利地讲完后，詹姆斯教授问道："你的方法与我们平时用的统计模型有什么不同？"

没等我回答，他接着说："我们平时的方法是西瓜先切后吃，而你的方法是先吃后切，是吗？"评委被他的笑话逗得哈哈大笑。

你还别说，他的通俗比喻一语中的。我们平时使用的统计方法，对于模糊不清的地方，都是先使其明朗确定之后再放入统计模型。而我在论文中提出的方法，是在统计学模型中保持模糊性，最后才得出清晰的结论。

其他几个评委问了一些细节问题。因为我对课题了如指掌，回答还算令人满意。最后，詹姆斯教授礼貌地让我暂时退场回避一下，评委会需要合议，决定论文的命运。我站在走廊里默默地等待着。虽然我心里有很大的把握，从会场气氛上看，论文的通过不会有问题，但毕竟是自己的猜测。

很快詹姆斯教授出来，他握着我的手对我说："祝贺你，你的论文通过了！"

就这样，我比较轻松地拿到硕士学位。论文通过后，为了表示感谢，我请评委和系里的主任、研究生主任到M市一家最好的中餐馆吃饭，答谢他们对我两年来的帮助。餐桌上，詹姆斯教授又开起玩笑。他对系主任和研究生主任说："咱们以后多招些中国学生，每次论文通过，我们就可以到中餐馆聚餐啦。"

美国大学对于硕士、博士没有发表论文的要求。优秀的硕士和博士会在学习期间发表论文，但是许多研究生无法保证能在读书期间发表论文。科学研究与打仗、做生意一样，不可能保证每仗必胜，每笔生意包赚不赔。科学研究的不确定性，使得科研领域里充满艰辛和失败。有的课题，需要经过几代人的努力方能解决。学生时代的科研，重要的是其研究过程。通过艰苦曲折的过程，学生掌握科研的方法，毕业后能够使用学会的方法继续努力，在科研中做出成绩。如果要求学生的科研一定成功，不能失败，无异于是让一位初上战场的指挥员只许打胜，不许打败，让一位从未做过生意的商人，第一笔生意只许赚钱，不许赔本。

除非是绝顶聪明的天才和幸运儿，谁也没有把握在学生期间的科研绝对成功。美国大学的图书馆里，躺着不知道多少没有发表的硕士、博士论文。即使有些论文发表，由于专业期刊审查周期的缘故，会在授学位后的数月后甚至数年后才能发表。我的硕士论文，直到我拿到硕士学位三年后才发表。如果要求硕士生和博士生只有发表论文才能授予学位，那么除了那些确有水准的论文外，对于大量的论文只有两条出路：一个是降低专业刊物的水准，无论什么水平的论文只要给钱就登；另一条路是迫使学生造假，抄袭剽窃。

我无意为学术造假者辩护，只是想说，要求学生一定要发表论文才能毕业授予学位的规定缺乏合理性，是导致学术腐败的原因之一。学校应以造就人才为目标，而不应以论文数量论胜负。与其逼出许多质量低下的论文滥竽充数，不如用心培养一些脚踏实地、能做学问的学生。

由于硕士论文的顺利通过，我忽视了选择评委的重要性，而让我以后在博士论文上吃尽苦头，这是后话。修完博士课程后，我进入博士资格考试阶段。考试涵盖过去三年学习的课程，主要是社会学的理论、统计和研究方法论。前者是开卷考试，论文要求在72小时之内对三个论题写出论述，篇幅长度不少于40页。后者是闭卷考试，要求在四小时内完成。尽管是考统计，但是不涉及具体的计算，主要考理论知识，如何设计研究课题，如何进行分析，在研究分析时应注意哪些问题。困难的是，这些题目没有标准答案。

对于社会学理论的考试，我很紧张。因为英语不是我的母语，平时写写学期论文尚可勉强凑合，但是资格考试既限时又限论题，还限长度，对我来说太难了。即使让我用中文写，也未必能写出来。与我一同参加考试的还有不少美国同学，我们成立了学习小组，商讨如何应对考试。

有些同学向已经顺利通过考试的学兄学姐探到秘方。我们可以将社会学理论分成几十个模块，进行认真准备，等到考试时像搭积木一样进行组合。这样一来，我们的素材准备好了，到考试时可以省去时间，只注意拼装就行。这样做有点像厨师炒菜。我们先把各种菜洗净切好，调料准备好，等到订单一到，只管下锅炒菜就得了。实践证明，这种方法非常有效。这种方法与与在许多领域有着广泛运用的模块式很相似。计算机程序设计中，人们运用模块式方法简化程序设计。

在中国多年的应试实践，使我对猜题有一些经验。系里为了让我们应试的学生做好准备，将过去十年来的博士资格考试题目和当年评审委员会的名单发给我们。从名单中，我分析出各位教授出题的习惯。在社会学的理论考试中，我准确地猜到了三题中的两个题目。

考完后，很快传来不好的消息：一位女生因两次统计学和研究方法论考试不通过，已经出局，与博士无缘。一位与我同时考社会学理论的美国同学因未能按时交卷，必须重新再考一次。美国同学认为这次考试太严了，他们将目光集中到了我身上。他们认为，如果我通不过，他们都别想过了，因为我是系里公认的最勤奋、最刻苦，也是学得最好的学生之一。我的总平均分达到3.89(满分4分)，相当于百分制中的97分。系的研究生主任史密斯教授曾对我说过，我是他见过的最刻苦的学生。

统计学和研究方法论的考试结果出来了。评委主任布罗迪教授在正式给我书面通知之前给我透了底，这次考试我考得最好，这是他和评委们预料之中的事，我已经顺利通过。

我终于收到社会学理论考试评委的书面通知。我迫不及待地打开信，读起来。读着读着，我的心沉了下来。来信充满对我论文的批评。概括起来是，我只会运用社会学的理论去解释问题，缺乏以批评的眼光去看待这些理论，没有对理论本身提出批评。这是我的先天不足。多年来，在国内所受的教育使我对所学理论顶礼膜拜，哪还敢批评，说个不字。我已经习惯于用所学的理论去解释问题和现象，这叫做理论和实践相联系，就像用所学的数学公式去解数学题一样。但是在社会学的研究中，仅仅这样做是远远不够的。我们不仅要会用理论去解释问题，更需要对理论本身加以审视，以挑剔的眼光寻找其不足之处。即使未必能有自己独特的见解，至少应了解其他学者的批评。在社会学里，无论任何理论，不可能有一边倒的赞扬声，总有不同的声音。正是这种不同的声音，才奏出和谐的声调，才有社会学的繁荣。只有一个音符的乐章，称不上好的音乐。

看着评委会对我严厉的批评，毫不留情的指责，我的心凉透了。看来我也难以逃脱重考的命运。正当我已经绝望，差点扔掉那封信时，我突然看到一个关键的转折词"但是"，接着是祝贺我，我的社会学理论考试经评委会研究，一致决定准予通过，我悬着的心才放下。很显然，我的社会学理论考试的论文有很多问题，评委们一定是看在我刻苦努力的份上放我一马。我从内心里感谢这些宽容的教授。

博士资格考试的最后一个内容是专业考试。社会学包含很多小的学科，作为一名博士，我只能精通其中的一到两个小学科。我原来的兴趣是犯罪学，但是布罗迪教授看出我在统计学和研究方法论方面的特长，建议我把统计学和研究方法论作为自己的专业。以他的观点，这两个领域的语言要求相对低一些，比较适合外国人，将来找工作也容易些。

专业考试采取开卷式，要求学生对该领域进行详细的阐述。我以为这一点对我不会有多大问题，然而，总是被预想不到的麻烦所困扰。专业考试的一名评委，坚持要我在考试中讨论她所熟悉的一种统计模型。该方法对于她研究劳工和劳资关系很有用处，但是在其他领域并不多见。我原计划讨论几个处于发展前沿的统计模型和研究方法，篇幅已经够长，如果再加上该统计模型，似乎太长。还有一个原因是，我并不熟悉该模型，我得从头学起。我原本打算用最短的时间写出专业考试的论文，立即开始博士论文的写作。按她的要求，少说要耽搁我一个月的时间。尽管我极力抗争，她的主意已定，我不得不妥协。

带着怨气，我开始了那个统计模型的学习和研究。由于有怨气，我对该方法越看越不顺眼。或许是我故意和那位教授作对，我用计算机模拟的方法，分析它在各种条件下的表现。我发现在有些情况下，该方法的表现不如人意，甚至失灵，出现很大的偏差。我详细地写下对该分析模型的理解，并且毫不留情地进行批驳。因为我有事实作依据，批驳是站得住脚的。那位教授似乎看出我的怨气，抱怨我对其他的统计方法都能善待，唯独对她推荐的分析模型如此苛刻，似乎不公平。不过她没有对我的观点加以反驳，因为我的批评有根有据。

这是我生平第一次在学习中对现有的理论和方法做认真的批评。我发现，要学会挑刺和找茬，并不困难。我要感谢那位教授，是她使我学会如何挑刺。做学问就是需要有"从鸡蛋里挑骨头"的那股劲头。正因为有众多的学者找茬，理论才能不断完善、不断改进。

通过博士资格考试后，我开始思考确定博士论文的题目。在导师的建议下，我选择了一个关于犯罪受害的课题。该课题的研究，在犯罪学界已有至少15年左右的历史。犯罪学家对犯罪受害的成因做了大量的研究。有一派学说从人们的日常工作和生活方式的角度去分析，至今结论莫衷一是。我觉得可以用近年来发展的新的统计模型来分析，或许可以有所突破。

无论多么复杂的研究课题，总是可以用简单浅显的语言来表达。不少朋友曾问我，我的博士论文是什么课题。我归纳起来是五个字："晚上别出去"，这就是我的论文的核心。换句话说，当一个人生活有规律，以固定的时间上下班，他的住房容易失窃；当一个人时常出没于夜生活的聚集地，他容易受到坏人的侵害。

外行人一定会笑话这一可笑的结论，笑话科研课题的幼稚可笑，我周围不少拥有理工科硕士、博士学位的朋友曾笑话过我。如果我没有进入社会学，没有进行深入的研究，没有对争论了15年之久的课题有深刻的了解，我也一定会像众多外行那样，嘲笑这些"愚蠢"的学者在连小孩子都知道的问题上浪费精力。然而，当我真正进入这个领域，对这个问题产生敬畏，笑不出声了。问题绝非外行人想象得那么简单。

我的第一任上司是位心理学博士，曾在大学里任过教授。他的博士论文的结论可以归结为四个字："鱼很聪明"。这一结论也许又要笑倒一片人。但是不要小瞧这个研究，这里面的学问深着呢。笔者曾在报刊杂志上看到一些文章，嘲笑和讥讽有些科学研究课题的荒谬性。自从我进入研究领域，理解一些在常人眼中看起来十分无聊的课题后，才明白自己过去是多么无知。所以当我们看到一个貌似简单或荒谬的课题时，不妨暂时忍住笑，等到真正弄懂之后再笑也不迟。

科学的发展，有时正是在可笑和荒谬中进行，做学问切忌功利主义，急功近利。当我们搞科研时，如果总问这有什么用，能有多少实用价值，我们的科研会被功利主义所左右。有些科研开始看起来并无实际价值。例如法拉第研究磁场，一位贵夫人曾问他有什么用，这位大师居然回答：无可奉告。他做研究纯粹出于兴趣。现在我们的生活完全离不开电磁，而在电磁刚被发现时，没有人预想到今天的局面。美国的大学里有众多的书呆子，他们出于兴趣，对热衷的课题孜孜不倦地研究着。他们是国家的栋梁和脊梁。美国之所以屡次遇到危机能安然度过，正是依靠雄厚的基础科学，这也是这个国家的后劲儿所在。

为确保课题有成功的把握，我对课题进行初步的探索，似乎很有希望。题目确定以后，该选择博士论文的评委了。硕士论文评委中那位半路杀出来的教授，由于未能晋升副教授，被迫离开学校。我打算继续让原有的三位硕士评委成为我的博士评委，主席还是由詹姆斯教授担任。谁知这一次又半路杀出个程咬金，而这个程咬金不是来自外部，而是出自内部。

三位评委中，另外两位评委是布罗迪教授和雪利教授。雪利教授是犯罪学教授，论文的课题是他向我建议的。布罗迪教授是统计学教授，向我表露他想担任评委主席的想法。他的理由是多方面的。首先，我的论文需要采用他所擅长的统计学模型，他已经为我获得计算机软件，这是他写信向荷兰的一位教授要来的。第二，近两年由于婚姻问题，他的科研工作受到影响，发表的论文少了，想用辅导学生来补救一下，做评委主席比仅做个评委的得分要多一些。第三，他和詹姆斯教授很要好；而詹姆斯教授这两年研究成果多多，不在乎评委主席的职位。第四，他会尽力帮我完成论文并争取发表。

布罗迪教授把话说到这个份上，我已经不可能回绝他，我只是怕詹姆斯教授不高兴。布罗迪满有把握地对我说不会有问题。如果詹姆斯教授有异议，他会去打招呼。当我向詹姆斯教授转达布罗迪教授的意向时，詹姆斯教授欣然接受。他表示，他与布罗迪是好朋友，既然他想当主席，就让他当吧。他还表示，他仍会尽力辅导我完成论文。

危机总算平安度过。接下来是开始寻找有关的论文，对目前的研究状况做一个完整的评估。当时计算机还没有现在这么方便，基本上是通过手工到图书馆的期刊里一点一点地查找，我找到20多篇发表在十多家杂志上重要的论文。

博士论文的前三章是导言，详细介绍15年来的研究成果以及存在的问题。我花一个学期的时间，边为教授做科研边写论文的导言，好不容易把这一部分写好。那天晚上，我高兴极了。几个月的心血总算告一段落，第二天我可以到系里打印出来。为了节省纸张，我一直没有将论文的半成品打印成文。我每次用软盘拷贝一份，以为不会出问题。

不知为什么，命运总是与我作对。第二天到系里去打印时，我发现软盘中的文件怎么也打不开。我急忙回家从计算机上去取拷贝，结果发现，文件也损坏了。此时我惊出一身冷汗，这可是我几个月的心血！由于是在计算机上写作的，我没有留下一点草稿。如果毁了，我几个月来的心血将付之东流。焦急的心情无法用文字描述，即使当时给我100万美元的大奖，都不能让我有丝毫的开心。

我开始寻找计算机专家帮我修复文件。幸亏系里的福兰克有办法，把软盘中的文件修复了百分之九十左右，我只失去论文的一小部分。一场更大的危机终于有惊无险地度过。自从博士论文出过大问题后，我对计算机的文件再也不敢相信，即使多次拷贝也不能完全放心。凡是重要一点的论文，我都是写一点打印一点，以防计算机文件再次出错。

为便于我找工作，导师建议我尽早通过博士论文的建议书，以便以博士候选人的身份寻找工作。该建议书由评委会和学生签名，交给研究生院备案。这有点像是一份合同。博士候选人必须按照论文建议书中说明的方法进行研究，而导师也受建议书的约束，不得超出范围要求学生。如果双方发生争议，一切以订立的合同为准。我当时并未意识到它的重要性。该合同后来使我摆脱困境，艰难地完成博士论文。这是后话。

我开始以博士候选人的身份寻找工作。幸运的是，我在论文完成之前找到一个正式的研究工作。这是一个研究中心，希望应聘者有较高的学位，最好是博士。由于我在研究生阶段已经参与多个研究项目，从数据的采集和输入，统计分析，直至写出技术报告都在行，用人单位决定录用我。我匆匆告别导师，带着论文进入工作单位。

博士论文的难点之一是统计模型的计算问题。当时的计算机运算速度慢，容量小，每个方案的计算需要十多个小时。而我需要许多方案的计算，从中找出理想的结果，家里的那台电脑整天运行。可是当运算结束时我不可能正好在家，因而不能及时地进行下一个方案的计算，所以效率不高。为加快运算的速度，我不得不在下班时动用我办公室的那台计算机。严格讲这是不允许的，公家的东西是不能私用的，州政府有明确的规定。我请示我的上司。幸好我是搞科研，不是其他私事，头头网开一面，点头默许。

一波运算需要一个多月的时间。根据运算的结果，我再制定下一步的研究计划。由于粗心大意，我的计算出现错误，白白浪费两个月的时间。令人沮丧的是，最终结果不像预期的那么好。但是我无能为力，只好勉强交上论文的第一稿。布罗迪教授提出改进意见，我又投入第二波的研究，一次下来又是几个月。

第二稿交上去后，其他教授最多是对我个别地方的文字提出修改，只有布罗迪教授最认真，提出换一种统计模型进行研究。他的建议超出论文建议书所设定的范围。由于目前结果不好，我只好试试。但是凭我的直觉，我知道不会有什么好的效果。我目前的方法是最理想的，如果效果不好，只能说明数据就是这样。新的结果如我所料，改变后的效果更不理想，我又只好再改回来。

就这样，我一遍又一遍在死胡同里折腾。从第一稿出手我就明白，按照我的思路，博士论文已经不可能发表。我已经找到正式工作，而单位对发表论文并没有什么要求。可是布罗迪教授是个认真、死板的老学究。他与詹姆斯教授不同的是，他不仅注意大节，也很注重小节，对我的近200页的博士论文，每次都认真地修改。瞧他那股较真儿的劲头，我真为之折服。一直改到第七遍，我的信心和兴趣终于被耗尽，我不愿再这样无休止地在死胡同里转悠，这种见不到希望、见不到一线阳光的摸索，使得我在两年里没能过上一个安心的假期，没有一个轻松的周末。就为这倒霉的论文，我的头发不知掉了多少。更重要的是，课题沿着我目前所走的方向，没有希望取得更好的结果。

权衡再三，我给评委会写了一封长信。我阐述了目前的窘境，提出根据博士论文建议书定下的方案，我的研究不会有更理想的结果，我希望结束。如果他们认为我的论文不能通过，那么我就此罢休。言下之意，我自动放弃博士学位。我明白，这样做会得罪好心的评委会主席，他一心想把我的论文救活，可是他也回天乏术。布罗迪教授很快回信了，他解释道，他这样做只是想把论文改得更好些，争取发表，绝没有与我为难之意。他提出，如果我认为他不合适担任评委会主席，可以撤换他做评委。误会解除，我的第七遍论文总算通过。答辩和通过都是走走形式，因为评委们不一致通过，一般不会举行答辩。

尽管在写论文中我与布罗迪教授发生一点不愉快，但是并不影响我们之间的师生友谊，直至今日，我仍和他保持着良好的关系。我的教授们（尤其是布罗迪教授）常在工作上给我技术上的指导。他们受我的影响，对中国这个古老而又神秘的国家发生浓厚的兴趣。迪范恩教授的儿子到南京大学留学一年，夫妻俩多次到中国旅游。雪利教授转到加州后，与当地华人协会保持着密切关系，也曾多次到中国旅游。教授们还计划，今后等大家都退休了，由我做他们的向导，一同到中国旅游。

博士论文通过后，该是安排参加毕业典礼。美国人对毕业典礼非常重视，虽然他们对上学读书并没有国人那么看重。在美国，小孩子上幼儿园结束，也会举行毕业典礼。小朋友们会戴上纸折的四角帽子，表示从幼儿园毕业。高中毕业、大学毕业典礼的隆重程度，远非国内可比。记得我当年小学毕业、中学毕业和大学毕业时，不过是集体照一张合影，有的连大会都没有开。

我曾受邀参加过美国一所中学的毕业典礼，其隆重程度让我吃惊，至今记忆犹新。这是M市一所中等偏下的公立中学。学校的经费时常不济，可是为了举行毕业典礼，咬牙花钱租用了M市的会议中心。因为要求参加典礼的家长和亲朋好友太多，本校的礼堂容纳不下。为了不使毕业典礼人满为患，学校规定每位毕业生可以带入会场的人数。优秀学生每人可以领到八张入场券，其他学生只有四张。

学校请来了上级主管的负责人和市府的官员。贵宾们坐在主席台上，而主持毕业典礼的却是一群17、18岁的毕业生代表。市里还派出警察，负责维护当地的道路交通和会场警卫。学校请来当地的驻军代表，一位校级军官领着六来名士兵，给大会表演队列操。

毕业典礼在校乐队演奏的国歌声中开始。代表们发言之后，正式颁发毕业证书的仪式开始了。每个毕业生头戴黑色的四角帽，金黄色的穗子整齐地偏向左边，个个身穿黑色的袍子。有的学生披有蓝色的绶带，表明他们的成绩总分达到优秀的标准。有的学生披有紫色的绶带，表明他们的成绩更好，达到全国性的一个协会的认可。有两条绶带的学生是学校里的牛人，人数并不多。

毕业生上台接过毕业证书与校长握过手后，站在一边副校长将偏向左边的穗子拨到帽子的右边，表示学生毕业了。每位毕业生上台都会被叫到名字，台下的亲朋好友和家长会站起来，或是鼓掌，或是尖叫，或是敲锣，或是吹哨，什么搞怪的都有。尽管会前校方曾经要求大家不要搞怪，但是人们在兴奋之中忘记了规定。大会主持人和管理人员睁一眼闭一只眼，不会过多地指责稍有点出格的行为。

大学的毕业典礼更为隆重，本科、硕士和博士参加同一个典礼。由于参加的人员多，一般分学院进行。为使毕业典礼增辉，大学会邀请名人参加典礼，如现任的或卸任的总统，有名的大公司的CEO等。V大学曾邀请到克林顿总统在毕业典礼上演讲。每位毕业生只能带一人参加，入场券在黑市上炒到1,000美元一张，仍一票难求。

毕业典礼上，给人印象深刻的是校长和校董们。他们穿着古典优雅的服装，首先进入会场；走在前面的是校长，手中拿着象征权威的手杖。毕业典礼最冗长的部分，是让毕业生逐个走上主席台，从校长手中接过毕业证书。专业的照相人士以精湛的照相技术，记录下每位毕业生一生中具有重要意义的时刻。

有一点我挺纳闷的，这么多毕业生由校长亲自颁发毕业证书，不会搞错吗？如果搞错了，来个张冠李戴，毕业生散场后各奔东西，人都无法找到。参加过朋友的毕业典礼后才知道，校长亲自授予毕业证书是个空壳子。毕业证书的里子（即真正的文凭）是由学校寄到学生的住址，因此是不会搞错的。

硕士论文通过后，我以为系里会对毕业典礼有统一的安排。但是系里没有人通知我如何参加毕业典礼，因为我错过报名日期。我忙了两年的学习和论文，却没能参加上隆重的毕业典礼。

对于博士毕业典礼，布罗迪教授极力鼓动我参加。学士和硕士的学位，在典礼中是集体授予的，但是博士不一样，博士的帽子是由评委会主席亲自戴上的。布罗迪教授很想过一把瘾，为指导出来的博士带上这顶来之不易的帽子。然而因工作比较紧张，我最终没能参加毕业典礼。

半个月后，我收到V大学寄来的博士学位证书。在我的相册中，我没有穿着黑袍、戴着硕士帽或博士帽的照片，以致于有人怀疑我的学位的真假。我对此没有兴趣为自己辩驳，信不信随个人吧。

第 2 篇 公务员经历

2.1. 美国公务员须知

进入撰写博士论文阶段，我便开始寻找工作。高学位人才有不同的流向。在美国，高学位人才指的是具有硕士和博士学位的人们。美国高学位人才中，最优秀的人才基本上流向大学，从事教育和研究工作。根据一项社会学的调查，教授职位是美国人心目中极为尊崇的工作，其声望指数达到78分，与之匹敌只有少数几个职业，如法官和律师(76分)和医生(82分，这是最高的得分)。政府官员的声望指数仅为61分，与执业护士(62分)和中小学的管理人员(61分)差不多。声望指数最低的，要数服务行业和劳工，如餐馆服务生(20分)，农民(19分)。顺便说一句，空姐的声望并不高，只有36分，并不像在中国那样受到人们的热捧。尽管教授的薪水并不算高，但是有才能的人大多会义无反顾地选择这一职业。

高学位人才的第二个流向是私人企业。美国的各大公司对高端人才极为重视。他们财大气粗，待遇丰厚，吸引不少才子才女加盟他们的团队。更有一些人自己组建公司创业，成为各个领域中的领军企业。

高学位人才的最后一个流向是政府部门。坦率地说，从总体水平上看，进入政府部门的人才水平要低于前两者。这是因为，政府的财政常常捉襟见肘，拿不出更多的资金，以优厚的待遇吸引人才。在美国，选择进入政府部门供职，首先要有为民服务的思想；如果想发财赚大钱，选择做公务员肯定是个不明智的选择。

由于专业的原因，我的出路集中在大专院校或政府部门，私营企业

93

雇用社会学博士的并不多见。我在 X 州的政府部门里找到一个研究工作，随即告别导师，带着我的博士论文课题走上工作岗位。

作为一名州政府的公务员，第一天到单位上班，无论是初次进入州政府大门的，还是从其他州政府部门跳槽来的，都要接受几个教育。

第一个教育是防止骚扰教育。州政府规定，每一位州政府的雇员有权在工作场所受到尊重，保持个人尊严，在工作场所不应受到骚扰和歧视（如性骚扰、种族歧视、性别歧视、年龄歧视、信仰歧视等）。性骚扰和种族歧视是主要防止的对象。性骚扰包括口头的或行动上的，因此男女员工之间的言语动作需要特别小心，搞不好会惹上麻烦。

不少国人以为，西方人拥抱接吻很随便，其实以我的观察并非如此。男女同事间有些人关系比较近，久违后拥抱是有的，但是在一般的同事间拥抱却很少见。在握手方面，大多是女士先伸手男士才伸手。如果女士不主动伸出手来，男士们很少主动伸手。男士们称赞女士的容貌、服饰和着装并不多见，更不用说讲什么黄段子拿女同事开心。

权色交换是绝对不允许的。一旦被查实，当事人会受到法律制裁。对举报者打击报复，更是法律不能容忍的。我周围的同事曾发生过与性有关的事件。有两个同事是上下级关系，男的是上司，女的是下级，他们关系暧昧。结果绯闻曝光，两人不得不辞职走人。自愿的性关系尚且如此处理，如果是胁迫关系，严厉处置就更不待说了。

防止骚扰的另一个重要内容是种族歧视。种族歧视在美国有悠久的历史。虽然公开的种族歧视已为民众不齿，但是彻底消除种族歧视并不容易。种族歧视还反映在语言方面。记得我小时候在国内学英语时，学过一个词叫 "Negro"（黑鬼）。该词是个贬义词，现在绝对不能使用。在美国，仅凭这一个词，就可以告你是种族歧视，让你失去工作没商量。有一部美国电影（《尖峰时刻》），戏中主人公（由成龙扮演）因不知情说了该词，被黑人兄弟狠揍一顿。这一情景不是编剧乱编的故事。

我们处曾接到一个任务，要我们计算一下任意排列 "Nigger"（黑鬼）一词的可能性有多大。原因是，X 州政府的一个部门为了对用户追踪调查，用计算机随机地选出六个字母为用户设置用户名。在20,000多个用户名中，这个对黑人有侮辱性的词汇竟然出现六次。有人举报这一种族歧视行径，他们认为出现六次的概率过高。有关人员找到我们处。根据我们的计算，随机地出现一次有可能，出现六次的可能几乎为零，因此建议对设计计算机程序的人员进行调查。

艾滋病是让人谈病色变的疾病，人们对携带艾滋病毒的患者避之不及。然而，州政府有明文规定，对艾滋病患者和病毒携带者不得解雇或歧视。对残疾人也是如此，只要残疾人能胜任工作，就不应受到歧视或被任意解雇，更不能取笑有残疾的同事。我曾与数位残疾人共事过，一位是高位截瘫的残疾人。这位男士13岁那年跳水时不小心伤了脊椎，从此在轮椅上度日，两只手只有几只手指可以活动。但是他很聪明，上了大学。他对计算机很在行，找到工作，成为州府的公务员。我还有一位女同事是位聋哑人，虽然说不出话来，但会写字，与人交流靠写字进行。科长给她布置任务，她向科长交活，都是通过电子邮件。有时我与她聊天，通过写字板，她还教我几句简单的手语。处里开会，为使她能听懂处长和我们的发言，处里还专门从外面聘请手语翻译。

对于年龄也不能歧视。国内招聘时常有年龄限制，如35岁以下或50岁以下是常见的条件。而美国的政府雇员（除了特别的职业，如军队和警察）是不设年龄门槛的。纽约市政府曾发生过一起年龄歧视的案子。一位近70岁高龄的华裔工程师，坚持在工作岗位上不退休。他的工作是现场勘测，是个需要体力的活儿。工程师身体硬朗，热爱自己的事业，终日忙得不亦乐乎。市政府担心他年龄太大，在现场出工伤事故不好交代，多次动员退休未果，将他解雇。谁知工程师不服，找律师与政府打起官司。没想到他打赢了，市政府赔偿给他几年的薪水，才息事宁人。

尽管我们在受雇时单位明确讲明，部长有权无需任何理由可以终止手下雇员的雇佣关系，但是部长很少会动用手中的这一权利。即使由于经费削减不得不裁员，各政府机关总是采用内部消化的方式妥善解决。各机关首先停止雇用新人，以节省编制，其次鼓励接近退休年龄的人员提前退休，腾出空位使其他人保住工作。最后，各机关进行内部调剂。有的科室关停并转，多余的人员充实到别的科室。正是由于州政府采取比较人性的处理方法，所以才能吸引和留住人才。

有些私人企业（尤其是华人开的餐馆）不懂这些法律，被缠上官司的大有人在。这些老板以为，他们是老板，可以任意解雇雇员。许多华裔员工也抱着多一事不如少一事的态度，忍气吞声，不敢维权。而美国人可不买这个账，要是被解雇，找个劳工法律师告上一状，至少可以让无知的老板破点财。这也是为什么许多美国公司把企业搬到第三世界去的原因之一。在美国办公司、办企业，不仅工人工资高，而且工人不好惹。

成为州政府公务员的第二个教育是公共信息教育。根据美国宪法，政府是人民的公仆，不是人民的主人，因此人民有权知道政府的事务和政府雇员的情况。人民授权给公仆为民服务，但是并没有授权给公仆，替人民决定哪些信息应该让民众知道，哪些信息不应该让民众知道。人民坚持有知情权，以便对由人民创造出来的政府机构进行监督。政府机构所有的信息必须对民众公开(除非有特殊的规定)。为使公务员遵守这一规定，必须让公务员知道，什么是民众的信息索求，以及收到信息索求以后该如何做。

公共信息指的是由政府收集和管理的信息，信息的形式可以是纸张、胶片、电子、声带、录像带、照片、地图、图画等。信息索求必须是书面的，可以是打印的、手写的或电子的，索求的信息必须是现成和现存的。政府不会专门为信息索求产生新的文件或资料，也不负责回答问题。政府必须在接到索求后十个工作日内提供给对方。如果时间不够，必须在十个工作日内给予回复，告诉对方何时可以提供，不得故意拖延。如果州政府认为有关信息由于保密原因不能公开，必须在十个工作日内向州司法部请求裁决。

不能公开的信息，包括政府雇员个人的社会保险号、家庭住址、电话号码、家庭成员信息、驾驶执照号码、汽车牌照、银行账户号码、私人电子邮件地址等。但是公务员的收入却是公开的。因为公务员靠纳税人供养，纳税人有权知道他们的钱是怎么被花掉的。一家报刊向 X 州政府索要了全体州政府公务员的薪水信息，连篇累牍地在报纸上晾晒我们的薪水，成为当天的头号新闻。

政府不可以询问民众为什么需要公共信息。但是如果民众的要求不清楚，或者要求的面太宽，政府可以询问，搞清楚对方的要求或者提议缩小要求的范围。我们因工作产生的文件，都可以成为被公开的材料，如书面汇报、日历本、记事本、单位内部的电子邮件。一旦有文件产生，我们必须保留一定的年限才能销毁。为减少麻烦，我们干脆采用口头汇报的形式，以减少不必要的文件产生。对于信息索求，政府会收取成本费。收费标准也有规定，如复印一张纸收费十美分，计算机程序人员的工时收费为每小时28.5美元。

该教育的核心是，作为政府公务员我们，必须注意对工作中产生的文件和信息加以保密，如果遇到外部的索求必须认真及时地对待，不得故意拖延。在这一问题上，我遇到过麻烦。保险业管理部的一位副部长辞职不干了。他是位经济学博士，在保险业挺有名气，很快被消费者利益保护团体雇用。他对保险业管理部的内部情况很熟悉，提出要我们定期向该团体提供我部收集的保险公司上报的数据。这些数据包括每位受保人的详细数据，对于该团体研究 X 州的保费非常有用。

保险公司闻讯后，致电我部，坚决反对。理由是这些数据涉及各公司的商业机密，并且涉及个人隐私，不能流入社会。在美国，个人信息资料（如地址、社会保险号等）均被视为机密。媒体常有爆炸性新闻，如某个政府雇员不小心丢失计算机文件，泄露了民众的个人信息；某家公司的计算机系统被黑客攻破，大量个人信息被盗窃。该团体索要数据的要求与保险公司的坚决反对，使保险业管理部处于左右为难的尴尬境地。最后州司法部裁决，这些数据是商业机密，不得公开，这才解了保险业管理部的围。

另一个教育是安全教育。新公务员到处里报到，处长除了表示欢迎外，首先做的事情，是将单位所在楼层的平面图展示给新人，并领着新人熟悉逃生路线。美国政府和公司的办公楼里，真正有窗户的办公室并不多。它们都由职位较高、工龄较长的员工占据。广大的公务员都是在四周没窗户甚至连独立办公室都没有的小隔间里办公，打私人电话只能与周围同事分享，毫无隐私可言。我所在的那个处，只有两间办公室有临街的窗户。尽管我的资历和职位使我拥有一间宽敞独立的办公室，但是房间却没有窗户。外面刮风下雨发生再大的事件，我坐在办公室里一无所知。由于办公室走廊错综复杂，像迷宫一样，外人很难摸得着门。一旦发生紧急情况，不熟悉地形的人很难及时逃生。别小瞧这一措施，有时是可以救命的。

曾有一位美国老太太带着儿孙坐火车旅游。上火车后，老太太一定要让列车员给她介绍火车的应急门及其使用。没有想到不到几个小时，这位固执的老太太所坚持的安全措施救了她们一家人的性命。一艘驳船在大雾中迷路，撞到铁路桥梁，使铁轨错位。高速行驶的列车出轨，车厢掉入水中。幸好老太太熟悉应急门的位置及使用方法，她带着一家老小从应急门中逃出即将下沉的车厢。

每座政府大楼配有火警值班员。定期进行演习，是防止意外的重要手段。每隔一段时间，我们会进行火警演习。演习时各楼层警报声四起，扩音器会播送火警员的命令，大家必须迅速使用楼梯，步行撤离大楼。大楼里各通道门会自动关上，防止通风使火势迅速发展。这些门非常厚实，平时靠电磁铁吸住。一旦有紧急情况，电磁铁断电，门会自动关上。有时有人用微波炉烤爆米花，因烤过头导致火警误报。整个大楼的人员迅速撤离，消防车及时赶来，结果发现一袋烤焦的玉米花，虚惊一场。各科室有火警召集人，他们头戴小红帽，负责在预先指定的集合地点清点人数。他们必须最后撤离办公室，保证同科室人员的安全撤离。

有一次火警时我下到一楼，突然觉得内急，想就近到一楼的厕所方便，硬是被保安和火警员阻挡。好说歹说他们才放我进去，并一再嘱咐我千万要出来，不能在楼里久留。多次的演习和虚惊，使我对此类警报无动于衷。有一天警报又响了，我手头上正好有一件工作需要及时处理。我没有理会火警，继续干我的工作。不一会儿，我的办公室门口出现一位保安，一脸严肃地瞪着我。瞧他那神情，拔出枪来逼我离开办公室的心情都有。我抱歉地对他说，"我有点紧急的工作要处理。"他一点也不同情，冷冷地说道："工作重要还是你的命重要？"

在这片土地上，那种工作第一、生活第二，为工作牺牲个人生命的做法未必受到鼓励。这是个怕死、保命的国家。从另一方面来说，又是个珍惜生命的国度。我们地处美国南方，下雪封冻的日子不太多，人们对冰雪天气很不适应。一旦发生下雪，马路上一片混乱。为避免不必要的事故，保证人身安全，每当天气预报说有冰雪天气来临时，部长总是向他的下属发出通知，不希望我们冒着生命危险赶来上班，生命比工作更重要。因如果个人感到不安全，就不必勉强来上班。我们是否到办公室上班，可以参照学区的中小学校。从我们的住处到工作单位的路上，只要其中有一处的学校宣布因雨雪天气关门，我们就可以名正言顺地待在家里。有的人住得远，尽管办公室地区冰雪融化，但是他的居住地的雪并没有化，可以照样待在家里。遇到这种天气，电视台总是告诫人们待在家里别出门。除了警察和医生，其他人都不要外出。这与国内的人们扛着扫雪工具出来清扫大街的情景成鲜明对照。

州公务员的另一个重要教育是防腐教育。在美国政府工作，有一点给人印象深刻，这就是政府部门很少召开全体人员大会。我在州政府工作超过25年，到过三个部门，大部门的全体人员大会从未见过。对于防腐教育，州司法部采用网络上课的形式。每位公务员必须参加，但是时间并不固定。该教育采用开卷考试的方法，我们只有认真理解一段一段的条文，才能正确解答问题。只有答对上一题，才能继续下一个问题的回答。

防腐教育包括公务员的非法行为和职业道德的论述。非法行为有明确的规定。例如冒领出差费用，开公车办私事，将公用手提电脑或其他国家财产带回家私用，利用本部门掌握的信息为己谋私利，从与政府有联系的人员或单位接受礼物以及好处等。圆珠笔、铅笔、小日历、不值钱的小礼物是可以接受的，但是更值钱的礼物必须报告或者上交。

我们会与外单位的人打交道。这些严格而又具体的规定，有时使我们尴尬万分。一位法庭派来的仲裁官到司法部了解情况，我们正与一家大公司在法庭上进行较量。到了午饭时间，堂堂的州司法部竟然没人出来张罗午餐，大家各自掏腰包，到楼下的餐厅或附近的餐馆就餐。这位法官派来的仲裁官不熟悉地形，向我们打听哪儿有餐厅可以就餐。仲裁官的个人意见对整个案件的审理有巨大的影响，可是司法部却没有想到要请客款待这位重要人物。

防腐教育的内容还包括如何举报犯法行为，举报的渠道和步骤，调查的程序，保护揭发者不受打击报复等规定。司法部还规定，上至部长下至一般公务员，在离开司法部的一年内，不得受雇于私人公司，转而向司法部游说。虽然防腐教育没有人监督，可是由于采用先进的计算机技术，人人必须认真学习才能过关。这种落到实处的教育，没有动员大会，没有口号，然而效果和作用却深入人心。

前面所提到的教育每两年进行一次，新老雇员无一能免。接受规定的教育，是衡量公务员工作表现的指标之一。除了这些要求外，雇员的着装也有要求。为了保持州政府的良好形象，司法部要求雇员平时至少要着半正式装。上班族的着装，分为正式、半正式和休闲三种。所谓的正式装，指的是男士们西装革履，女士们着套装。半正式装，指的是正式装去除领带、领口可以松开。休闲装，指的是有领T恤衫和牛仔裤。休闲装平时是不许可的，只有星期五才可以。当然也有例外。2010年初，我州的一所大学橄榄球队进入全国的决赛，争夺冠亚军。部长特意发出通知，球迷们在比赛的那天可以穿球衣上班，为他们的球队助威。

我们处的男士们每天领带齐整，挺正规的，我只好入乡随俗。可是，我天生是个不讲究的人。过了一段时间，我开始三天打鱼两天晒网，故意省掉领带。俗话说，学好困难，学坏容易。其他男士逐渐效仿我的做法，终于摒弃每日领带缠脖的苦恼。

相对于西欧人，美国人的着装比较随便。但是千万不要以为美国人是个不讲究穿着的民族。在适当的场合穿适当的衣服，是美国人的习俗。我曾参加过几次会议，开完会该吃晚饭，人们迅速返回自己的房间，换上休闲的衣服到餐厅就餐。如果外出逛街，没有人会穿着开会时穿的正式服装。

人们普遍以为美国公务员的待遇福利好。其实这是误解。美国人绝不会万人挤独木桥，争着去当公务员。私营企业的薪水福利待遇要高得多。这里晒晒公务员的福利待遇，读者就可以明白。首先我们来看看公务员的假期享受。X州公务员每月有八小时的带薪假，可以攒下来作为年休假，也可以在平时用来处理私事。带薪假随着工龄的增长而增加，可以涨到每月十 至12小时。就是说，1年可以有12天到18天的假期。

另外，每人每月有八小时的带薪病假。如果身体好不生病，可以积攒直到退休。如果公务员生病，短病假一般不需要医生证明。如果病假期较长（超过三天），需要讲明原因，出示医生的证明。如果公务员身体不好，用完了病假就会扣薪。我的一位同事，因工作压力大需要在家休息。一个月后，她用完了积攒的病假。此时她进退两难：不上班会停薪，来上班身体又支撑不了。出于同情，我找到处长表示，可以捐出自己的部分病假给她，反正我的病假挺多。结果一打听，要捐病假还挺麻烦。受捐人必须参加病假互助组并且事先捐出一些病假，才能接受别人的捐赠。我的捐赠未能成功。后来处长自作主张，瞒着人事处，让她每天来干半天算一天的考勤，才使她度过难关。

医保对于美国人是件大事。X州的公务员均有医保，但不是百分之百的医保。公务员看病，每次自付30美元的医疗费，并需自付20美元以下的药费。支出较大的医疗费用，保险公司出90%，自付10%。如果一次手术5,000美元，公务员自付500美元。这些普通医保，不包括牙医。如果需要牙医的保险，公务员还需另外自掏腰包。如果生大病，公务员也不是一点负担都没有。美国的医疗费用昂贵，真要是有大病，仍然可以使公务员倾家荡产。当工龄达到十年以后，公务员退休后可以享受在职公务员的医保。这一点还是有点吸引力的。公务员的家属可以参加政府的医保，每人每月大约缴纳300到500美元，一年下来是4,000到6,000美元左右。

退休金的待遇是人们关心的另一个重点。美国是个爱享受的民族，很多人不会到了可以退休时还继续工作。我的一位女同事51岁就要求退休。处长多次挽留并许诺优厚的条件，终未能留住她。她事业上正当壮年，在处里很受器重，是无形的二当家。她说要享受生活，退休后去游山玩水，到南美度假学潜泳，到亚洲、欧洲游山玩水，前段时间还到了中国。

X州有一条80岁的规定，即年龄加工龄等于80时，州公务员可以退休。如果一个人20岁参加X州政府工作成为公务员，连续累计干30年，到50岁时就可以退休。退休金由退休金基数和工龄决定。退休金基数，按公务员最高的三年薪水的平均数计算。工龄，按每年为2.5%计算。如果为州府干十年，可以拿到退休前薪水的25%。如果干了40年，退休薪水可以达到退休前薪水的100%，相当于中国的离休。

在美国，一个人退休后的收入来源，分为两大部分。一部分是国家的社会保险，这一部分的钱要到至少62岁[①]时才能拿到，收入的多寡取决于对社会保险的贡献。最低要求是一个人累计工作十年。当然，由于伤病成为残疾人则另当别论。另一部分是工作单位或自己积存的退休金。州公务员平时发薪水时，扣除6.5%作为退休基金。

美国的薪水听起来挺高，可是真正拿到手上的并不多，实在是盛名之下其实难副。尤其是公务员，低薪水的公务员还不如在中餐馆打工。因为餐馆打工可以直接拿现金，逃税现象很普遍。在美国，如果想发家致富，千万别指望公务员这一工作。

---

① 美国人正式的退休年龄曾经定为65岁。现在改为1960年以后出生的人要到67岁才能正式退休，而1943年到1954年出生的人要到66岁时才能正式退休。当然也可以选择提前退休，从62岁时开始提取社保金。提前退休的社保金比正式退休的相应减少，提前得越早，减少得越多。

2.2. 评估工伤赔偿新法

我的第一个工作单位是 X 州政府所管辖的一个研究机构，专门负责研究工伤事故赔偿的问题。研究所有十来个人。我分在研究室，盖伦主任是位富有研究经验的心理学博士，曾是大学的教授。

美国工人的工伤赔偿经历漫长的历史变革。随着工业革命的发展，大量的机器进入生产领域，工伤事故逐渐上升。由于没有建立完善的机制，工伤事故问题使得雇主和工人们陷入窘境。起初，在工作中受伤的工人采用到法庭上起诉雇主的办法寻求赔偿，程序不仅复杂，而且耗时费力。受伤的工人必须证明工伤事故是由雇主的疏忽造成的，工人没有违反操作规程。在这样的体制下，如果受伤的工人打赢官司，可以获得一笔可观的赔偿金。可是如果工人输了官司，受伤的工人往往分文不获。这种工伤事故的赔偿制度，对受伤工人的赔偿既不及时又不充分，而且没有保障。受伤的工人常常无路可走，只得自费医疗伤残或者仰仗社会救济，成为社会的负担。

20世纪初期，美国社会开始关注工伤问题。社会逐步达成共识，工人因工伤事故受伤应该得到及时的补偿，政府应该参与监管，确保受伤的工人能够得到及时的和足够的补偿。1911年，美国国会通过工伤事故赔偿法。如果发生工伤事故，无论工伤事故的责任在何方，受伤的工人应该得到及时的医治和工资的补偿。该法律也被称为"工人无责任赔偿法"。雇主只要按规定及时支付受伤工人的医疗费和误工费，就可以免于被起诉。这样做大大简化工伤事故的赔偿程序。然而，该法规并没有得到广泛的实施。因为只有少数大企业才有足够的资金保障，使受伤的工人获得赔偿和补助。

一个新的行业——工伤事故赔偿保险业，应运而生。雇主通过工伤保险公司为企业的工人购买工伤保险，一旦发生工伤事故，由工伤保险公司支付各种费用。该机制起到稳定企业发展的作用。由于企业老板们购买了工伤保险，受伤的工人只与保险公司打交道。保险公司作为雇主的代表，从收取的保费中支付受伤工人的医疗费用和工资补偿。

在联邦出台工伤事故处理法以后，各州也制定相应的法律。许多州为了真正落实工伤事故赔偿法案，强制性地要求雇主为企业的工人购买工伤保险。新的矛盾又显现出来。保险公司并不一定接受所有企业雇主的投保申请，他们对企业进行评估后，才决定是否准保。一些生产规模小、生产设备陈旧、事故发生率高、发展前景差的企业，常被拒保。在强制保险的州里，被拒保的企业只好被迫关门。有些保险公司利用政府的政策，收取高额保费，谋取暴利，使企业背上沉重的经济负担。

这些矛盾限制企业的发展。为解决这些矛盾，各州政府牵头成立非盈利的工伤保险公司，为企业提供价格公道的工伤事故保险。这种非盈利性工伤保险公司经营范围小，专业化，非营利，服务优质、价格低廉，并对任何雇主来者不拒。

我所在的 X 州是少数非强制工伤保险州之一。进入20世纪80年代以后，X 州的工伤赔偿保险费急剧上涨。这是由于在工伤事故发生后，尽管企业为工人购买了工伤保险，工人不能直接起诉雇主而获得赔偿，但是工人们可以与工伤保险公司打官司，索取高额的赔偿金。工伤事故中猫腻难免，例如，一个工人装电灯摔了一跤，竟获赔100万美元。有的人故意在工厂里受伤，以此获得外快。

面对这一形势，不少大企业选择撤离，关闭在 X 州的分公司。而有些小企业和地区性企业干脆冒险，退出工伤保险。万一发生工伤事故，要么雇主无法支付费用，使工人陷入困境，要么企业破产关门。曾有这样的一个小企业，雇用五名工人。一位工人受伤，截了一只手，老板没有购买工伤保险，无法赔偿损失，无奈中将企业抵给工人，雇佣关系翻了个儿。从前的雇主成为工人，受伤的工人成为老板。这样的结果真是令人啼笑皆非。

为了能更好地认识和解决 X 州所面临的困境，州政府成立这家研究所，专门针对本州的企业现状开展研究，为立法机构提供建设性意见。80年代末期，X 州的立法机构力排众议，顶着来自工会和律师界的强大压力，修改工伤赔偿法，对工伤事故的赔偿进行封顶。在医学界的配合下，他们制定详细的赔偿标准。为方便医生记录病历，使其标准化，美国的医学界采用国际伤病编码①。该编码包含目前为止人类所知道的疾病和伤残。新出炉的赔偿标准将伤病编码与赔偿金额一一对号入座，明码标价。这样一来，X 州工伤赔偿诉讼律师基本无事可做。

我开始工作后接受的第一个任务是，对三年前通过的法案做一个评估，旨在检验立法后工伤事故赔偿是否如预期的那样有所下降。在美国，民众并不信任自己的政府。当一个新法案出台后，别指望一片赞扬声，更别指望老百姓歌功颂德，不被普遍叫骂就算是幸运的。由专家做出的评估，不是几个或几十个知名人士关起门来开几天会，然后对外宣布结果的黑箱操作，而是公开透明、科学严谨的评估。专家们的评估需要与广大民众见面。评估必须像发表学术论文一样，从数据的采集、分析的依据到最后结论，分别进行详细的论述。必须经得起其他专家的推敲，必须做到可重复性。这就是说，别人拿你的数据，使用你的方法，能够得出相同的结果。

专家可能会用不同的方法，得出相反的结果。大家可以争论，但无论是谁，无论你的名气多大、地位多高，必须老老实实地写出自己的研究方法、理论根据、研究的过程和结果。民众们可以听到不同意见，据此做出自己的判断。

我此次所作的研究，存在着不少困难。首先，立法前和立法后的数据系统经历了伤筋动骨的调整，立法前后的数据缺乏一致性。如果简单

---

① 国际伤病编码（The International Statistical Classification of Diseases and Related Health Problems），世界卫生组织（WHO）编撰，目前是第 10 版，ICD-10。2015 年第 11 版将出台。

地采用现有的数据进行分析，即使发现立法前后存在着显著差异，差异可能只是数据的不一致性造成的。其次，研究必须对州内众多的企业进行抽样调查。被抽样的企业是否能够代表整个 X 州的全貌，是一个非常重要的问题。最后，我所学的统计模型涉及时间因素的并不多。这种统计模型在经济学里较为普遍，但是我对此类模型并不精通，我必须边学边干。

经过一番努力，关键性的技术问题逐一得到解决。到数据分析阶段，我提出将时间分割成季度来分析，即立法前三年和立法后三年共计六年24个季度。根据我以往的经验，许多情况宜粗不宜细，分得太细，得出的结果缺乏稳定性，波动较大，反而将大的趋势掩盖。可是，我的意见遭到否定。盖伦博士主张把时间细分到星期，他主张把六年分为300多个星期。

尽管我的意见被否定，我并不甘心，悄悄地双管齐下，用两种方法同时进行分析。分析结果出来了。如预期的那样，实施新法后工伤事故率有显著的下降，说明新法对工伤事故的索赔起到一定的遏制作用。当然发生作用有一定的滞后，是在新法实施一年以后才逐渐见效的。这种滞后现象在评估新法作用的研究中很常见。而且，我主张采用的那种宜粗不宜细的方法结果更好，下降更加明显、更加直观。

研究结果受到立法机构的重视，安排研究所作公开汇报。研究是由我与盖伦博士共同完成的。虽然我负责具体的数据整理、统计模型的设计和分析，但是真正写成论文，还是由盖伦博士执笔完成的。因为论文的撰写涉及政治和政策。到立法机构去汇报由盖伦博士担任。听汇报的都是外行，报告不能涉及太多的技术问题，需要用最通俗的语言把复杂的问题讲清楚。盖伦博士曾是大学里的教授，更能胜任这一重担。

盖伦博士的口才很好，汇报很成功。立法机构认可我们的研究结果。研究所名气大振，我在所里的地位得到确立。后来，我带着研究成果参加全美工伤事故赔偿学会的年度学术会议，并在会议上宣读论文。

对于我们的研究成果，反应不尽相同。工会和律师界极力抨击，扬言要找有关专家批驳我们的论文。果然，没有多久，研究所收到一家律师事务所的来函，索要我们项研究成果的详情。

为使我们的研究成果通俗易懂，我们将论文分为两个部分。第一部分是正文，简明扼要地讲述我们的研究方法和结论。第二部分是附录，从技术角度详细论述数据的收集、处理及统计模型。该部分包含许多复杂的数学公式。对于普通老百姓，第一部分正文已经足够；第二部分的技术报告，只有少数专业人士才能看懂。

我们寄出第二部分的技术报告，并作好准备回应可能的批驳。所幸的是，自技术报告发出后，反对声逐渐平息了，看来我们没有给对手多少机会。所里的一位研究人员颇为得意，对我说："约翰，你的那些复杂的公式挺唬人的，能看得懂的没有多少人。可能我们的对手连那些公式都没看懂，何以找茬啊？"

正当我们庆幸成功时，研究所的生存遇到麻烦。X 州政府有一个机构负责评估州政府部门存在的必要性。该机构有个令人生畏的名字，叫做"落日委员会"[1]。该委员会用12年的时间，对州政府各个部门及其所属处科一一进行审查，周而复始，永无终止。州政府的机构和人员是靠本州的纳税人供养的。为了不浪费纳税人的银子，州政府必须做到精兵简政，防止人浮于事。该委员会的眼睛专门盯着那些有名无实、无所事事的人员和部门，一旦发现，立"砍"无疑。每当一个部门被其审查，从部门的头头到下属无不提心吊胆，搞不好会卷铺盖走人。

这一年正好轮到研究所受审查。X 州政府里有一个工伤事故赔偿监管委员会，职能和性质与研究所有相似之处。当时盛传，两家机构只能留一家。幸运的是，研究所通过了落日委员会的审查，得以苟延残喘数月。

谁知好景不长，立法机构决定监管会与研究中心合并，研究所人心惶惶。我的运气真不济，刚找到工作，就遇到单位的机构变化和人事变

---

[1] 落日委员会（Sunset Committee）。

动。我刚刚买了房子，如果被裁员，房子立马不保。我向盖伦博士打探消息。盖伦博士无奈地对我说，他是泥菩萨过河自身难保，今后不知该怎么办。不过他对我说，如果他能留任仍为主任，只要他有权留一个人，他一定留我。他如此器重我，使我感激不尽。后来我们分别跳槽进入不同的单位，但是我们的友谊一直保持着。

2.3. 审计风波

早晨刚到办公室，处长通知我们开会，说有重要任务。参加会议的还有兄弟处的两位人士。来人自我介绍，一位是内部审计处处长赫克托先生，另一位是内部审计处的审计师玛莉女士。据我们的处长介绍，玛莉女士挺厉害，既是审计师又是律师，那口才真是了得。看着他们紧张不安的神情，我猜想他们一定是摊上大事了。

州司法部有一个处专门负责犯罪受害人的抚恤工作。当无辜的民众受到罪犯的伤害时，政府部门将对受害人进行抚恤，使他们尽快走出阴影。例如，在犯罪案件中受害人死亡了，丧葬费由该部门负责提供。如果受害人受伤，该部门负责提供医疗费用。有些受害人需要迁居，该部门负责提供搬家费。

该部门经手的经费每年高达数千万美元。经费来自法庭收取的诉讼费，体现取之于民、用之于民的原则。为确保资金使用得当，审计部门定期对支出账目进行审计。内部审计处刚刚对该部门进行过审计，并未发现问题。可是，州审计局对该处账目进行审计，却发现存在重大失误。根据他们的发现，该处的错误金额一年高达380多万美元。这一结果无疑为该处敲响丧钟。

下属部门出现如此重大的管理问题，州司法部难逃其责。而内部审计处也脱不了干系，因为他们刚刚做过审计，并未发现问题，有重大的失职之嫌。赫克托处长抱怨道："我们前不久对该处作了认真的审计，没有发现问题，怎么突然间问题一大堆了呢？"他用乞求的眼光望着我们："你们处的专家能否给予技术上的帮助，帮我们度过难关？"

这是我到司法部工作后，遇到的第一个技术含量较高的任务，可以一显身手。我的情绪为之一振。赫克托处长简单地介绍了情况。州审计局从数万笔账目中抽取76个样本做了审查,从原始发票、账单到付款逐一审核,发现15笔账目有问题,错误率达到19.7%。用这个比例乘以总金额,推算出我们有380万美元的错误。

用抽样的方式进行审计,在美国的政府机构和大公司中非常普遍。统计学中关于抽样的理论,足以保证在绝大多数情况下,我们可以根据抽样推算出总体,使审计工作量大大减少。否则对成千上万的来往账目进行审计是不现实的,也是无法实现的。

有趣的是,这一科学的方法并不是由专家引入审计领域的,而是由一位对统计学一窍不通的法官完成的。有两家公司在法庭上针锋相对。其中的一家公司根据抽样结果推算出总共两万多笔账目中的错账,要求对方赔偿。对方狡辩说,仅凭少量的样本得出的结论不足信、不足取。对统计一窍不通的法官还真信他们,下令对所有的账目进行彻查。对方原来只想找个借口为难对手。现在双方没有退路,只好硬着头皮继续下去。结果令法官大为惊讶:最终审查的结果与那家公司先前的预测,误差不到百分之一。令人信服的结果,终于使得各方心服口服。该经典案例在审计界出了名。从此以后,再也无人以抽样不足以代表总体为托词,拒绝接受以抽样的方式进行审计。

虽然该不该抽样的问题解决了,但是如何科学地抽样,却依然是个争论不休的问题。我们这次应战,还得从这方面入手。在听取赫克托处长介绍情况时,我的大脑开始高速运转,思考着如何提出应对方案。很快,一个成熟的方案在我心中形成。轮到我发言,我提出可以从四个方面入手。

首先,我们可以从账目总体的范围方面挑对手的毛病。例如,我们要对城市人口进行调查,如果抽样时把农村人口也包括进来,那么根据抽样计算出的结果就不能代表城市人口。第二,对方抽取的样本是否足够多。抽取多少样本才能达标,要有理论根据,不能随心所欲。尽管抽样的潜规则是多多益善,但是由于人力和物力的限制,抽样方总是尽可能地减少抽样。很有可能，州审计局的抽样数量不够。第三，即使抽样的数量足够又采用随机的方法，如果样本不能真实地代表总体，我们仍可以不遗余力地回击。最后，推算总体错误金额的方法如果不恰当，推算的结果仍然无效。凭直觉，我感觉审计局的推算方法有问题。380多万美元的错误如此出笼，似乎太轻而易举了。总而言之，在总体定义、抽样数量、样本代表性和推算方法四个环节上，只要其中的任何一个坏节存在问题，我们就可以穷追猛打。

我的发言让两位处长看到希望，大家松了一口气。事实证明，我的思路是正确的。后来的工作，正是围绕着这四个方面展开的。基本方针确定后，我开始具体的分析工作。果然，我们从州审计局所圈定账目的总体中，发现不属于本次审计范围的账目。我们还发现，有些原本应该进入审计程序的账目，却被排除在外。不管这些账目对最后结果的影响程度如何，这样的错误是不应该发生的。

样本的数量是否足够，是一个既简单又复杂的问题。说简单，是因为这个问题在基础的统计学教科书中均有介绍，对于一般的统计人员，这是最起码的常识。说复杂，是由于实际工作中情况千变万化，需要研究人员在设计抽样时慎密考虑。而这一点，正是许多实际工作人员欠缺的。由于审计师的工作量很大，他们很少有时间仔细推敲琢磨、精工细雕。根据我的计算，审计局样本数量严重不足。我又将样本与总体相比较，发现州审计局所抽取的样本不能准确地代表总体。在抽样中，这是很容易出现的偏差。审计师们没有考虑到账目中的类别，在我们的账目中，有一类账目最容易发生误差。不幸的是，此类账目在此次审计中出现得特别多，因而导致较高的错误发生率。

最后，审计局采用的推算方法也存在很大的问题。审计主要有两种目的：定性分析和定量分析。定性分析时，审计师关心的是定性的结论，分析的单位是账目。无论账目涉及的金额有多少，每笔账目具有相同的份量。换句话说，一笔1美元的账目和一笔100万美元的账目，在定性分析时同等重要。无论哪笔账目出了错，都算是一个错误。而定量分析则不同，注重的错误金额。因此，一笔 1 美元的账目和一笔100万美元的账目的份量是截然不同的。两种不同的审计目的，抽样的方式是不同的，错误率的计算也不同，得出的结论更加不同，不能混为一谈，更不能张冠李戴。

令人不可思议的是，州审计局竟然用定性的抽样和计算方法来得出定量的结论。审计局还夸大其词，说他们有90%的把握断定，该处的错误率可能高达27%以上。即使按照他们的错误计算，总体错误率为19.7%，约在12%到27%之间。他们的结论报忧不报喜，掩盖了一个事实：该处的错误率也可能只有12%。

州审计局是州内的老大，在州内没有单位能与之匹敌，只有它审查别人的份，没有别人与它抗争之理。我们此次抗争是迫不得已。兄弟处惨遭痛批，我们不得不据理力争，为本单位挽回面子。作为受审方，我们有权对审计结果发表反驳意见。我们将与审计局的审计师会面，递交我们的书面回应。我们把四个方面的不同意见写进反驳书。对方预料到我们会提出不同意见，但是没有想到我们能够提出如此专业的具有巨大杀伤力的反驳意见。审计师们不敢小视，把他们顾问组的统计专家也请到会场。

在会议上双方各不相让。当讨论到专业问题时，审计师将皮球踢给他们的统计专家。而那位叫做布莱恩的专家拿出《美国注册会计师学会审计抽样规范》，指着书说，他们是按照规范抽样的，方法完全正确。我们从来没有见过那些条款，因此抗争非常吃力。经过反复协商，我们总算逼对方让步，承认他们的审计中抽样有缺陷，并同意将让步写进备注。有了审计局的让步，司法部的上层总算松口气。只要州审计局承认他们的方法有缺陷，那么问题就不像先前所说的那么严重了。司法部的那个处躲过一劫。

这次战役使我们处有了名气。内部审计处处长赫克托对我们刮目相看，出于感谢，主动为我们订购《美国注册会计师学会审计抽样规范》。薄薄的小册子只有100多页，却要90多美元，几乎到了纸比金贵的地步。

一拿到手册，我立即认真地阅读起来。通过反复仔细的阅读，我对审计抽样的规定有了深刻的了解。如果我们早点拥有这本手册的话，在与审计局的交锋中我们必胜无疑。他们的抽样方法及推算方法与规定相去甚远。通过对审计抽样规范的学习，我为今后处理审计方面的诉讼打下坚实的基础。

机会很快出现。不过，我们不是作为挑战方而是作为应战方。让人预想不到的是，昔日的对手今天却成为盟友。事情还得从头说起。

我们州的一个厅，将部分管理职能外包给一家全国性的大公司（H公司），以降低运营成本。目前，西方国家时兴外包工程，这一作法已经成为趋势。州审计局对H公司外包项目的近两年账目进行审计，发现巨大的漏洞。

按照审计局的计算，2001年在外包项目中，我州向H公司支付了3,500多万美元，其中1,300万美元属于虚报。2002年外包项目支付的3,400多万美元中，有900多万美元属于虚报。H公司应退还虚报的2,200多万美元，占两年收入的32%。这一审计结果激怒了对方，H公司立即聘请知名的律师事务所和会计事务所，与州审计局打起官司，较上劲儿。

作为政府的辩护律师，州司法部理所当然地成为州审计局的辩护律师。这是由州司法部的性质所决定的。如果州政府涉及法律诉讼，司法部要承担起辩护的责任。真是不是冤家不聚头，昔日的对手各自的伤痛还未痊愈，今天却又成为一条战壕里的战友。

州审计局在此次审计中故技重演，所犯的低级错误令人难以置信。他们对H公司2001年的账目进行抽样，从12,000多笔账目中抽取29个样本，草草地下结论，要人家退还1,300万美元。一个外行人凭直觉和常理，也会感到这样的结论过于轻率。这就是说，29个样本，每个样本价值450万美元。对于2002年的账目，审计师自己也感到有问题，所以增加了抽样样本数量，从29个增加到192个样本，虚报金额从1,300万美元降到900万美元。

然而，这还没完。他们在推算虚报(或者叫错账)金额时，犯了一个令人无法解释的错误。会计记账中的流水账，是本次审计的对象。顾名思义，流水账如同日记记录着每一笔账目。例如，进一批货应该付1,000元，尽管钱还未付，账还是要记的，记为应付款1,000元。以后真的付款，由于有折扣，只付900元。这一交易尽管只是一笔，却有三笔账目记录。即第一笔应付款1,000元，第二笔应付款减去1,000元，第三笔实际付款900元。很显然，三笔账目中，只有900元的一笔交易。这样的账目，给审计带来不少麻烦。上面举例说明的三笔账目中，只有最后一笔是实际支付的账目，前面两笔被相互抵消。有的账目只是纸上谈兵，从未实现过。

最理想的方法是，要求受审计方将账目清理好。例如，上面例子所述的前两笔账，均不应出现在抽样中。聪明而又狡猾的对方，有意无意地设置障碍，难倒了州审计局。在受审计时，做假账是不许可的，一旦被发现，公司和有关当事人将受到法律的惩罚。但是要点儿花招造成对方的困难，我们就无话可说。他们的藉口很简单，这是他们的原始数据，他们不可能专门为审计另外抽调人员，为我们提供特殊形式的数据。

州审计局应该自己动手清理数据，如果发现有相互抵消的账目将其删除，只对真正有效的账目进行抽样。但是对两年内的22,000多笔账目，进行人工清理太费时。审计师不具备程序设计的能力，他们不可能用计算机进行清理，因此他们就从一片混乱的账目中随机地抽样。结果像例子中所讲的，三笔账目都有被抽到的可能。更离奇的，是审计师的推算方法。在样本、错账和总体中，均出现负数。这些审计师对于这些负数，一筹莫展，最后竟然将正负数的绝对值进行计算。就是说，他们抽到了一笔应付款+1,000元，又拍到了一笔为抵消应付款的-1,000元，他们将其绝对值相加，得到2,000元。

我们追问审计师，为什么采用这种前无古人后无来者的方法时，回答竟然是，这种算法推算得出的虚报金额最小，否则虚报金额更大，连审计师也不敢相信。据内部人员讲，审计师们把几个数字拨来弄去，始终得不出更好的结果。最后采用这一空前绝后的方法作为试探，看看对方是否能接受。谁知人家一纸诉状告上了法庭，根本没有给他们商量的余地。

州审计局的审计师还以为他们此次的审计对象仍然是州政府内部的某个部门，他们可以高高在上。私营公司不是省油的灯，他们根本没有把州政府放在眼里，有话咱到法庭上去说。他们可以聘请全国最好的律师、最有名的会计事务所为他们辩护。州审计局虽然在州政府内是老大，却绝非私营公司的对手。

当司法部律师接到此案，邀请我们处做他们的技术顾问时，我心里充满矛盾。从个人感情讲，我不喜欢这些审计师趾高气昂的傲慢态度，他们对我们的正确批评不屑一顾。如果他们上次与我们交锋后能接受教训，这一次就不至于犯下如此低级的错误，被人抓个正着。我开玩笑说，我很想为H公司出谋划策，给那些审计师们重重的一击。

在此次诉讼中，尽管我们司法部与审计局同为一方，但是州政府各部门之间存在着矛盾。自从案件进入司法程序后，审计局反倒安心了。因为如果官司打赢，他们可以说他们本来就没有错。如果打输，他们又可以说州司法部无能，本该赢的官司被他们打输了。所以他们是输赢通吃，可以高枕无忧。而我们司法部却处于两难境地：如果赢了，对于我们来说是奇迹，太牛了。可是这一功劳肯定不会归功于我们。官司如果输了，这是基本上板上钉钉的事实，我们却要承担起无能的罪名。在这一场官司中，我们是猪八戒照镜子——里外不是人，无论输赢，我们都将劳而无功。

从我们自身的利益出发，我们必须首先找出州审计局的问题，让上上下下的人都知道，州审计局的审计漏洞百出，问题一大堆，必须修正，否则官司必输无疑。我们首要的任务是找出州审计局的问题，与他们交换意见，迫使他们在内部承认审计中的缺陷。

我们采用上次与州审计局交锋时的相同策略。首先，我们在总体的限定范围内提出意见。州审计局把原本应该互相抵消的账目统统圈进来进行抽样，问题多多；审计局应该将实际支付的账目独立出来进行抽样。其次，我们设法证明，审计师们用于推算虚报金额的方法错在何处。我们还发现，他们的样本代表性有很大的问题。按理说，账目的总体中存在三种账目[①]，应与样本和发现的错误大致相当。不幸的是，三者比例严重失调，影响了推算结果。找到症结之后，我准备了十多页纸的数学论证，从数学上证明他们的推算方法是错误的、不可取的。司法部的律师和专家在副部长的带领下，胸有成竹地向州审计局摊牌。

在司法部和审计局的联合会议上，副部长介绍了我们的准备情况。他提出，为使我们在官司中立于不败之地，必须首先纠正我们本身的问题。这就像打仗一样，如果我们的阵地无险可守，根本不能构筑防御工事；我们必须转移阵地，在有利于我们的地形上建立防线。副部长形象地说，我们现在是乘坐在一条到处漏水的破船上。只有先堵上漏洞才能出海，否则我们都会被淹死。他指着我们处的几个人说，"我手下的专家已经证明，你们的抽样数量不够，推算方法也存在错误。我们今天是来和你们商谈如何修正你们的审计结果，以一个更新更准确的结果向对方提出赔偿。"

副部长的个子不高，瘦小的身材显露出干练和果断。一眼就可以看出，他是个精明而有才干的能人。

州审计局方面参加会议的阵容庞大，从局长到具体经办人来了30多个人。他们绝对没有想到，作为他们的保护者，司法部首先将枪口对准他们审计局，向他们发动猛烈的攻击，而且我们的炮火子弹具有致命的杀伤力。州审计局长十分尴尬又恼火。局长再过几个月就要退休，此次官司不可能在他的任内结案。如果在他临退休前承认审计有重大失误，很丢面子，有失尊严，所以他毫不退让，声称："我们的审计没有错，绝不更改一个字。"

会议的气氛一下凝固住，由开始的轻松和谐一下子变得刀光剑影，

[①] 即正应付款、负应付款和实际付款。

剑拔弩张。我们的副部长不甘示弱,回敬道:"如果我们在这里说不通,那我只好带上我的专家到立法会去,向他们直接报告。"

在此次会谈之前,副部长、我方的律师、内部审计处和我们处曾碰过头,商定,如果审计局不肯让步,副部长将带两位处长向审计局的上一级主管方直接陈述我们的意见。为了慎重起见,副部长曾反复询问我们的处长,对我们的结论是否有把握。处长也是位专业人士,拥有硕士和博士学位,了解我所做的研究,十分有把握的对副部长说:"部长,您放心,州审计局肯定搞错了。我们用数学的方法论证了,绝对错不了。"

副部长对我们具体的数学证明并不感兴趣,只要他手下的专家认为有把握,他心中就有了底。眼看着此次会谈要谈崩,我们的处长发言了。处长首先赞扬州审计局的工作,对他们所作的努力表示赞赏,然后说明,我们此次前来磋商不是来找茬的。我们现在是一根绳子上拴着的两只蚂蚱,是为了更有利地保护他们而来的。我们必须把工作做在 H 公司的前面,考虑到一切可能被对方发现的缺陷,并制定出如何应对的方案,打一场有准备之仗。我们发现的问题,对方的审计师、统计师同样会发现。与其被对方揪住不放,不如我们自己设法改进。如果你们能够驳倒我们所发现的问题,那么更好,在法庭上我们更有胜利的把握。无论是审计局还是司法部,大家的目的是一致的,都是为打赢这场官司。一席话使得紧张的气氛缓和下来。审计局方面表示愿意与我们继续商谈,提出由双方的专业人士进行磋商。

数日后,我们举行专家碰头会,在会上我发了言。我说,撇开所有审计和统计方面的专业知识不谈,先提一个外行的问题。既然你们在审计过程中发现对方的错误率大约是10%,为什么对于2001年总支出为3,500万美元的账目,你们却得出了错账1,300万美元而不是350万美元的结论?如果在法庭上对方的律师提出这样的问题,你们如何回答?法官和陪审团不懂审计,我们如何用浅显的道理回答这个问题?我的这一个简单问题,直到官司打完,他们一直未能给出一个令人满意的答复。这时,我拿出早已准备好的材料,向他们展示我的数学推论。州审计局的态度有所松动，他们对我们这帮专业人士再也不敢轻视。

接下来，我们进入寻找和聘用专家及取证的阶段。我们找到参与编写《美国注册会计师学会审计抽样规范》的威庭顿教授，聘请他作为我们的专家证人。威庭顿教授是位书生气十足的文人。他的工作以每小时200美元计算，整个官司无论花费多少时间，最高报酬四万美元封顶。这样的报酬，在会计和审计行业中算是比较低的。州政府是个穷单位，无法像私人公司那样可以高薪聘用人才。好在这个老学究没有为钱而转向我们的对手，否则我们就惨了。

为壮大我们的阵容，我们还选中一家私人的会计事务所。这是一家实力雄厚的公司，拥有自己的研究团队，曾多次为法律诉讼提供专家证词，有着丰富的庭审经验。领头的女会计博士，是这家会计公司的老板和创始人。经过联络沟通，她表示愿意加盟我们的团队，请我们给她几天时间考虑。可是几天后，当我们再次打电话过去询问时，对方的口气变了，说是由于利益冲突，决定不与我们合作了。这就奇怪了。他们与对薄公堂的双方相隔数千英里，事先并无交道，怎么会有利益冲突呢？再一打听才知道，这家公司嫌我们州政府给的咨询费太少，而转向我们的对手。我们的对手比政府富得多，本来无意聘请这家会计公司。但是考虑到一旦拒绝，这家会计公司会成为他们的对手，就答应会计公司的要求。我们寻找到的盟友，就这样成为我们的对手。再继续寻找盟友已经来不及了，我们只好全力指望威庭顿教授。

我们要求威庭顿教授根据现有的结果，提出切实可行的审计修正意见。威庭顿教授很快交出答卷。2001年，本州向外包项目支付的3,500多万美元中，对方虚报530万；2002年支付的3,400多万美元中，有480万美元属于虚报。这一结果在我们看来更合理一些。

在此过程中，我们处与威庭顿教授密切配合，大大加快专家结论的出台。专家报告出笼后，我发现有一处数值似乎有问题。此事关系重大，如果确实存在错误，一旦被对方抓住，我们就会处于非常被动的地位。对方的律师抓住这一把柄，一定会借题发挥，大做文章，进而否定专家的可信度。然而，要指出错误，对我来说不是一件轻松的事情。如果是我的理解错了，不仅我方的律师尴尬，而且我的顶头上司也会不满。如果是威庭顿教授错了，最有效的办法是先搞清楚他是怎么错的。当我向他指出错误时，我不仅可以告诉他哪儿错了，而且还可以告诉他是怎么搞错的。经过分析，我发现他在表格复制粘贴时，忘了在粘贴的格子里输入新的数值，而沿用前面表格里的数据。我向他提出疑问，告诉他错误的可能原因。他立即接受我的意见，并为我能及时发现他的错误表示感谢。此后，每次我们与他开电话会议，结束时他总会特意征询我的意见，我的上司因我及时避免一次失误颇为满意。

接着，我们开始为专家作证做准备工作。从未接触过打官司的人一般会以为，证人的作证都是在法庭上进行的。电影和电视剧里常有这样的镜头，律师要求证人出庭，证人在证人席上或声泪俱下或义正严辞，双方律师轮番盘问，法官高高在上，时而发号施令，陪审团则在一旁静静地聆听。其实，一个案件进入庭审，可以说是马拉松赛跑的最后冲刺。大量的前期工作是在庭外进行的，而这些工作是陪审团和法庭里的听众不可能接触到的。当我亲历这桩官司后，才知道许多真相。

官司开始以后，诉讼的双方各自向法庭提供证人名单，然后确定取证人员名单和取证日期，接着开始漫长的取证程序。威庭顿教授成为对方的第一个取证对象。我方负责打官司的律师是威廉。我们和威庭顿教授做了演练，我们处的专家扮演对方的律师和专家，向他提出对方可能提出的各种问题。

威廉向威庭顿教授面授作证词的四大原则。首先，证人必须说真话，即使有时真话对己方不利，也不能说假话。因为对方的律师不是等闲之辈，假话很容易被揭穿。一旦发现证人说假话，证人的证词会被怀疑，结果得不偿失。例如，在一场诉讼中，我方律师盘问对方的两个来自不同公司的证人是否以前认识。两人矢口否认。谁知，无巧不成书，两人曾有过地下情人关系，为掩盖丑闻，两人在个人关系上撒了谎。他们的谎言导致其他证词的可信度大打折扣，那场官司让我们轻松地赢了。

第二，证人必须认真听清问题，搞懂对方的律师到底问的是什么。如果对问题不理解，可以要求对方律师用另一种方式重述问题。例如，如果对方问"你知道现在几点吗？"你应该搞清楚对方是什么意思，是指北京时间，格林威治时间，还是美国的东部时间，然后再回答问题。

第三，证人回答问题时不要答非所问，扯出不必要的话题，更不要主动提供信息。例如，如果对方问："你知道现在几点吗？"正确的回答应该是"是的"或"不知道"。如果回答"现在是5点"，就说了不该说的话。中国有句俗话叫"言多必失"，用在这里很适合。

第四，证人必须听从己方律师的意见。在一个案子中，对方的首席执行官太自信，对己方律师的忠告置若罔闻，在取证时信口开河，说了不该说的话，结果导致我方轻松赢了那场官司。

威廉律师还告诫教授，不要与对方的律师有目光的接触。这与心理战有关，威廉担心我方的证人承受不必要的心理压力。经过多次演练，威庭顿教授可以出场了。规定的取证日到了，大家衣冠楚楚地来到会议室。在许多国人的印象中，美国是个很开放的国度。实际生活中，美国并不像好莱坞大片里说的那样，在许多方面美国很保守，仅从穿着可以略见一斑。那天出席威庭顿教授取证的人员有十多人，男士们穿着清一色的深色西装，衬衫都是素色的，以白色为多，女士们则以深色套裙为多。整个会场气氛庄重，连服饰都显得沉闷，没有一点光鲜色泽。

威庭顿教授坐在长条会议桌的上席，我们作为旁听者坐在两侧。他的对面是一部摄像机，他的一举一动将被记录在案。他的左侧坐着一位女士，女士的面前放着一台特殊的打字机、一台电脑和一台录音机。桌上的连接线通向另外两台计算机，一台供我方律师使用，另一台供对方律师使用。我们每人备有笔记本和原珠笔。如果需要，我们可以通过传递纸条与我方的律师交流。在取证过程中，只有双方的律师和证人可以说话，其他人必须免开尊口。

操作打字机的女士是法庭速记员①，她的任务是即时打下证人的证词。她使用的是一种专门的速写打字机，计算机能即时显示证人和律师的对话。别小瞧她的工作，这是一个薪水不菲的职业，一天可以挣500多美元。一个月中只要干十多天，年薪就可达十万美元。在美国，该行业挺紧俏，人员奇缺。真佩服这些人的水平，他们能一字不漏地及时记录下会场上的一切，连说话结巴、打喷嚏都一一记录在案。威廉开玩笑说，我们千万不能放屁，要不然会被她记录在案，进入法院的档案。

取证时的座次很讲究。按照常规，威廉律师应该坐在威庭顿教授的右侧，法庭速记员坐在左侧，在速记员的左侧应该是对方的律师。这一天，对方的律师比威廉来得早，抢先占据紧挨着威庭顿教授右侧的座位。威廉律师见状，客气地请对方律师让座。对方律师不肯让步，仍坐在那儿不动。威廉愤然抗议，他威胁说："如果你不让出座位，我决不入席，今天的取证甭想开始。耽误的可是你的时间。"

威廉说完后拂袖而去，到室外与别人聊天去了。僵持几分钟后，对方律师无法，只好乖乖地坐回他的位子。事后，我不解地问威廉："为什么座次如此重要？"

他向我们解释道："这是对方律师玩的心理战。此次取证是对方律师唱主角，他会向威庭顿教授提出各种刁钻的问题。如果我紧挨威庭顿教授坐，会给我们的证人一种心理安慰。"

他接着说，"对方的律师必须隔着速记员向他提问。这样会因空间距离，减少威庭顿教授的心理压力。否则，对手近在身旁，无形中会形成一种威胁，不利于证人的正常发挥。"

我们聘请的专家没有义务一定要为我们辩护，我们没有权利逼迫专家按我们的思路作证。但既然是我们聘请的专家，自然会为我方做出有利的证词。这是个潜规则。但是专家的证词不是闭门造车，幕后交易。专家的证词必须能够放到台面上，经得起推敲。更重要的是，专家的结

① 法庭速记员（Court Reporter）。

果必须有可重复性。就是说别人拿着相同的数据、用同样的方法，应该能够获得相同的结果。对方可以质疑其方法，但是只要可重复性成立，就不怕。

在科技界，时常有篡改数据的丑闻。这些专业人士既可恶，也愚蠢，因为改动数据迟早会被人揭穿，一旦揭穿必然身败名裂。但是，研究和分析方法可以不同，这叫仁者见仁，智者见智。例如，美国有两家经营尿布系列产品的公司，是一对不相上下的竞争对手。一家以一次性"尿不湿"为主要产品，另一家以可重复使用的尿布为主要产品。两家公司为了扩大市场，各自聘用了全美环保方面有名的教授，研究尿布对环保的影响。两位著名的专家以严谨的科学方法，得出了对各自公司的产品有利的结果。有趣的是，两位专家用的是同一个分析模型，采用的是分享的数据。那么他们为什么会得出截然不同的结果呢？原来，他们在各自的模型中设定的参数不同。他们设定这些参数，都有一定的理论根据。现实生活中，许多事物并不是非黑即白、非白即黑。例如我们这次进行的法律诉讼，州审计局的审计确实存在着不少问题，但是那家公司也存在虚报的问题。只要双方都有问题，各自的专家就有用武之地。他们可以在有限的空间内充分发挥他们的聪明才智，击败对方。

取证开始了。当对方律师问威庭顿教授对州审计局的审计方案有什么看法时，威庭顿教授答到："审计结果有不少问题。"

教授的回答出乎预料，令对方又惊又喜，因为我们请的专家竟然对己方的审计提出批评意见。

"那么错在什么方面？"对方律师得意地问道。

"有以下几点……"威庭顿教授不紧不慢，一条一条列举审计局存在的问题。

"那么依你的看法，虚报的账目有多少呢？"对方的律师问道。

"按照我的计算，分别是530万和480万，共计1,010万。"威庭顿教授答道。

我们的这一招很给力。开始时，我们的证人老老实实地承认了己方的问题，给人一个实事求是的印象。而教授计算出的1,000多万美元的虚报，仍然有巨大的杀伤力。如果按照这个方案赔款，我们的仗赢大了。对方的律师以为捞到什么稻草，结果空手而归，他们遇到了更难应付的对手。

轮到审计局的统计专家布莱恩作为我们的证人出场。我们事先已经与布莱恩演练多次。布莱恩虽然是第一次上阵，却能沉着镇定。到了下午，布莱恩已经精疲力尽，可是对方的律师毫不手软，紧追不舍。在一个问题上，布莱恩有点卡壳。我们在一旁帮不上忙，只能干着急。看到他水杯里的水不多，我急中生智，走上前去为他倒了一杯水，帮他打破僵局。他心领神会，冲我点点头。布莱恩终于比较圆满地完成取证，没有给对手留下机会。

正当我们打得难分难解的时候，事情有了转机，H公司撑不住了。他们聘用著名的律师事务所和会计师事务所，费用高得惊人。州政府又有许多项目转为外包，由于正处在诉讼阶段，H公司无缘竞争承包项目，将失去赚钱的好机会。权衡之下，他们决定庭外和解。

在美国，多数诉讼案都是以庭外和解而告终的，双方各自让步，达成协议。因为庭审判决必有输赢，输的一方将一败涂地，谁也不愿也不敢冒这个险。经过协商，对方同意一个一揽子方案，赔偿一笔巨款，因为H公司与X州政府还存在其他纠纷。该一揽子方案，包括州审计局查出的错账部分。由于在和解中没有细分各个项目的赔偿，我们为这场官司到底争取到多少赔偿，至今还是个谜。虽然不是审计局所说的2,200万美元，但也不是一无所获。所以说，我们和H公司打了个平手。在非常不利的情况下，我们能够取得这样的结果，还是值得庆幸的。州司法部长亲自过问，对我们所做的工作大加褒奖。

庭外和解的消息一传出，州审计局第二天就宣布，将他们的专家顾问组解散，六位统计专家（包括布莱恩先生）一下子失去了工作。在这场官司中，我们与他们的专家顾问建立了友谊。尽管在工作中我们曾有过矛盾，他们也确实存在问题，但是解雇的惩罚过重了。所幸的是，他

123

们很快找到工作。我们与布莱恩的友谊一直保持至今。

2.4. 选区划分

选举在美国是一件大事。[①]美国的选举体制较为复杂。按地区来分，可分为全国性选举、全州性选举和区域性选举。按照范围来分，选举又可分为初选和普选。初选是各党(主要是民主党和共和党)内部选出代表，普选是全民范围内选举。初选时，本党内部可以有多名竞选人。初选竞选人所得选票，必须超过参加投票人数的半数。如果没有竞选人得票过半数，得票最多的前两名竞选人进入决选，从两名竞选人中选出一人，代表本党进入普选。

美国的总统每四年选举一次。联邦参议员由各州选出，每个州两名，共100名，任期为六年。每两年，改选联邦参议院中三分之一的议员，使其具有连续性。联邦众议员由各州选出，共435名，任期为两年。从任期上看，参议员的任期长得多。这是因为，一个国家政策的决策人需要有长远的眼光。参议员一旦选上，可以不受民众支持率的影响，这是从国家的长远利益考虑。众议员则较能代表短期的利益，因为他们的任期只有两年。为了能够再次选上，联邦众议员必须及时倾听选区内民众的呼声。联邦参众两院的决策往往不会很一致，甚至会出现矛盾。这是长远利益和近期利益的相互制衡。

无论人口多少和面积大小，各州在参议院的席位是相等的。而众议院则不同，435名议员的名额按照各州的人口分配。例如美国最大的州－－加利福尼亚州，由于人口众多，在众议院占有50多个席位。而小州－－路易斯安那州，仅有三个席位。众议院席位的分配，每十年按人口

[①] 对美国选举感兴趣的读者可以参考我们合著的《总统制造：留美博士眼中的美国大选》一书。该书有更详尽的介绍。

普查的结果重新调整。因此，有些州在人口普查后联邦众议员席位会增加，而另一些州席位会减少。

参议院的名额不按人口比例分配，这是因为美国的建国者们考虑到"多数人专制"的问题。所谓"多数人专制"，指的是在民主制度下，多数人压制少数人，剥夺少数人利益。为保护少数人的权力，对于重大决议的投票，美国的议会要求达到三分之二以上的多数赞同才能通过。对有些议案，少数派可以通过无休止的辩论，阻挠该案的投票。有的法案即使投票通过了，总统可以使用否决权加以否决。凡此种种措施，旨在让处于少数的人们有权发表自己意见，有权为自己辩护，有权为自己的利益进行抗争。

参议院可以起制衡多数人专制的作用。如前所述，加州在众议院有50多个席位，而路易斯安那州只有三席，还不到加州的零头。当这两个州的利益发生冲突时，路易斯安那州绝非加利福尼亚州的对手。但是在参议院，路易斯安那州却和加利福尼亚州平起平坐。这就从制度上保护了少数人的利益。

州内的选举，主要包括州长的选举和州内各部长的选举。这些是全州性的，因此以全州范围统计票数。联邦众议员、州参议员、州众议员、各署的专员和法官，则是地区性的。例如，X州拥有36个联邦众议员席位，分别从州内的36个地区选出。X州的州参议院有31个席位，代表着31个不同的地区；州众议院有150个席位，从150地区分别选出。有的委员会（如教育署、铁路署），是由来自不同地区的代表组成。这样的机制是为了体现地区性利益，使各地区的人民拥有自己的代言人。由于选区内的人口不断变化，需要对选区进行重新划分。例如，2001年，X州联邦众议院的席位从30个增至32个，需要将全州重新划分为32个联邦众议员选区，每个区选出一名代表。

选区的划分首先要求尽力做到"一人一票"。假设一个州有1,000万人口，有十个席位，那么每个选区的理想人口是100万。其次，每个选区应该连在一起，是一个整体，中间不能断开。以中国的地理状况举例说明，江苏可以与山东、河南、安徽、浙江和上海相邻的省市连成一个选区，但不能与新疆、西藏、云南等省直接连成一个选区，因为它们之间隔着其他省市。当然，如果江苏通过与其他省份连成一片，一直连到边疆省份是可以的。第三，为了照顾少数族裔（这里主要指黑人和西班牙裔），每个州必须视情况设有一定数量的少数族裔选区。

尽管有以上的规定，但是在划区选区上仍大有文章可做。举个例子来说明选区划分中的猫腻。假设一个地区拥有 500 人，A 党有 255 人，B 党有 245 人，需要划分五个选区，每个选区的人口是 100 人。我们再假设，各党的选民只投票给本党的竞选人。下面是第一种选区划分方案：

表1.第一种选区划分方案

	选区					合计
	1	2	3	4	5	
A 党	51	51	51	51	51	255
B 党	49	49	49	49	49	245
合计	100	100	100	100	100	500
获胜者	A 党	A 党	A 党	A 党	A 党	A 党五席

第一种划分方案对于 B 党非常不公平，每个选区只差两人，竞选人全部落选，B 党没有得到一个席位。以下是第二种选区划分方案：

表2.第二种选区划分方案

	选区					合计
	1	2	3	4	5	
A 党	49	49	49	49	59	255
B 党	51	51	51	51	41	245
合计	100	100	100	100	100	500
获胜者	B 党	B 党	B 党	B 党	A 党	B 党四席

第二种划分方案对于 A 党很不公平。在第 1 至第 4 选区中，仅以两票之差落选。尽管 A 党的人数比 B 党的人数多，但是该党获得的席位却远远少于 B 党。当然，第一种和第二种选区划分方案是两个极端的例子，在实际生活中并不会出现。我们来看第三种划分方案：

表 3. 第三种选区划分方案

	选区					合计
	1	2	3	4	5	
A 党	60	60	60	40	35	255
B 党	40	40	40	60	65	245
合计	100	100	100	100	100	500
获胜者	A 党	A 党	A 党	B 党	B 党	A 党三席

第三种方案还算公平，因为 A 党人数比 B 党多一些，获得五个席位中的三个席位理所当然，不算出格。但是以下的第四种方案就会惹争议：

表 4. 第四种选区划分方案

	选区					合计
	1	2	3	4	5	
A 党	35	35	35	75	75	255
B 党	65	65	65	25	25	245
合计	100	100	100	100	100	500
获胜者	B 党	B 党	B 党	A 党	A 党	B 党三席

田忌赛马是妇孺皆知的典故，这一策略在选区划分上被广泛运用。第四种方案就是典型的例子。第 1、2、3 选区中，A 党的票源被"分解稀释"。如在田忌赛马中采用的策略那样，B 党用其"上等马"对付 A 党的"中等马"，使得 A 党对 B 党构不成威胁。而在第 4、5 选区，B

党用"下等马"对付 A 党的"上等马",让 A 党白白地浪费票源,这种做法叫作"压缩"。

英语中有一个词叫做"劫位蛮得"[1],意为"不公正地划分选区,使某个政党或竞选人在竞选中处于有利的地位。"该词有着一段有趣的来历。美国麻省1812年的选举重新划分选区,是在州长[2]主持下进行的。在讨论新划分的选区地图时,一位记者指着波士顿以北的一个选区说:"这个地区像只蝾螈"[3]。另一位记者叫到:"什么蝾螈,简直是杰利蝾螈"("劫位蛮得"是音译)。从此这一新创的名词,被广泛地使用于选区划分上。

以客观和科学的方法判定是否存在不公正的选区划分,是许多专家进行的研究。目前比较通行的标准有以下几种。第一个是周长和面积的比率。一个地区的周长与面积之比越小,说明选区划分得越圆,越接近正常。如果该比值超过一定的数值,说明该地区有不公正划分的嫌疑。第二个是地区的面积与该地区最小外接圆面积之比。所谓最小外接圆,指的是在该地区外划一个圆,使得地区内的区域都包括在这个圆里面。该比值越大越好。如果是 1.0,说明该地区是个圆形。第三个是地区的面积与该地区按凸包法计算的面积之比。凸包法计算,是把一根橡皮筋套在该地区外面所形成的地区。该比率也是越大越好。如果是 1.0,说明选区划分得接近于圆。有了这些比较客观的指标,评判一个选区划分是否得当就有了科学依据。当然实际生活中情况要复杂得多,不是几个指标就可以衡量的。

在选区划分中,谁掌握了选区划分的主动权,就为下一场选举赢得了胜利。有时候,尽管一个党的总票数超过对手,但是赢得的席位却未

---

[1] 劫位蛮得(Gerrymander),也译为杰利蝾螈。该词源于 Gerry(州长的姓)和 mander(蝾螈一词的后半部分)。

[2] 埃尔布里奇·杰利(Elbridge Thomas Gerry,也译为埃尔布里奇·格里,1744 年 7 月—1814 年 11 月),美国政治家,外交家,曾任州长和副总统。

[3] 蝾螈(Salamander,也译为火蛇)。

必多于对手。2000年总统大选中，民主党竞选人戈尔虽然获得的总票数比对手多，但是仍然败给小布什，原因和上面所说的情况是一个道理。当然，总统选举的选区是按州划分的，这是早就定好的。

上世纪90年代初，X州的民主党占多数，选民中51%的人投了民主党的票。民主党占据70%的联邦众议员席位，就是选区划分的作用。谁知道天有不测风云。到了2002年，共和党的声望赢得X州多数民众，结束了民主党在X州的多年的统治。在选举中，民主党只有44%的得票，但是却占据联邦众议员53%的席位，可见上世纪90年代初定下的选区仍在发挥着余威。

共和党有多数民众的支持，终于可以报十年前的一箭之仇了。2003年，共和党开始反击。州议会开会重新划分选区，民主党在州议会中变成少数派。民主党利用三分之二多数法，企图阻止共和党的计划。后来共和党成功地绕过三分之二多数法则，眼看着就要成功，民主党议员们逃到外州。按州的法律，州议员应履行议员的义务。如果议员拒绝参加会议，州警察有权将其逮捕。可是州警察只能管州内的事，不得越出州界到外州抓人。这就是为什么民主党议员集体逃到外州的原因，州警察只能望界兴叹，无能为力。由于出席会议人数不够，会议僵持了一段时间。后来民主党的一位议员妥协，放弃持续的自我流放，结束僵局。共和党终于开始重新划分选区。

为了做到一人一票，各选区的人口不能有太大的差别。例如，X州有2,085多万人口，划分32个联邦众议员的选区，每个地区的人口约65万人，如何使各选区人口相等，成为难题。立法会研发了一套选区划分软件，可以实时做出动态分析。议员及其助手一边试着分区，一边即时获得各方面的统计数据。只要图画到哪里，综合数据就标到哪里。在大多数送审的方案中，各选区的人口误差仅正负一人。

美国曾有过歧视少数族裔投票的历史，白人制定过许多限制少数族裔投票的规定。例如只有白人可以投票的规定，选民文化测试的规定，人格测试的规定，重罪犯无权投票的规定等。1965年的选举法，取消了文化测试等对少数族裔投票的限制。但是选举中，仍出现采用稀释少数族裔票源的方法，阻挠少数族裔选出他们喜欢的竞选人。在选举中有一个现象值得注意，即少数族裔选民倾向于将选票投给本种族的竞选人，如黑人选民倾向于投黑人竞选人的票，拉丁裔选民倾向于投拉丁裔竞选人的票。这一现象叫做"种族极化投票"。[①]

我们处负责对少数族裔如何投票进行分析。该分析有两种方案可供选择。一种是由哈佛大学著名社会学家提出的多因素分析模型。该模型根据地区的经济、政治、社会状况等因素，综合分析各种族在选举中的投票行为。另一种模型只观察少数族裔在地区占的百分比。换言之，在该分析模型中自变量只有一个，是少数族裔的百分比。从理论上来说，哈佛大学的那位学者的模型分析更全面一些，可是该方法却遭到了法官的否决。后一种简单的分析模型，成为法定的方法被普遍采用。这是政治干预技术的典型例子。

在美国，还有一个政治高于技术的例子。美国国会中关于人口普查的问题存有争论。统计学家、人口学家和社会学家提议，今后的人口普查与其普遍撒网，广种薄收，不如对全体人口进行十分之一的抽样调查，以便集中有限的人力和物力精确推算全国的人口。这一合理而又科学的建议，遭到了政客们的抵制。

为了尽快赢得选区划分的胜利，议员们夜以继日地连轴转，一份份方案陆续出笼，我们也跟着日夜加班。我们处做的分析至关重要，不允许有任何错误。为了保险起见，我们一直沿用十多年前编写的计算机程序。该程序虽然经过时间的考验准确无误，但是有许多值得改进的地方。

我加盟到司法部以后，花月的时间研究庞大而又复杂的计算机程序，并将其简化，运行速度成倍地提高。过去需要数小时才能完成的运算，我的新程序仅十多分钟就可以完成。而且操作也很方便，新手几分钟就可以学会掌握。遗憾的是，我花费心血设计出来的新程序没有得到处长

---

① 种族极化投票（Racially polarized voting，也叫做 Racial bloc voting）。

的认可，未能在这次选区划分中发挥作用。

新的选区划分对共和党极为有利，为共和党在X州赢得2004年大选奠定了基础。共和党得到了32个联邦众议员中的21个席位。共和党虽然只获得59.7%的选票，却得到了66%的席位，这一优势一直影响到2010年。在新划分的选区中，X州首府所在县一直是民主党的老巢，此次划区，该县一分为三，被周围的县吃掉，民主党失去一个重镇。

民主党和有关的人权组织不甘心失败，将官司一直打到联邦最高法院。在诉讼中，州司法部聘请了全美著名的律师事务所。司法部原副部长去职后，进入那家律师事务所。他现在摇身一变，成为州司法部雇用的律师。他的收费可不低，一小时400美元。有一天，他与我们一起工作了一整天，共十小时。一位同事悄悄地对我说，你猜他今天一天挣了多少钱，4,000美元! 好家伙，这可是许多工薪阶层一个月的薪水。吃中饭的时间到了，慷慨的前副部长给我们十来个人买来便餐，每人一个汉堡包和一些饮料。这是我在州政府这座清水衙门吃到的为数不多的一顿免费午餐。

美国的公务员属于低薪阶层，总统、议员、部长、局长和处长的位置不是肥缺。只是从小布什开始，总统才达到年薪40万美金。这点薪水，与私人公司总裁的收入完全不能相比。高官在台上是很难发财的。离职以后，有的人才可能靠写书、演讲或担任大公司的高级雇员发财。议员则更寒碜。X州的参、众议员，只有在每两年的开例会期间才有生活补助，三个月共计6,000多美元。他们平时的收入，还得靠自己去挣。我的一位同事热心于政治而且有能力和人脉。如果他参加竞选，很有希望当选州众议员。可是他的从政计划遭到妻子的坚决反对。因为一旦当选，他必须辞去目前的工作，两年只有6,000美元的收入，怎么能养活一家? 面对经济重负，他不得不打消从政念头。

在美国，对于公务员的清廉极为重视，稍有偏差，公务员会惹上大祸。我们的前部长在职期间，将一项辩护任务交给朋友，州政府付给他的朋友数十万美元的服务费。按规定，他的朋友应该详细记录为州政府服务所花去的时间，并向部里报账备案。但他的朋友始终拿不出证据，证明为政府干了多少时间。为此前部长被判刑数年，葬送了政治前途。

在这场选区划分诉讼中，除了聘请著名律师外，我们还需要聘请其他方面的专家。这些专家在选区划分的研究上有一定的名气。我们处作为助手，为这些专家提供数据及分析。计算机和打印机连续运行着，打印出的材料论箱计算。以前看到新闻上说，一场大的官司打下来，向法庭提供的材料可以有上千箱，我有点将信将疑。在亲历了这场大的官司之后，我才知道，上千箱的材料之说原来是空穴来风。这场官司中，仅我经手的材料少说也有数百箱。

一天傍晚，我们接到一个紧急任务。我们必须在下班前对一个选区划分的方案进行分析，并把分析结果以特快件的形式连夜寄给在另一个城市的专家。离快件公司的关门时间只有两三个小时了。如果使用我们一直沿用的老程序进行数据分析，肯定来不及了。此时处长突然想到了我在几个月前设计的优化程序，带着疑虑询问我，是否有把握使用新的程序。我立即拿出事先准备的材料，向他证明两种计算机程序的分析结果完全相同。我对处长说，我有把握在半个小时之内完成分析计算，并将结果打印出来，在快件公司关门之前将结果及时送出。处长做了认真的比较之后，终于认可了我的优化程序。我设计的新程序在静静地等待数个月之后终于派上用场，有了用武之地。从此以后，我们彻底抛弃过时的老程序。2003年的选区划分诉讼，一直打到联邦最高法院。最后裁定对其中的一个选区进行一些局部的修改，民主党并未占到便宜。

2011年，X州议会又开始了十年一度的选区重划工作。联邦众议员选区是两党争夺的焦点。X州由于人口的高速增长，比2000年增加四个席位，由32席变成了36席。在重划的选区中，增加的四个席位没有一个被分配给少数族裔。这样的安排对于少数族裔不太公平。X州的首府曾是民主党的大本营，在此次的选区重划中共和党做得很绝，把该县分割成五块小长条，形状像小孩子玩的风车轮。在五个选区中，民主党的小块地区成为了少数，民主党竞选人根本没有胜出的希望。

新的选区图开辟了一个拉丁裔的选区，从该市一直延伸到数十英里以外的另一个大城市。这一安排，使民主党的两位竞选人自相残杀，其中的一位民主党人是现任联邦众议员。共和党人乐见这位民主党联邦众议员落选。1981 年，民主党把持的 X 州议会在重划联邦众议员选区时，千方百计地挤兑共和党。在谈论此事时，这位议员当年对媒体说，"如果我们能够帮助民主的联邦众议员，我们自然会当仁不让。"共和党对此耿耿于怀，30 年后翻出老账。真是人算不如天算，现在该他鸣冤叫屈了。

根据预测，共和党将在下一次选举中拿下 26 个联邦众议院的席位，而民主党只能得到十个席位。最坏的情况下，民主党可能只拿到七个席位。X 州参议院的形势也不容乐观。共和党将会得到 31 个席位中的 21 个席位，而民主党仅在十个选区占据优势。X 州的众议院则对民主党更为不利，150 个席位中，民主党最多能拿到 48 个席位。

对于这样的选区重划方案，民主党和少数族裔团体非常不满，两党为选区之事告到法庭。经过反复较量，联邦最高法院下令对选区划分做一些小的改动。但形势对民主党仍然极为不利。在联邦众议院席位的争夺中，共和党在 2012 年大选中夺得 24 个席位，而民主党仅获得 12 个席位。在 2014 年的大选中，共和党又乘胜追击夺下一城，占据 25 个席位。在州的参议院和众议院的争夺战中，民主党不敌共和党，均以明显的弱势败北。

形势极为严峻，试图重夺 X 州天下的民主党任重道远。

2.5. 拨款评审难题

X州每年有3,600多万美元的经费，由州司法部受害人赔偿处拨发给全州的公立的和民营的服务机构。这些机构专门帮助犯罪受害人，如为受害人提供心理咨询，给予临时住宿，进行伤残医治，陪同受害者上法院等服务。

由于僧多粥少，州司法部受害人赔偿处需要对服务机构进行评审，择优发放拨款。服务机构遍布全州各个角落，司法部没有人力进行现场评审，只好依据服务机构的申请材料进行评审，按评分高低发放拨款。评审工作非常敏感。服务机构总是几家欢喜几家愁，被淘汰出局的常常抱怨，甚至会联名告状。

该处采取分组评审的方法。他们将收到的申请材料随机分为若干组，把评委也分为若干组，对申请材料进行打分。小组中几位评委的平均分，是每份申请的最终得分。被淘汰出局的失利者抱怨说，不是他们的申请材料有问题，而是他们遇到打分严格的评委。在媒体的推波助澜下，司法部在评审拨款申请过程中的公正性遭到质疑。

如何使评审公正合理，成了该处的难题。该处向我们处求援寻求技术帮助。这个问题是一个典型的考试评分课题。在这方面，心理学界及教育管理学界有着丰富的经验。美国的标准考试如托福、GR对于国人来说并不陌生。令外行人不解的是，尽管考试的年份不同、地区不同、题目不同，但是考生的考分同等有效，而且有可比性。

这就有点像流传甚广的"关公战秦琼"的笑话。两个不同时代的人物，怎么能进行比武并决出高低呢？可是按照美国的考试评分逻辑，的确可以让关公和秦琼决出高低。例如，考生甲30年前考托福笔试获得550

分，考生乙数年前机试获得213分，考生丁今年网试获得80分，可以说他们的英语水平差不多，都刚好符合美国一般大学的入学标准。那么，这个结论是如何得到的呢？

凡是接触过托福和GRE等考试[①]的考生都知道，这些考试都有一个原始分和最后得分。原始分是做对题目的数量。如果细心一点的话我们会发现，有时候原始分不同，但是最后得分却会相同。例如，GRE的数学部分，有的年份一题不错是满分800分，错一题是790分。而有的年份，错一二题仍为满分800分。这是为什么呢？奥妙在于最后的调整。简言之，如果有的年份题目难，最后得分会被相应调高。最后的调整基于一个重要的假设：参加任何一次考试的考生总体水平是相同的。因此，考生在本次考试中的排名起了至关重要的作用。如果考生是百里挑一的尖子，那么他可以得到满分，尽管可能仍有一二题做错。这样的调整，可以消除因年份不同和题目的难易不同造成的分数波动。对于主观打分的考试项目（如作文考试），这样的调整显得更加重要，调整可以减少因老师评分宽严不一造成考生得分上的高低差异。

回到我们司法部所遇到的难题。我们面临的难点在于，如何使各评审组打出的分数有可比性，避免由于评委打分宽严不一影响申请者的成败。首先，我们对15名评委和三名预备评委进行评估。我们让他们对随机选出的30份申请材料进行评分，然后对他们的评分进行相关性分析。在理想条件下，对于每一份申请材料，各评委应该有基本相同的看法。就是说，好的申请材料各评委都给予高分，差的申请材料得到的全是低分。如果某位评委总是与众人的结论相左，那么一定存在问题。当然，也许他是对的。但是在一般情况下，我们应该相信多数评委。因此，第一关是考察各评委打分的可靠性。如果有人不合格，我们就用合格的预备评委补缺。

评委通过第一关审查后，进入正式评分阶段。我们将申请材料随机

[①] 这里指过去的笔试，目前的机试有了较大的变化，机制更复杂。

地分成几个小组，每个小组由三名评委打分，每名评委独立评审60到70份申请。评委的打分是原始分，我们用标准化公式对原始分加以调整，得出调整分。调整分的目的是，使各评委打出的原始分变得有可比性。例如，在满分为100分的评分中，评委甲打分比较松，申请者的得分在60～100分之间；评委乙打分比较严，申请者的得分在10～50分之间，那些落入评委乙手中的申请者就要吃大亏。在我们前面做的第一步可靠性审查中，我们确实发现了这样的问题。评委们对30份申请材料进行评分，相同的申请材料，各评委的打分参差不一。有的评委评分偏宽，30份申请材料的总平均分为80多分；而有的评委评分偏严，同样的30份申请总评分只有60多分。在满分为100分的评分中，相差20分的差距，足以使申请者蒙受不公。而标准化可以比较合理地解决这一不公平。最后，根据三名评委的调整分计算出平均分，成为最后的得分。

新措施实施后，外界对司法部评审拨款工作的非议少了许多。如果有非议或疑问，我们将整个评分过程所采用的措施，包括有关的数学公式等一并发给对方。对于这种科学的评分，无论成败，申请者都心悦诚服。标准化评审程序，成为该处的例行公事。

令人预想不到的是，外部的非议平息了，我们却遇到了来自内部的责难。内部审计处对2003年的拨款项目进行审计，发现了诸多问题。由于时间仓促，在分组中受害人赔偿处未能完全做到随机性。申请报告还没有完全收到，分析程序就已经启动。尽管遗漏的申请材料并不多，但是有可能会影响到分析的结果。有个别评委在匆忙之中有少量遗漏，主管情急之下代为填上分数。更有争议的是该处对最低录取线的选定，谁也说不清录取线的根据和理由。主管已经离职到其他单位高就，许多问题无法查证。

审计处的那位玛莉女士不依不饶，要查个究竟。因为向该处提供了技术咨询，我们处也被卷进来。该处的主管有难处，时间紧人手不够，又要对付外界的批评，工作做得不够细致，出了点小差错。以我的观点(当然是"老好人"的观点)，问题是有的，但是不至于需要大动干戈。

我有这样的想法，是因为我担心我们处会成为替罪羊。

在政府部门工作，最怕的是出错。一旦出差错，搞不好就要丢乌纱帽；对于没有乌纱帽的工作人员，那就是丢饭碗。美国政界不乏因讲错一句话而丢官的先例。第一次伊拉克战争中的最高指挥官斯瓦茨科夫将军指挥相当出色，仅用100个小时的地面战争解决战斗，成为军事史上的经典之作。但是他一句话不慎，说布什总统应该再给他点儿时间，他就可以攻下伊拉克之类的话而遭到革职。

美军驻日司令官对手下士兵强暴日本女性的事件评论时，讲了一句不太适宜的话。该司令官说，这位士兵很愚蠢，他完全可以到妓院去买春。仅仅因为这句话，司令官遭到媒体的炮轰而被迫解甲归田。

X州的一位政府发言人接到一个未通报姓名的电话。来电者问，如果在一个假设的条件下，一个人做这样一件事是否正确。这位政府发言人不知是个圈套，照实说了自己的看法。此番回答被登上媒体，直指一位议员。等到发言人得知那个纯粹的假设条件是针对本州某位议员时，为时已晚，等待他的是被辞退的一纸通知。

由于这一原因，我们不得也不敢擅自答复外来的电话询问，一切需要经过公关部的专业人员处理。我们处在处长的带领下，小心翼翼地配合内部审计处进行调查。出于同情，我曾为原主管辩护，强调许多事情在理论上是一回事，在实践中由于条件限制，我们不可能做到完美无缺。结果遭到玛莉女士的批驳，以她的伶牙俐齿，我绝不是她的对手。处长一个劲儿地对我使眼色，生怕我引火烧身。

事后，处长对我面授机宜，提醒我少说话，免得被抓住把柄。尽管审计处已经明确表态，此次审计不是针对我们处，我们没有必要替人揽过。经过几个月的艰难调查，审计处的调查报告出来了。我们处没有成为目标，躲过一劫。而受害人赔偿处里那个负责评审拨款的科，受到严厉的指责。司法部高层加强领导，对该科进行调整，将原班人马抽调出来与别的科室重组，成立一个新的处。

2.6. 任职保险业管理部

我的第一份工作没干多久，面临单位被兼并的命运，我跳槽到州的保险业管理部。与我一同申请该职位的还有四个人，都是我的同事。两位是中国人，拥有经济学博士学位，毕业于X州两所全国闻名的大学。另一位是我的顶头上司研究室主任，老牌的心理学博士，曾任过大学教授。最后一位是经济学硕士，有近20年的工作经历。

我只有不到一年的工作经历，博士学位还未到手，仅仅是博士候选人[①]。以我的资历、学历和学校名气，五人中我肯定排不到第一。然而我的实际经验丰富，尤其是我在研究中心的工作经历，使我脱颖而出。我加盟的处本来打算雇用两个人，因为我一个人能干两个人的活儿，干脆砍了一个职位，节省开支。

保险业管理部有着悠久的历史，其前身成立于1876年。保险业管理部管理着X州境内的2,400多家保险公司，美国的保险公司绝大多数是私营企业。保险公司与民众的生活密切相关，政府必须进行有效的监控。保险业管理部在保险公司和投保客户之间，采取中立的立场。政府既要保护民众的利益，也要保护保险公司，使之能够正常运作，为民服务。

保险业管理部的管理内容甚广。首先是监控保险公司的经营状况和债务偿还能力。如果保险公司倒闭，投保民众失去保险，他们花钱买的平安化为乌有，很容易造成民众不安，甚至演变成社会动荡。因此保险业管理部密切关注各保险公司的财务状况，一旦发现问题立即采取措施（如停业整顿甚至政府接管），以减少对民众造成的损失，必要时用纳

[①] 博士候选人（ABD, All But Dissertation），即博士的要求均已达到，只缺博士论文，也可称为"准博士"。

税人的银子赔偿损失，保护民众的利益。

其次是对保费的监督和管理，但不是凭行政长官意志。保险公司、消费者代表和保险业管理部各自拥有保险业专家：精算师和经济师。每年的收费定价听证会上，三方的专家根据往年的收费和赔偿情况，各自提出分析结果，提出收费建议，尽量做到合理、互利。

三方专家的人员组成会发生变化。在美国保险业界，有一位知名的教授，一直是保护消费者利益团体的代表，多年来发表了大量的专业学术论文和论著，是民间团体的一面旗帜。然而这位著名的专家突然转向，立场和观点逐渐偏向保险业界，成为众多保险公司的代言人。原来保险公司采取招安政策，出高薪聘用专家，成为他们的顾问。保护消费者利益团体和广大消费者失去了一位敢于直言的代言人。

保险业管理部对保险的范围进行标准化。保险是个专业性很强的行业，一般民众很难理解保险的条文。州保险业管理部对保险产品制定标准，所以民众可以不必细读汽车保险详细条文，保险公司甭想在条文中玩花招，坑蒙拐骗客户。保险业管理部还对不实的广告加以限制，防止保险公司误导民众。

该部对保险推销员进行严格的"政治审查"，犯有前科的人是不容许从事该行业的；一旦犯罪，推销员将永远失去资格。这是防止保险推销员欺诈的重要措施。在该行业里，没有"改过自新，重新做人"的机会。X州曾发生过保险推销员私吞客户保费的事件。客户出意外寻求赔偿时，发现保单是假的。虽然推销员被判刑，但是客户的损失是无法弥补的。

对于民众在保险上的欺诈行为，该部也绝不手软。有人故意制造事故寻求赔偿，坑害保险公司。X州有过一个家伙，专门在农村建造简陋的房子，买上昂贵的保险。过不了多久，一场大火将房子烧得精光。在农村造房是因为远离消防站，发生火灾无法及时扑灭。他从保险公司获得高额的赔偿，三番五次的火灾使他发了财。保险公司屡屡被骗，向保险业管理部报了警，最后保险诈骗犯被绳之以法。

该部还为民众提供各保险公司的信息，让民众货比三家。该部的网站还向民众宣传保险的基本知识。买房后投保，是民众常遇到的问题。房子的第一个保险是房地产权保险。美国的房子与土地是同时出售的，地产和房产的交易会出现产权纠纷问题。花钱买房子，结果房子最后不属于自己，这种事情摊到谁头上都不好受。曾有人为节省几千美元的中介费，直接从私人手里买房子，结果房地产权出现问题，白白多花冤枉钱。

有些产权的问题不是人为故意的。X州曾发生过一件有趣的事。一个地区的土地拥有者突然发现，100多年来他们一直以为拥有的土地其实并不存在，而在大海里。原来，过去的测量仪器不准确，地图坐标搞错了。直到有先进的GPS才发现，他们的土地并不位于正确的地理坐标里。这是100多年前发生的错误。幸好这些土地拥有者在易主时买了房地产的产权保险，他们得到赔偿。

房子的第二个保险是灾险。如果发生火灾、水灾或风灾，保险公司负责提供重建家园的资金。一般的民众购买灾险，都是以房价为基础。其实，房子的主人应向保险公司打听，重新建造同样的一所房子所需的费用。假设房子的市场价是20万美元，而重新建造一个同样的房子需要25万美元，房主如果只买20万美元的保险，一旦发生灾害，就无法有足够的资金重建家园。反过来，如果一所房子的市价是15万美元，而重新建造同样的房子只要10万美元，就不必买15万美元的保险。因为10万美元足可以重建家园，不必多花冤枉钱。

人寿保险是保险业中的一个重要的组成部分，与人们的生活密切相关。如果夫妻双方都有稳定的工作，购买人寿保险不那么紧迫。因为一方发生意外，另一方仍有收入，生活来源不至于马上中断。如果夫妻俩只有一个人工作，那么人寿保险对于家庭具有重要的意义。因为如果有收入的一方发生意外，另外一半的生活立马受到影响。

纽奥尔良市华人圈曾发生一起悲剧，与人寿保险有关。李医生在当地的华人圈中颇有名气。他医术精湛，服务态度好，人缘极佳。当地华人有病都愿意找他，他的诊所门前每天车水马龙，事业如日中天。他的妻子是位典型的贤妻良母，育有四个子女，在家相夫教子，没有出来工作。多年来，李医生一直买人寿保险，为妻儿保一份平安。这一年到了该交保费的时候，他觉得多年来平安无事，这一笔开支可以省下，竟然鬼使神差地中断保险。几天后，他与妻子因一件琐碎小事闹了点别扭。他的朋友约他去钓鱼，李医生正想出去解闷，欣然答应。纽奥尔良市附近有一个很大的内陆湖，是钓鱼的好地方。四个人驾着小船，趁着夜色驶入湖中。宽阔的湖面，寂静的夜色，使李医生心情好许多。谁知厄运正在悄悄地降临。湖面上突然刮起大风，小船在湖中犹如一片树叶颠簸不已。不一会儿船翻了，四个人落入水中。其他三人奋力游向湖边，平安上岸。不幸的是，李医生不谙水性，沉入水底。警方得到报警后，立即出动船只和直升机搜救，却不见李医生的踪影。找到李医生的尸体，是几天后的事了。纽奥尔良市的华人痛失一位好医生。更悲惨的是李医生的一家。他们原本是个富裕的家庭，李医生的死使一家人从顶峰跌入底谷。他的妻子独自抚养四个子女，真是难煞人。她只好变卖房产，挤进公寓。从未工作过的她没有多少技能，只好到中餐馆打工，过起贫民生活。如果李医生没有中断人寿保险，他身后的一家人不至于如此凄惨。

购买人寿保险还有其他众多的因素。在美国，通过人寿保险谋财害命的事件时有发生，有些人在投保时极为谨慎。如我的上司盖伦就是一例，他的妻子没有工作。我们曾好奇地问他有否买人寿保险，以备他发生意外时妻子可以获得生活的保障。他开玩笑说："我才不买呢，要是买了人寿保险，她会把我干掉的。"虽是玩笑，却体现出他的担心。

保险业管理部为使民众能够买上保险，对保险公司采取干预性措施。有些驾驶员连年车祸或多次违章，有着不良记录，保险公司对这些人均敬而远之。如果让这些"马路杀手"无保险上路，一旦闯祸，赔偿会成为问题。X州的沿海地区风灾特别厉害，保险公司在那里营业只赔不赚，对这些地区避之不及。保险业管理部出面干预，将那些买不到保险无人过问的"孤儿"和"弃儿"集中起来，按保险公司在本州市场的份额，强行摊派给保险公司。如果保险公司不愿接受，州保险业管理部有权吊销公司的营业执照。

保险业管理部是个大部，部长由州长提名，经州参议院通过而任命。该部有1,500多名雇员，有精算师、金融检查师、审计师、律师、工程师、侦探、电脑工程师等。

保险消费者权益组织是民间机构，专门与保险公司作对，保护消费者的权益，他们在X州的势力强大。该非赢利组织人才济济，是保险公司不敢忽视的一股力量。同时，民间还有不少有识之士为消费者的权益而战。

1995年，X州的保险业界曾发生过一起有名的大案子。按照保险业管理部的规定，汽车的保费以元计算，对小数点部分进行四舍五入。由于规定存在含糊之处，让两家大保险公司钻了空子。我们用下面的例子来说明问题。假设四位客户的年保费如下：

客户	原始价	取整后的价格
甲	500.48	500
乙	500.52	501
丙	501.48	501
丁	501.52	502

汽车保期为半年，保费是：

客户	先1/2，再取整		先取整，再1/2，再取整	
	原价的1/2	取整	取整后1/2	取整
甲	250.24	250	250.00	250
乙	250.26	250	250.50	251
丙	250.74	251	250.50	251
丁	250.76	251	251.00	251
	半年合计	1,002	半年合计	1,003
	一年合计	2,004	一年合计	2,006

上表的左半部分总计是半年1,002美元，1年2,004美元，计算方法是对原始价的二分之一(半年)再取整。上表的右半部分用了两次取整，首先对年保费取整，半年取二分之一之后再取整。这样一来，每四个客户半年就多收一美元，一年多收两美元。别小瞧两美元的差别。这两家公司是大公司，他们这样双重取整做了十年，消费者被多收金额高达一亿多美元。

两家公司被告上法庭。最后，两家保险公司以3,570万美元的代价庭外和解，把多收的钱退还给消费者，退不了的上交国库。律师团获得1,000万美元的律师费。法庭对六名有功人士各发15,000美元作为奖励。

保险业管理部对保护穷困地区格外注意。我们曾发现一家大公司在X州推销保险时，有意避开穷困地区，他们的代理集中在富裕地区。在美国，种族歧视是个很敏感的话题，是政客和商家尽力避免的政治大帽子。如果政客或商号被戴上种族歧视的帽子，他们的日子就不好过。公司起初还极力狡辩，但在事实面前，不得交1,000万美元的罚款。

为及时掌握保险公司的经营状况，我与兄弟处合作设计一个早期预警系统。衡量保险公司的经营状况有多种方法，密切注视客户投诉是重要的一个方面。当公司经营出现问题入不敷出时，会对客户的赔偿要求和其他服务表现欠佳。密切注视客户的投诉变化，成为监测的重要手段。我们设计的早期预警系统，对公司进行纵向比较(与自己的过去比)和横向比较(与其他公司相比)，发现可疑的公司，交给经济师和金融检查师进一步分析。

对保险公司的管理，离不开对经营业务的分析。而准确的分析，基于保险公司提供的准确数据。在向各保险公司收集数据时，政府管理部门面临四个难题，即统一性、真实性、及时性和连续性。

强调统一性，是因为美国的保险业是市场经济，市场上有数千家公司。保险事业管理部向保险公司下达统一的数据格式，详细规定上报数据的要求。统一的数据格式给管理部门带来极大的方便，我们可以很方便地把来自数千家保险公司的数据录入数据库，为分析做准备。

收集数据的第二大问题是数据的真实性。如果上报来的数据是虚假的，那么再先进、再科学的分析方法也是白搭。保险公司均有造假的动机和条件。如何防止数据掺假，保险事业管理部有绝招。每一次数据上报，必须有三个人的签字。第一个是经办人，这是最基层的工作人员，是数据的直接管理者。第二个人是基层工作人员的上司，一般是数据管理部门的负责人。第三个人是公司级的领导，是分管数据的副总裁。签名的声明有标准的格式，大意是说我保证数据的真实性，如果发现有造假行为，我个人将承担法律责任。按照 X 州及联邦数据管理的规定，数据造假、作伪证是要判刑的。如果说公司级的领导可能会因为公司的利益敢于以身试法的话，数据管理的基层人员及中层领导就不一定会心甘情愿地冒坐牢的危险去作假。

这里讲一个数据造假当事人受惩罚的事件。X 州的教育部曾发生过虚报的现象。为了改变公众形象，教育部下属的一个学区副主管，在报告本学区学生考试及格率时做了手脚。该主管命令手下的人员，将不及格的成绩作为未参加考试处理，大大提高学生的合格率。此事败露后，副主管及相关人员被迫辞职，有关部门还将追究刑事责任。

上报数据的第三个问题是及时性。市场不断地变化，数据是有时间性的；再准确的数据，如果过了时效，就失去应有的意义和作用。保险事业管理部对各公司有严格的时间要求，规定在一定的时间内必须上报数据，否则将给予处罚，直至吊销营业执照。

为使数据有连续性，以便在今后相当长的一段时间内发挥作用，数据的格式和内容保持相对稳定。随着情况和需求的变化，可能对个别地方进行改动。所以，在一开始规定格式时，会给今后预留空间。

有了这些措施，上报的数据为保险事业部的管理提供可靠的依据。

2.7. 房屋风险评价的转型

我进入 X 州保险业管理部后的研究工作,是房屋风险评估体系的转型准备工作。多年前,全美各州对房屋的风险评估系统进行同步转换。新的保费计算公式中,有地区因素、房屋的年龄和结构、户主的保险历史等。有的地区容易发生山火,房屋保费自然要高。有的房子是全木结构,更易发生火灾,保费会比砖结构的要高。老式房子没有火警报警器,保费也会高一些。房屋离消防火栓的远近,是一个重要的参考因素。离消防栓150米之内最为理想。如果离得太远,即使消防车赶到,消防车自带的水对于火灾往往是杯水车薪。

为更准确地计算房屋的风险,各州相继采用新的、更精确的评估系统,使得风险评估能更切合实际情况。但是 X 州遇到困难。该系统的改变涉及面广,牵涉到每一个拥有房产的民众。在变换中,保费肯定会有升有降。保费降的人欢天喜地,但是保费升的人肯定会骂娘。美国政府最怕老百姓抱怨,百姓一旦有所不满,他们就会抗议,打电话写信给他们选出的议员。议员为争取选票,会毫不留情地抨击政府官员。如果骂声太大,官员就会丢乌纱帽。X 州人口众多,只要有百分之一的人不满,就是数十万人,闹起事来可以天翻地覆。所以多年来转换的事一拖再拖,谁都不敢做主。

我加盟保险业管理部时,新任部长刚接任不久。这是位有魄力的部长,曾是议员,作风强悍,颇有点西部牛仔的味道。州议会中有不少议员对 X 州长期议而不决的转换很有意见,要求这位新部长拿出方案,尽早跟上全国的步伐。

部长从议会接到任务后,责成我们处对转换进行可行性调查,搞清楚如果转换，会影响哪些人，影响的程度有多大。研究工作有几个技术难点。首先我不懂精算师们的工作。精算师是全美各行业中威望较高的职业，收入不菲。当然，要成为精算师难度也不小。获得相当于副教授级的精算师专业执照，需要经过十多门的考试，一般要花费五年时间。如果要获得相当于教授级的专业执照，则还要考十多门，又要花上五年的时间。一旦获得这些专业执照，那么工作也好薪水也好，基本上不用发愁。由于该专业运用数学较多，华裔从事该领域的人不少。

精算师注重分析保险的收入与支出。保险的赔偿，直接影响保费的高低。为使保险公司具有竞争性，保险公司尽力降低保费，吸引客户。问题是收费太低会入不敷出，收费太高又会失去客户，必须在两者间取一个平衡点。精算业采用分类方式分析风险。例如汽车保险中，男性18岁以下的驾驶员出事故率很高，所以是一档；25岁以后风险下降，保费也随之减少。到60岁，风险又逐步上升。对于女性，同样的年龄，风险却不一样。所以精算师的计算，是从大量的表格中提取因子综合分析的。如何简化计算，对我来说是个难题。

其次是原始数据的结构。保险公司按照保险业管理部的要求，每一季度送交该公司本季度的房屋保险交易。这些数据直接来自各保险公司的数据库，未经过任何处理。由于他们经营的特殊性，给我们的分析造成困难。

例如，到了该续订保险时，客户决定不续，问题就来了。代理商或保险公司无法删除续保记录，只好再输入客户的信息，以负的保费抵消上一次的输入。第一条的输入保费是600元，那么第二条的输入是-600元，因此保险公司并无收入进账。如果客户的保费有变化，客户会有三条记录。第三次输入的保费是500元，前面两条600元和-600元并不是客户真正的保费，第三条500元才是实际交易的记录。

这样的记录，对统计分析带来很大麻烦。我们需要的是有效的记录，对于无效的记录应该删除。理想的记录是，每个有效的客户只有一条记录。这样才能知道各家公司有多少客户，每个客户收费情况又是如何。

最后，由于这次研究需要进行大量的计算，我目前的计算机容量小、运算速度慢，难以胜任。我们部虽然有大型计算机组成局域网，但是花费在网络间上下载的时间太多，会影响计算速度。我提议给我配一部运算能力强、容量大的计算机。

计算机的问题相对来说比较容易解决，处长批准，花4,000多美元买了一台有70多个G硬盘的计算机。那是在20世纪90年代中期，一般的电脑只有二三个G的硬盘。在这里，一线的技术人员总是配置最好的设备。如我目前所在的州司法部，我的计算机不仅内存大、硬盘大、运算快，而且还配置两个平板显示器。拥有先进的设备不是权力的象征，是工作的需要，好钢用在刀刃上。

经过努力，其他两个技术难题也相继解决。我将新旧收费体系进行比较，发现全州95%的客户收费变化不大，增加保费超过1,000美元的客户只有5%。从保险公司的角度讲，各公司的总收入基本保持不变。这一发现使部长放心了，他立即向州议会通报了研究结果，并提出应对措施。对于5%的保费增加较多的民众，为使他们能够承受得起涨价的冲击，采用五年时间逐步消化的措施。这就是说，他们的保费每年涨原计划的五分之一，用五年时间达到计划的目标。

很快，X州的房屋保险的保费计算方法全部过渡到全美统一的系统。正如我的研究所预测的那样，大多数人抵触并不大，而少数人因为有五年逐渐消化的措施，抱怨也不多。多年来的举棋不定和担心终于顺利地成为过去。

2.8. 一角三分话费之灾

格里是一名建筑师，毕业于闻名的得州大学奥斯汀分校。他曾参加过设计全美闻名的网球场，并开办过自己的公司。1983年，他进入 X 州政府，成为州福利部的一名建筑师。他负责评估全州范围内600多个建筑物，并审查州政府与建筑商的承包合同。

刚开始的四年里，他工作出色，上司给予相当好的评价。渐渐地，格里发现州政府存在的问题。政府租用办公室的租金过高，承包商建造政府的大楼偷工减料，危及安全。格里向他的上司亨利做汇报，亨利要他睁一只眼闭一只眼，别管闲事。格里不愿妥协，准备向报界揭露腐败现象。他的态度触怒上司，一个秘密的报复计划开始了。

亨利要格里把两年半来在他办公室打出的长途电话进行报账，8,000多个电话必须一笔一笔地交代清楚。按规定，州公务员不能因私动用办公室的电话。当然，上班时打个本市电话回家，询问孩子是否做完作业是可以的。但是拨打与工作无关的长途电话，是绝对不允许的。州政府的电话有自己的总机，每一部电话机打出的长话均记录在案。每月初，总机台会向各个部门发出长途电话账单，每一个长途电话都要经过处长批准才能免费，否则公务员必须自掏腰包将长话费补上。

格里对8,000多个电话都能一一解释清楚。但是有一个电话是他打给在外地的父亲的，话费0.13美元。尽管数额不大，格里显然违反纪律。此事可大可小。如果上下级关系比较好，格里补交电话费，此事就可以了结。可是格里准备揭发腐败，与上司闹得很僵，这件小事就被上纲上线。他的上司亨利对格里进行调查，发现他在使用病假中有猫腻。他的上司明显是在报复。员工有的时候请病假不实，不算大过。例如，我的上司盖伦博士过生日，老头子请一天"病假"放松一下，同事们心知肚明，一笑了之，不会较真。

格里的两件事可大可小。如果上纲上线，前者是盗用公家财产，后者是盗用公家的时间。他的上司亨利将此案转手给地区检察官，将格里告上法庭。起诉陪审团裁定该案成立，进入正式的审判程序。区区一角三分钱电话费和几天的虚假病假惹出一桩官司，是格里始料不及的。明眼人一看便知，这是他的上司玩的诡计，妄图通过打击报复堵住格里的嘴。所幸的是，检察官后来撤诉，觉得此案有点儿过分。

后来X州通过吹哨者法案。吹哨者指的是政府或公司内部挺身而出揭露不法行为的员工。现在轮到格里控告打击报复他的上司。格里是个有心人，他把最初几年上司对他的书面评价保留着。美国的公务员每年做一次书面评估，有点儿像国内的年终总评。尤其是公务员升迁时，必须有书面评估并经人事部门批准备案，方可得到提升。这些书面材料具有很强的说服力。相比之下，州福利部却毫无准备。他们指责格里工作中玩忽职守，打私人电话、请虚假病假。可是他们拿不出像样的材料，证明格里工作不认真，只是抓住一角三分钱的电话费和几天的虚假病假。

由平民百姓组成的陪审团对政府的腐败向来恨之入骨，因此裁决格里胜诉，判给他13,619,831.87美元的赔款。1,000万美元作为对州政府的惩罚金。300多万美元是律师费及法庭费用。那0.87美元，是从赔偿中扣除0.13美元电话费的结果。陪审团事后向报界表示，他们这样裁决是向政府发出一个警告，公务员不应该因为做一件正确的事情而受到惩罚。

官司一结束，州政府的一位大人物引咎辞职。官司打输，州政府将担负史无前例的巨额赔偿。州司法部的一名副部长和一名处长自行走人。两位领导挺仗义的，为主事的律师承担责任，使那位新上任的律师得以留任继续在司法部供职，否则那位律师也会饭碗不保。

然而格里的案件并未了结。尽管X州最高法院裁决州政府应该赔偿格里1,361多万美元，但是这笔巨款必须由州的立法会批准。立法会认为格里太贪心，拒绝付款，主要的原因还是X州的财政捉襟见肘，这笔巨款州政府付不起。

　　格里虽然在法庭上取得胜利，却并没有得到任何的实惠。由于打官司，他欠了债。他得到的少量赔偿金，全都进了律师的口袋。至今，他只好与七老八十的父母亲住在一起，靠亲戚朋友的资助生活。他已经不可能在建筑业找到工作，多年的女友也离他而去。更糟糕的是，税务局还不放过他，要他对所得的赔偿交税。

　　格里还在为自己的生存抗争，这一斗争看来还得继续下去。在美国，吹哨人也不好当。尽管他干了一件正确的事，一件有利于人民的事，但是他付出的代价是沉重的。前景不容乐观。

2.9. 职场斗争

书的开头说过，美国既非天堂，也非地狱，而是人间。既然是人间，就免不了人间的种种弊端。美国的办公室也不能免俗，勾心斗角之事时有发生。

我所工作过的工伤研究中心在我跳槽以后，发生过激烈的争权夺利之战，这是朋友后来告诉我的。盖伦是研究室主管，艾丽进研究中心时只是个实习生。别小瞧这位只有大学本科学历的实习生，她很快成为拥有心理学博士学位、从事研究近30年的盖伦的强劲对手，她早已瞄上研究室主管的位置。研究中心与监管会合并后，正直敢言的安娜去职，盖伦失去老主任的支持。艾丽颇有心计，她首先积极与空降的研究中心主任搞好关系，得到支持。但是她明白，在这场斗争中，仅凭一己之力仍无胜算，所以她联合研究中心的元老约什夫。约什夫是个小组负责人，以前与盖伦关系良好，但是研究室主管一职的诱惑，使他站到艾丽一边。

盖伦是位憨厚老实的长者，不善也不屑于搞阴谋诡计。在他们两人的联手夹击下，盖伦只有招架之功。一个年龄上可以做艾丽父亲的老人，不得已选择逃避，跳槽成为另一个州政府部门的中层领导。约什夫以为，盖伦走了以后，凭他的学历、资历和能力，研究室主管一职非他莫属。谁知螳螂捕蝉，黄雀在后，研究室主管一职却落到艾丽手中。在这场权力斗争中，他只是替人做嫁衣裳，落得竹篮打水一场空的下场。此后，艾丽把矛头对准约什夫，因为他是研究中心剩下的唯一元老，只要他一走，艾丽就是研究中心资历最老的了。约什夫此时已无力与艾丽抗争，只得灰溜溜地离开曾经和睦团结的研究中心，另谋他就。

完成一系列的逐人计划后，研究中心缺乏真正能搞研究的人才。此时，我早已跳槽到州保险署工作，远离是非之地。艾丽向我伸出橄榄枝，打电话告诉我，她正在招聘一名研究员，年薪比我当时的薪水高 6,000 多美元。条件是很吸引人的，我参加竞争。艾丽在面试时非常客气，声称这只是过过场，肯定会录用我，叫我立即做好离职准备，争取尽早到研究中心任职。根据一项研究，美国职场上的录用，有百分之六十以上的职位是在熟人或熟人推荐中完成的，真正凭过硬的水平闯关取胜的只占百分之四十。

回来后，我向老板提出辞职的意向，希望能开始办移交手续。此事惊动了处长，他立即找我谈话，开门见山地说，我们不希望你走，大家相处得不错。部里可以特批给你加薪，比新单位答应你的薪水多一美元。我在上半年刚加过薪，根据州政府的规定，没有特殊情况，雇员不得在一年内连续加薪。我有点为难。研究中心方面，艾丽热情地邀我共同搞一些研究项目，是我感兴趣的；而保险署方面，处长和科长极力挽留，使我感动。处长以为我担心提薪不能落实，向我打下保票，说通过正式手续加薪会费些时日，但是决不会食言。面对上司的诚恳挽留，我决定留下来，继续在保险署供职。事实证明，我当时的抉择是正确的；研究中心后来解散，人员不知去向。下面再讲几件我耳闻目睹的事。

老赵是我们当地华人圈里的一位知名人物。他是州工伤管理署的一位中层干部，手下管理着十来个人。按国内的干部分类，至少可以算是科级，说是处级或副处级也不为过。他是上世纪 80 年代初出国留学的，获得博士学位。他不仅专业能力强，而且官场经验丰富，这在一般中国留学生中极为罕见。他的这一优势得益于在国内的经历，据说出国前他已官拜县团级。在工伤管理署里，他深受上司的喜爱，而这位上司与州里的议员颇有深交。如果老赵安安稳稳地待在当时的岗位，完全可以高枕无忧，直至光荣退休。

可是他志向远大，有做一番大事业的雄心。当时，州公务员的工伤事务分为三个摊子，机构重叠，互不通气，管理混乱。他通过上司，大胆向议员提出改进意见，获得州参众两院的通过，决定在州内重组一个部门，专管州公务员的工伤事务。令人费解的是，这个新单位却并未安家在州的工伤管理署，而是放在司法部。如果新组建的部门在老赵当时的单位，他十有八九可以成为该单位的一把手，职位有望更上一层楼。

新组建的管理处正式成立，老赵和他的团队的隶属关系转到司法部，成为该部一个处的下属科。老赵和他的团队大失所望，看来大展宏图的计划要泡汤。谁知，还有意想不到的厄运在等待着他们。刚到司法部没有几天，处长绕过老赵，直接向他的团队成员发了一封邮件，下令他们今后直接向处长报到，给身为科长的老赵一个下马威。虽然司法部并未对老赵明确地下驱逐令，但是被晾在一边，整天无所事事，老赵如坐针毡。他自知无趣，被迫请辞走人。幸好老赵在原单位还有人脉，很快谋得一个职位，不至失业，没了生计。但他的团队就惨了，像失去父母的孤儿，只好四处寻找生路。我有个熟人不幸在这个团队中，打电话问我，是否有空闲的职位可以推荐，我这才得知其中的许多内幕。不久之后，老赵的团队树倒猢狲散，不得不各奔东西，自找前程。一个宏大的规划，在政府部门间的明争暗斗中，令人遗憾地划上句号。

老钟是当地华人圈中的大佬，组织能力强，经常活跃于华人社团的各种活动中。他的组织才能，在读研时已经崭露头角。他曾是大学学生会里的灵魂人物，在学生会组织的各种活动中总能看到他的身影。老钟不仅有组织能力，而且很有商业头脑，极为精明。上世纪80年代末期他在读研时，绝大多数留学生们还在想方设法节省房租的时候，他就开始房产投资。他买了一处住房，把地下室改造成几间单独的出租房，靠收得的房租以房养房，支付房贷。等到他毕业搬家卖房时，因为房价上升，他着实赚了一笔钱。

老钟毕业后就职于州卫生与人力资源服务部，凭着过硬的业务能力和出色的社会活动能力，很快升为一个小部门的主管。他所掌管的部门需要招聘一名研究助理，级别较低，要求并不高。尽管招聘名义上对外公开，但是上面有交待，主要从内部人员中招聘，以便使本单位的人有升职机会。当时有两位申请人最有竞争力，一位是具有高中学历的白人姑娘，另一位是具有大学本科学历的黑人小伙子。上司对老钟非常信任，放权让他全权处理。老钟综合各种因素，决定招聘那位白人姑娘。这个看似十分普通的决定，给老钟带来始料不及的巨大麻烦。

我们华人一般认为，在用人方面，老板有绝对的权力，想用谁、想解雇谁，都是老板说了算。然而在美国，情况却并非完全如此。比如华人餐馆老板解雇服务生被告上法庭的事情，就时有发生。在我开餐馆的朋友中，乔恩遇到过这样的麻烦。乔恩餐馆里的一位服务生工作消极，时常迟到，被他辞退了。没多久，乔恩收到一封律师来信，声称他的当事人要把餐馆告上法院，除非乔恩愿意私了。乔恩深知律师和这位服务生惹不起，只好同意赔几千美元了事。

政府部门在雇佣人员时，格外小心，生怕惹祸上身，被控告性别歧视或种族歧视。招聘时，为了防止出现可能的麻烦，一般由人事部门进行第一关的筛选，然后交给具体的招聘部门进行第二关的选择。具体部门的主管为了显示公平，一般会邀请本部门的资深科员一同参加面试，各自独立打分，最后通过合议，集体做出雇用决定。这样做可以防止可能的非难；万一被控告，人事部门可以出具雇人过程的相关资料。虽然该过程仍免不了人为因素，但是从程序上说无懈可击。我曾经历过雇人的全过程。主管把我们几个资深科员召集起来开会，对如何打分面授机宜。他的言语中流露出无奈，告诉我们这是为了防止可能的麻烦，尤其是种族和性别歧视的指控。大家心领神会，在面试中按照主管的指点给予评分，这套表面程序确实使我们避免了可能的麻烦。

对于政府部门来说，最难处理的是解聘。虽然明文规定，各部的部长有权解聘他的属下，但是各部门在解聘问题上十分小心，唯恐因此成为被告。遇到政府经费紧张需要裁员时，各部门都是尽量避免解雇，以优惠的政策鼓励年龄大的公务员提前退休，腾出职位以便内部调剂。有的时候实在无法避免，政府则宁可出钱外包，请社会上的猎头公司出面，处理解聘和雇用的难题，由第三方承担责任。例如，因为全国政策的变化，州教育部在上世纪90年代经历伤筋动骨的大改组，一个拥有120多人的大处需要裁员100多人，仅留下20人。对于如此规模的精简，州教育部不敢轻率下手，聘请一家私人公司来帮忙。这家公司接管此事后，来了个令人想不到的大动作：该处就地解散，全处人员（包括处长）集体下岗，然后竞聘上岗。其实，所需的20人，州教育部早有计划，已经悄悄地将名单交给私人公司。公司根据所需要的20人的情况，专门量体裁衣，为他们制定职位和任职要求。通过一番所谓的面试和审查，20人顺利上岗，其他人只好乖乖地走人，另谋生路，一场可能的人风暴就这样平稳地过去。

私人企业对解雇一事同样谨小慎微，例如华人姑娘朱莉所在的银行。朱莉发展得不错，年纪轻轻已经是一家银行的部门经理。她手下有一位黑人姑娘工作态度有问题，经常迟到早退。其他同事很有意见，因为她不能按时完成工作，常需其他人来帮忙，占用别人的时间。朱莉把情况反映到上层，银行高层迟迟不敢下狠手，生怕被告种族歧视。事情一拖再拖，影响到整个部门的士气。朱莉挺有办法，在高层犹豫期间，她每日对下属的出勤进行详细的记录，尤其把那位黑人姑娘的劣迹记录在案。经过三个月的耐心等待，朱莉终于在经理会上摊牌。在大量的事实面前，高层终于痛下决心，辞退那位黑人姑娘。由于有案可查，那位黑人姑娘自知理亏，无话可说，只好乖乖走人，未找麻烦，银行终于平安地解决"送神之难"。

对于在雇用问题上的风险，老钟因缺乏经验毫无防范，被人抓住把柄。那位应聘失败的黑人小伙子，控告老钟在雇用人员过程中有种族歧视之嫌。这位黑人与老钟同在一个处，从其他人员那里掌握了整个雇用过程。老钟过于自信，全过程是由他一个人独立完成的，没有人能为他证明，更没有人能为他辩护，显得有点理亏。雇用决定已经宣布，木已成舟，无法更改。老钟的上司为难了。最终为撇清自己，对老钟采取去职处分，并对黑人小伙子进行安抚，做出相应安排，满足他的升职要求。在这一事件中，受伤害最大的是老钟，从一个部门的主管降为一般科员。

面对这样的处置，当事人心里肯定不好受。如何应对？有两个选择：（1）多一事不如少一事，要么忍气吞声继续在单位干，要么跳槽到另外单位；（2）据理力争，向不合理的处置挑战。第二种选择有很大的风险，胜负难料，搞好会工作不保。对于一般的华人来说，十有八九会选择第一种方案。老钟开始决定忍，反正薪水并未减少，再干几年退休算了。但是，他越想越觉得冤枉：你黑人是少数族裔，华人不也是少数族裔？你说我种族歧视，那么上司这样处理自己，不也是明摆着种族歧视吗？白人被告种族歧视容易成立，但是少数族裔歧视少数族裔的罪名却并不那么容易被安上。老钟决心赌一把，如果失败，最多提前退休走人，这口气不能不出。

老钟的社会活动能力强的优势充分体现出来。他精心准备后，与州卫生与人力资源服务部杠上了。最后，老钟打赢官司，该部赔一笔巨款息事宁人。由于庭外和解有明文规定，当事人不得透露细节，老钟从未向朋友透露打官司的细节和最后的赔款数目。据朋友猜测，赔款可能达到 50 万美元，确切数目不得而知。要是果真如此，老钟应该算是获得大胜。因为此事发生在上世纪的 90 年代，50 万美元相当于现在的 80 多万，对于一个美国的工薪阶层来说，无疑是一笔巨款。

老钟的胜利为当地的华人树立榜样，这就有了下面的故事，主人公是老史。上世纪 80 年代末，老史来到美国求学，获得水利学博士学位，毕业后就职于州环保署，在水资源分配处一干就是 20 多年。老处长也是位博士，既懂行又和善，整个处团结一心。可是，到了 2014 年，老处长退休，来了位年轻气盛的头儿，情况突变。

新官上任三把火，这位新处长的第一把火，直指该处执行多年的用水分配政策。那几年遇到几十年不遇的大旱，水资源分配的矛盾十分尖锐，各方为争夺水资源闹得不可开交。农民需要水种地，城市需要水满足市民的正常生活，工业需要水保证工厂正常开工，富人需要水保护他们的高尔夫球场，于是该处成为漩涡的中心，关注的焦点。新上司推出一套新的计算方法确定供水分配，以应对当时的危机。这套计算方法虽然能应付现状，但是具有隐患，在未来的某个时刻会造成大面积缺水的问题。出于专业责任心，老史一再向新处长提出异议，但遭到冷眼。老

158

史不甘心，多次越级向上汇报，仍无作用。中国知识分子那种"以天下为己任"的精神，在老史身上淋漓尽致地表现出来。老史的所作所为，只是工作上的意见分歧，对新处长个人并无恶意，但是等待他的却是一场精心策划的报复。

老史受到两次警告处分，并于 2018 年（73 岁）被强行退休。虽然按国内标准他早已超过规定的退休年龄，但在美国很少有强行退休一说，这简直是一种羞辱。老史憋了几年的委屈终于爆发，决心将单位告上法庭。自从新处长来了之后，老史从未得到加薪，明摆着是逼他走。但凡州政府打官司，担任辩护的肯定是州司法部的律师。联邦司法部的英文叫作 Department of Justice，直译为"司法部"；各州司法部的英文叫作 Attorney General's Office，直译为"总律师办公室"，意为政府的总律师。州司法部的职责是为州担任辩护律师。当州政府是原告时，它是原告律师；当州政府是被告时，它又是被告律师。司法部派出的本案律师我认识，我曾与她为一个大案并肩战斗过，领教过她的伶牙俐齿，深知她的利害。

老史遇到的第一个问题是请不到律师。他曾上门到多家律师事务所聘请人家为代理律师，结果遭到婉拒。这些有名的律师事务所一般与政府或多或少有点联系，而他的案子并不过硬，获胜的概率较小。老史好不容易找到一位年轻的经验不足的律师。这位律师门可罗雀，平时没有什么案子可接。律师接案的收费形式有多种，常见的有风险代理收费和计时收费。前者委托人不必先交费，等打完官司获得赔偿，律师收取三分之一到百分之四十的赔偿金。此类案件多半是律师看好的案子，有必胜的把握，律师接案是为了争取更大的收益。按理说，老史的案子属于赔偿官司，如果律师认为有赢的希望，一般不会要求委托人先交费。但是，这位律师实在没有把握，提出计时收费的要求。老史在还未开打之前，先交几千美金的律师费。这位法律界新人一再说，他对案子的胜负实在没有把握。

律师向法院递交诉讼状，老史的案子正式进入法律程序。第一个回合，老史意外地轻松胜利。州政府向法院递交申辩书，指摘老史：（1）与领导同事争论时嗓门增高，（2）对已经决定的政策不断地纠缠，（3）将工作文件放到不该放的地方。法院否决政府的申辩，认为提高嗓门的不止老史一个，他的同事在争论时也会提高嗓门。对于已经成为定论的政策，老史的同事也有人曾提出过不同意见，在老史的处里也有人将文件放在不该放的地方。因此，陪审团会作出该环保署对老史有种族歧视的判决。

这一胜利来得太容易，令一直处于悲观状态的老史信心大增。然而，福兮祸所伏，暂时的胜利使老史过于乐观，导致他后来的错误决策。案件进入下一个程序，双方开始取证，准备在法庭上一决雌雄。老史从朋友那里听说我在司法部工作，立即找到我，请我出主意。当我看到他带来的法律文件上，霍然写着我所熟悉的那位律师的名字，不禁打了个寒颤，老史遇到强劲的对手了。我提醒老史，对方律师非常厉害，千万要小心，不可大意轻敌。不久，老史打电话来说，对方提出庭外和解，让他开个价。老史高兴极了，以为他必胜无疑，只是大胜和小胜的问题。老史问我如何开价，我凭经验直言相告，和解的开价如同商场谈判，一般是一方狮口大开，另一方无情砍价，最后回到现实，在双方都能接受的价位上和解。

老史开出 120 万美元的天价。过了几天，他来电话相告，对方通过他的律师转告，目前州政府有明文规定，赔偿的上限是 25 万美元，可否在 20 万美元成交。我劝老史，最多再还个价，25 万美元结案；并告诉他，这一步的胜利来之不易，应当珍惜。根据我在司法部的多年经验，绝大多数案子都是以庭外和解告终，双方尽力避免庭审。因为庭审的结果很难预测，谁也不敢冒大风险。我一再告诫老史，千万不可进入庭审。老史答应考虑我的建议。

从我与老史的接触中，我断定如果庭审，他根本没有胜出的可能，因为他不善言辞。不善言辞在这里有两个含义：首先，老史的英语很糟，不仅口音重，而且表达不畅，错误连连，听者需要连猜带蒙。其次，他的表达能力较差。他是位典型的理工男，对于自己的专业可以说得头头是道。但这是一场法律之战，他面对的是缺乏基础知识的外行，需要有深入浅出的能力，把专业之争讲清讲透。一位我们共同的朋友评价老史时讲了九个字："说话啰嗦，抓不住中心。"当然，我必须补充一下：老史在英语方面的缺陷，丝毫不影响他的工作，英语水平足以应付日常的工作和生活。但是在法庭上，他的英语水平和表达能力，成为他致命的缺陷。

过了几天，我突然收到一则短信："输了。"原来老史不顾我和律师的劝阻，力主进入庭审。陪审团由八位白人组成，经过四天唇枪舌剑的激辩，陪审团判决，州环保署不存在种族歧视。煮熟的鸭子飞了。

总结此案的教训，老史有以下三个失误：（1）过于乐观。他开出120万的天价，只是一种商业谈判的手段，他却真的以为可以得到。（2）考虑欠周。在本案中，他无法找到同事出庭作证。虽然许多人对他表示同情和支持，但碍于仍然在职，不敢挺身而出，他对此显然准备不足。（3）出击方向不准，此案的主题应是"打击报复"，而不该是种族歧视。中国人虽然在美国是少数族裔，但是由于华人普遍学历较高，社会地位总体来说与白人相差无几，比黑人和西班牙裔人强得多。美国人讲种族歧视，一般指的是对这两类人，与中国人和亚裔关系不大。

当然，老史最大的失误是不接受和解。如果他接受和解，拿到赔偿，他就是此案名正言顺的胜利者。因为哪怕政府只赔偿一美元，也说明政府认输。可惜他不听劝告，选择庭审。不过，州政府曾提出过20万美元和解的方案，说明州政府自知理亏。因此老史虽败犹荣。

2.10 办公室轶事

　　"祝你生日快乐，……"

　　伴随着歌声，一位漂亮的美眉服务生捧着蛋糕来到盖伦面前。盖伦是我的顶头上司，这一天过58岁生日。他再干几年，就可以光荣退休。我们选的餐馆很特别，是一家专招年轻美眉作服务生的餐馆。这些年轻的美女服务生穿着清一色火红的上衣，配上大红的迷你裙，分外妖娆。同事们选中这家餐馆，怀有捉弄盖伦这位和善老者的意思。

　　只见一位同事与那位美眉服务生嘀咕几句，美眉会意地点点头。不一会儿，美眉拿来一块餐桌布，往盖伦身上一裹，然后像理发店里给人剃头一般，用手抓了一把蛋糕上的奶油，仔仔细细地在盖伦的脸抹，把他打扮得像一位白胡子圣诞老人。同事们和临近餐桌上的客人，都被逗乐了。老头子挺高兴，尽管满脸尽是奶油。盖伦的生日与圣诞节很近，我们以此一并作为庆祝圣诞节。

　　聚餐过后，我们研究中心的十来人聚集在办公室里，开始玩美国人的一个传统游戏——"白象"。在英语中，白象指的是累赘的东西。游戏要求每位参加者，从家里拿一件不再需要的物件作为礼品。如果参加者愿意买些小礼品，也受欢迎。那天早上，同事们已经陆续把礼品堆放在会议桌上。

　　游戏开始，首先每人抽签。人们按抽到的顺序开始选礼品。第一个人选好礼品后打开包装，第二个人有两个选择：要么从第一个人手中夺走他的礼品，要么从礼品堆里找一个未开包的礼品。如果是未打开的礼品，他也必须打开包装。第三个人也有两个选择：从已经打开的礼品中选一个，或者从礼品堆里选新礼品。如果手中的礼品被别人抢走，可以从打开的礼品(刚被人夺走的除外)或礼品堆中任选一个。另有一条规则是，一件礼品不得超过三个经手人。这就是说，一件礼品如果被第三个人选中，这件礼品就有了归属，其他人不得再从他手中夺走。为了补偿第一个人，他有权在大家都做过选择后，做最后一次选择。他可以从任何人手中夺取他所喜欢的，除非礼品已经三易其主。

游戏的实用意义并不大，礼品大多是人们想扔而没有机会扔掉的东西。但是游戏带来的乐趣却是巨大的。因为总会有一两件招人喜欢的礼品，大家你争我夺，闹得不可开交。人们仿佛都变小，变得像小孩子那样淘气。

轮到我选礼品时，我拣了一只包装很土气的盒子，心想既然人不可貌相，那么东西是否也是不可貌相呢。打开盒子一看，里面是一顶旧的皮牛仔帽。看样子，这只帽子有些年头，许多地方已经被磨光，露出牛皮的本色。谁知，大伙一声尖叫，都说我的运气好，找到一件宝贝，说我是有眼不识泰山。一顶新的皮牛仔帽要几十美元，甚至上百美元。

没想到的是，这顶帽子在我手里还没有捂热就易主。轮到安娜挑礼品，她毫不犹豫地从我手中抢走了帽子。安娜是研究中心的主任，是位不苟言笑的女上司。

"约翰，对不住啦，这帽子归我啦！"安娜兴奋地喊道。

安娜生怕别人与她抢这顶帽子，转身对其他同事大声说道："谁也别想从我手中抢走这顶帽子。"说着，安娜干脆把帽子抱在怀里。

又有两位男士选礼品。尽管他们也挺喜欢那顶帽子，不过碍于女上司的面子，不好意思与她争夺。轮到莫尼卡选礼品。她是研究中心的作家，毕业于一所名牌大学的英文系，专司写作。我们中心所有文件的最后定稿，均需通过她的手。她慢慢悠悠地绕场一周，仔细查看已经打开的礼品，最后来到安娜面前。

"不，你不能拿走我的帽子！"安娜急了。

"嘿嘿，我还就是看中这顶帽子。人家男士不好意思跟您抢，我可不买账。对不起啦，安娜。"莫尼卡诡秘地笑道。

"不，不行！"安娜叫道，满脸通红。

"给我吧，我才是最后的拥有者。"莫尼卡毫不客气地一把抢走帽子。大家乐开了怀。

见硬的不行，安娜对莫尼卡哀求道："莫尼卡，你把帽子让给我，我请你吃饭，怎么样？"

莫尼卡是个一根筋，就是不肯答应。安娜沮丧极了，只好从礼品堆里找一个盒子。看着她那失落的样子和她从我手中夺得那顶帽子时得意的神情，你很难想象得出，这是位有教养的、严肃而又矜持的上司。

我所在的第二个工作单位也搞白象游戏。有一年，出现一件八九成新的毛衣，上面绣了不少花。在我看来，这是一件不错的衣服。一位同事拆开礼盒后，并没有感到衣服有什么好，只是对绣花表现出兴趣。看来，这些花是人工绣上去的。这时，一位女同事开了腔。她说，这件毛衣是她婆婆送给她女儿的，衣服的花是她婆婆一针一线手工绣上去的。

"那些花太俗气，我不喜欢。我女儿一天也没穿过。"她说道，言语间流露出的不屑，让人立刻感觉到她对婆婆的不满。看来不论在哪个国度，婆媳关系永远是一个扯不清的话题。那件毛衣经这位同事一说，身价立即一落千丈，变成最不受欢迎的礼品。年复一年，每当这件毛衣再出现时，人们总会哈哈大笑。而选到这件毛衣的同事，肯定会在第二年再将毛衣包上，让另一个同事上当。上当的同事免不了被大家哄笑一番。

有一位同事要调离，大家开欢送会给她送行。在送行会上，不少人送给她礼物，其中有一件礼物竟是这件让人讨嫌的毛衣。大家开玩笑说，既然我们都讨厌这件毛衣，就让这位同事把它带到其他单位去吧。

第二年的圣诞节前，我们又举行"白象"游戏。那件已经被离职同事带走的毛衣，竟然又出现在礼品堆里，而且还偏偏让那位老主人给选中。这一下可把大家乐坏了。人们开始猜测是谁恶作剧。猜了半天，几乎把所有的人都点到也没猜出是谁来。最后我开了腔，说："这是我干的，是我从那位要走的女同事那里讨回来的，因为这是我们的传统保留节目。"所有的同事都被我的讲话逗乐了，他们又惊又喜。我生来缺乏幽默感，除了认真地搞好本职工作，对娱乐和文体活动一窍不通。在同事的眼里，我是个死板而又乏味的人，没想到这一次竟能搞出这么一个"大阴谋"。

一位同事笑弯了腰，指着我说："我怎么也没有想到是你干的。"有时候，出其不意，一反常态，能让人料想不到。

美国的各种节日真多，一年细数下来，平均每月有两个节日。10月16日是老板节。这一天，员工要感谢老板对他们一年来的照顾。庆祝的形式是多样的，有的仅仅是发个电子邮件表示感谢，也有约好到餐馆里吃一顿中饭。有的科里和处里的员工，合伙买张贺卡送给老板。有一年的老板节，处里的朱莉女士从家里带来了她自己做的曲奇，请处长吃。当然，是以全处员工的名义。我们跟着沾光，一同分享她做的糕点。下午三四点钟，大家工作一天，有点儿累了，正好散散心，在一起聊天。

该节日的来历挺有趣，是一位女士在20世纪的50年代提出来的。她忘记父亲的生日，她的父亲正好是她的老板。数年后，她所在州的州长支持她的倡议，从而使这一天成为官方宣布的节日。渐渐的，该节日为人们所接受，不仅在美国流行，而且在澳大利亚和南非流行开来。庆贺老板节对于融洽上下级关系，有点儿用处。平时没有什么机会向老板表示谢意，这一天可以名正言顺地拍拍老板的"马屁"，说声感谢，在一起聊会儿天。不过，千万别送什么礼，送礼在这儿是行不通的。

一天上班，我走在过道上，突然发现前面一个装回收纸张的圆桶在地上滚起来。我挺纳闷，这桶平时是竖着放的，怎么会自己长腿走起路来。我正琢磨着，一位同事走过来，带有歉意地对我说："我女儿觉得无聊，躲在桶里玩呢！"

说话间，从桶里露出一个小脑袋，向我挤眉弄眼。小家伙玩得挺开心，不想出来。她的妈妈请她赶紧为我让道，小家伙很不情愿地要从桶里爬出来。我忙摆摆手："不用不用，你继续滚你的桶吧。"

小家伙一听，小脑袋马上缩回去，桶又开始在过道上滚起来。

这一天，是办公室规定的可以带子女上班的日子。为使子女能够更多地了解父母，理解父母工作的辛苦，在这一天公务员可以带子女来上班，可以指派孩子们干些力所能及的事情，如送文件，当个通讯员，跑跑腿，整理整理办公室等。不过，小孩子爱玩的天性很难使他们安分下来。不用多久，他们就会厌倦。孩子们会想出法子来找乐，那位小女孩找个圆纸桶，躲在里面从走廊的一端滚到另一端。她的妈妈只好时不时地出来看看她，别让她闯祸。

这一规定挺有人情味，不仅融洽父母与子女的关系，也融洽同事间的关系。无论办公室里的人们关系如何，在天真无邪的孩子面前，人们显得和蔼友善。孩子们的天真，勾起成人们的未泯童心。

如果有人问我，在美国上班哪一天员工们穿得最漂亮，我的回答是每年10月的最后一天——万圣节(也有人称之为"鬼节")。这一天可热闹了，许多人会穿着奇装异服来上班，有的打扮成巫婆，有的打扮成可怕的魔鬼，有的打扮成海盗。说句实话，化着浓妆憋一天还真不容易。

办公室里热闹非凡。不少人将自己的办公室打扮成鬼屋，最常见的装饰是白色的蜘蛛网和黑色的袍子，这两样东西最能代表可怕的鬼怪。这是一个信上帝、信鬼神的国度，可是人们对于鬼神的态度却让人吃惊。我们中国人虽然大多受无神论的教育，信奉无神论，但是对于鬼怪之类的东西避之不及，很少有人会将自己打扮成妖魔鬼怪，将自己的居所和办公室装饰成鬼屋的。信神的不害怕鬼神，反倒是无神论者尽量规避鬼神，不能不说是一件令人费解的怪事。

每年的万圣节，司法部人事处会组织评选，评选出最酷办公室，最酷女装，最酷男装，最酷集体，评选委员会把奖获的名单和照片放到局域网上供人欣赏。人们在轻松之中，度过这个着实让中国人有点发怵的节日。

复活节也是一个挺有意思的节日。该节日与基督教有关，是为了庆祝基督死后复生。该节日最主要的内容是找蛋，成年人把一个个彩蛋藏起来，小孩子们四处寻找。这些外表光鲜的彩蛋里面，有孩子们爱吃的糖果。

我曾参加过社区组织的一次复活节活动。到了约定的时间，人们从各处汇集而来。小孩子们拎着小篮子，在草丛里找蛋。小小孩跑得比大小孩慢，手脚又不如大小孩快，要找到彩蛋困难得多。所以他们一旦找到了彩蛋，甭提有多高兴。

另一个节目是抢糖。组织者在树上用绳子吊下一只纸篮子，里面有大把大把的糖。孩子们轮流敲打纸篮，如果能打坏那只篮子，孩子们可以抢到落下来的糖果。经过一个又一个孩子的努力敲打，篮子终于摇摇欲坠，糖果开始散落。轮到一位女孩子抽打篮子了。她用棒子使劲一挥，纸篮被砸成两半，糖果如天女散花一下子落到地上。孩子们一哄而上，眨眼的工夫，糖果就被几十双小手瓜分完。不管抢到多少糖果，孩子们都很开心。因为吃糖是次要的，玩是主要的。有好几个小孩子，特意让我看他们的战利品。大人们用这一办法让孩子高兴，也使自己开心。

与我们同在一层楼的是运输处。这是一个大处，有几十号人，专门负责与交通运输有关的官司。他们的处长是一位很不起眼的长者，经人指点，我才知道他是位掌管着几十位律师的大处长。这位处长总是笑容可掬，没有一点官架子，如果在过道上或电梯里遇到，他总是主动与人打招呼，有时还会聊上几句。

很可惜，这位令人尊敬、人缘极好的处长，在一个周末心脏病突发去世了。大家为失去一位善良的长者感到悲痛。处长去世后的事情更值得一提。鉴于人们对处长普遍的良好反映，部长决定以一种特有的方式纪念他。部长来到我们楼层的大会议室召开大会，宣布司法部决定以这位处长的名字命名我们的大会议室。以后，我们管会议室叫"克里克会议室"。

这个纪念方式具有美国人的风格。他们的大楼常用一个有纪念意义的人物的名字来命名。这个人不一定是什么大官，有可能是贡献杰出的战士、艺术家、文学家或历史名人。他们不搞个人崇拜，但是他们以这种独特的方式纪念他们的英雄，缅怀他们尊敬的人。

我们处的同事朱莉要结婚了。她的未婚夫是兄弟处的一位律师，大家准备庆祝一下，趁机热闹一下。几位热心人自发地组织起来筹办庆祝活动。

在美国同事结婚，关系一般的同事不会受邀参加婚礼，除非是铁哥们、铁姐们。单位里同事的庆祝活动，只限于在单位进行。要搞活动得有经费，几位热心人开始向报名参加活动的人们筹钱。按她们的计算，每人五美元差不多就够了。我简直不敢相信自己的耳朵，五美元就把一个相处十多年的同事的婚事给打发了？按美元与人民币的比价，乘上7也只有35元人民币。要是在中国，这点钱是绝对拿不出手的。后来举办人发现，预算超支了，因为不少人不愿参加，不愿意出五美元。不得已，举办人只好再增收两美元。当热心的举办人向我说明情况，一再抱歉又要加两美元时，感到不安的倒是我。

庆祝派对是在下午举行的。这对新人已经举行过正式的婚礼，到南美度完蜜月。不过，同事们非让他们在派对上重新举行由同事主持的婚礼。新娘带着纸糊的皇冠，新郎官也给搞得灰头土脸，两人手挽手地进入会场。充任证婚人的同事不知从哪儿下载了一段滑稽的主婚词，每说一句，同事们都笑得前仰后合，这和国人闹洞房极为相似。当然这里斯文一些，君子动口不动手。

接下来是吃蛋糕。一只大蛋糕是本次庆典的主要内容，难怪费用这么低。除了大蛋糕，其他的东西几乎不怎么花钱。最后同事们呈上一棵树，这是一棵用钱卷成树叶的假树，大家凑的份子，除去买蛋糕和一些装饰外，余下的钱扎成一棵假树送给这对新人。一场隆重、幽默、俭朴而又喜庆的婚礼，就这样办完了。

女士优先的社会规范在美国深入人心。无论到什么地方，女士们总是会受到男士们的礼遇。就拿上班等电梯来说，如果你是男士，尽管你先行到达电梯门前，你可别只管往里冲，你得看看身后是否有女士。如果女士抢先，从你后面冲进电梯，你不要感到奇怪，因为这里的女士已经被宠得养成习惯。在这里，上班乘电梯有很多与国内不尽相同的地方。

首先，电梯里很少出现象沙丁鱼那样比肩接踵的现象，人们宁可迟到，也不会硬挤进电梯。有的时候，电梯里面的人会静静地等着来人慢慢地从远处走来。尽管人们的工作节奏很快，在这些日常小事上却显得十分有耐心。走出电梯也有讲究。靠近按钮的人士(往往是男士)控制住电梯门，直到电梯里其他人安全离开方才跨出电梯。里面的人未出来，外面的人是绝对不会冲进来的。

女士优先还反映在其他方面。有一次派对到开饭时间，大家自觉地排成队，我和几位男士边聊天边排队。只见来了一群女士，领头的一位美眉冲我们一笑，说："我们不客气啦，肚子饿啦。"就这么堂而皇之地加塞儿到我们前面。在这些女士的眼里，男士们靠后站是天经地义的事情。当然，女士优先并非是无代价的。尽管女士们可以处处享受优先，但是她们在做杂事上也是优先的。不过，不是权利而是义务和责任。每当派对结束，男士们一甩手走开，都是女士们忙着清理，打扫会场上的狼藉杯盘，很少见到男士去帮忙的。这样的分工，对于又主外又主内的大陆男士可能还不习惯。

我的一位同事斯科特每天骑自行车上班。他的车不是一般的自行车，似乎是专业选手的赛车。我一打听才知道，这位同事可了不得，牛着呢。斯科特是一位保险精算师，目前正在摩拳擦掌，争取通过精算师执照的考试，所以每周只工作30小时，其他时间用作复习准备。更让人吃惊的是斯科特的体育训练。他是位铁人三项选手，每天要骑上两小时的自行车，游一个小时的泳，还要跑步，一天的生活排得满满的。斯科特的教练是他自己找的，不时地给他一些技术上的指导。

斯科特告诉我说，他最好的成绩，是一次在夏威夷举行的国际比赛中得了第九名。由于他具有潜在的实力，他的代理人帮他找到赞助商，定期给他训练费，用以补薪水的不足。作为回报，斯科特每次训练和比赛时，均穿戴印有赞助商广告的衣帽。这么一棵好苗子，竟然没有国家体委和相关部门的重视，全凭自己在那儿折腾，真不容易。周围的同事只是把斯科特作为一名业务人员看待，似乎对他的铁人三项成绩并不很感兴趣，也没有特别的照顾。斯科特很快又要参加了国际比赛，但愿他能取得好成绩。

中国是个自行车大国。尽管近年来私人汽车发展很快，不少人仍以自行车代步。在美国，自行车一般作为锻炼身体的工具。上班骑自行车的人们，多数以锻炼身体为主要目标。我的处长就是一位铁杆的自行车健身鼓吹者。处长身体力行，不止一次地鼓动我们加入他的自行车队。处长得知我以前在中国骑自行车上下班，更加起劲地鼓动我骑车上班。不过，每天来回60多公里的路程，足以使我胆怯，我始终不敢尝试。

要说他的自行车还真特别。首先，自行车价格不菲，将近3,000美元。一辆旧汽车有时便宜的话，只要2,000到3,000美元就可以买到。其次，这辆车的模样挺特别，座椅不是竖立着的而是横躺着的。骑车人与其说是坐在车上，不如说是躺在自行车上。脚踏在龙头上，比前轮还高；万一失去平衡，骑车人是无论如何没有机会两脚撑地防止摔倒的。更有意思的是，自行车的后背插着一面小红旗，招摇过市，不过不是为了宣传，而是为了醒目，让汽车能看到它。处长常常骑着自行车，身着运动服，头戴安全帽，手脚套着护膝护肘，一路招摇骑到办公室。

美国人中，像处长这样把健身与出行合而为一的人还不多见。人们往往锻炼归锻炼，出行归出行。例如州政府的办公室地处闹市区，公务员们一般住得较远，须开车上班。供我们停车的免费停车库，离办公楼有100到200米距离，离办公楼近一些的停车场是要收费的。停车库可以避免日晒雨淋而且免费，只是需要稍稍多走几步路。我的老美同事宁可花钱买个日晒雨淋的泊位，上班少走几步路，然后下班再花钱到健身房去锻炼身体。真不明白，他们为什么不能把健身与上班步行结合起来。

州政府的各部会发行内部刊物。保险业管理部有一份内部刊物，介绍各处的新闻。有一期的内容很吸引眼球。部里的一位科长受到克林顿总统的接见，被授予准将军衔。对于这一授衔，我疑惑不解，一位科长怎么成为将军了呢？

原来，美国军队的编成分几个层次，其中的一个组成部分是国民自卫队。这支部队实质上是后备役军队。我居住的城市有一个军事基地，里面驻扎着国民自卫队。这支部队平时只有少数几个人在那儿看家，自卫队的成员都有自己的工作。有的人是警察，有的人是学生，有的是公司雇员，有的是州政府的公务员。他们每月训练几天，国民自卫队给予一定的补贴。在和平时期，这支部队不需要花太多的钱养着。一旦战事需要，他们可以很快召集起来，在国内外执行紧急任务。任务结束后，他们又回到各自的工作。我们的那位科长，竟然是军事基地的副司令。他平时的工作是保险的管理，而在基地上他又是一位叱咤风云的将军。一文一武的角色，在他身上充分地融合。

分管我们的副部长温德尼离职，即将就任 X 州最高法院的大法官。该职务由州长提名，经州参议院批准任命。州长为温德尼的任命召开新闻发布会。作为温德尼副部长的下属，我们参加新闻发布会。州长首先向大家介绍温德尼的妻子和两个孩子与大家见面。温德尼一岁的儿子，看来是位经过风雨见过世面的人物，面对如此众多的人头、摄像机、照相机，一点儿不怯场，不时地搞怪，引得大家哄堂大笑。

温德尼的母亲也来了，从外表上看是一位饱经风霜的老妇人。州长介绍了温德尼副部长的功绩，祝贺他成为州里的最高法官。令我意想不到的是，州长花很长的篇幅讲述温德尼副部长的家庭身世。温德尼出身贫寒，父母连高中都没有念完。他们一家兄弟姐妹四人，只有他一个人上大学。温德尼的母亲是位餐馆的服务生，为了养活四个子女，她终年在餐桌间奔跑。按州长的计算，这位辛劳的母亲每天要奔跑20多英里，几十年下来，她所走的路程可以到达月球。州长的说法可能有些夸张，但是说绕地球一圈可能不为过。州长一再强调温德尼的家庭出身，一再强调他通过个人奋斗和卓越表现实现了自己的理想。他的一席话，使我仿佛回到文革时代。在那个年代里，咱们讲的就是家庭出身。像温德尼这样的出身，可以说是响当当的"红五类"。

轮到温德尼发言，他将手中一岁的孩子交给妻子。他首先感谢他的母亲，是她的辛勤劳动才使他有今天。他又感谢他的妻子和儿女，是他们的支持，他才能全力以赴为X州的人民尽自己的义务。新闻发布会并不长，其间谈论温德尼的家庭占很大的篇幅，给人充满亲情的感觉。美国社会存在着较多的机会，使得出身贫寒的平民子弟有机会通过自身的努力，从社会的底层进入上层社会。这一机制，保证人才的发现和使用，也促进社会的安定。

第3篇 官与商

3.1. 医药欺诈案

当本格森坐在办公室里审查账目时，他从未想过药品差价的问题会成为五亿多美元的大案。本格森在 C 州开了一家小药店（ V 公司），为艾滋病患者提供药剂。1990年，昂贵的药价使许多病人用完了医保费，无法继续治疗。本格森多次主动免费帮助山穷水尽的病人。本格森发现，几家大医药公司的成本价与零售价之间的差额严重损害病人的利益。这些医药公司虚报成本价，获取超额的利润。这是怎么回事呢？故事还得从头说起。

首先，我们来了解一下美国的"医疗关怀系统"[1]。美国的"医疗关怀系统"为65岁以上的民众提供社会医保，由联邦政府管理。1965年7月30日，约翰逊总统签署了社会保险法令。在签字仪式上，约翰逊交给前任总统杜鲁门第一张"医疗关怀系统卡"，标志着该系统正式开始运作。

美国公民或常住居民达到65岁就可以享受社会医保。但有一个条件：受益人或配偶必须在美国工作累计达到十年。夫妻只要有一方符合条件，就可以双双享受社会医保。如果不符合上述条件，受益人每月交纳一定的费用后，也可以享受社会医保。

社会医保由联邦政府的医疗服务中心[2]管理，资金来自民众薪水的

---

[1] 美国的社会保险系统（Medicare）。
[2] 医疗服务中心（Centers for Medicare & Medicaid Services，简称 CMS）。

税收。每位公民或常住居民在美国打工必须缴纳医疗税，占个人薪水的1.45%。2008年，有4,500万美国人享受社会医保。到2030年，受益人数将达到7,800万。"医疗关怀系统"的支出不断增长，从1966年到1980年，每四年翻一番。2002年是2,309亿美元，2007年上升到4,400亿美元。目前，每一位老人由3.9名工作的人供养。由于美国人口的老龄化，到2030年，每位老人只有2.4人供养。社会医保将入不敷出。

"医疗关怀系统"为老人提供三种医疗保险：住院、看病和药品。老人看病、住院或到药店取药时，只要出示医保证件，就可以分文不花，事后由社会医保向医院、医生和药店支付费用。当药店要求政府支付老人的药费时，政府付款不是依据药店的报价，因为药店的进货渠道和药价不尽相同。政府要求制药公司上报药品的成本价，以此为依据算出零售价，支付给药店。为了牟利，有的医药公司想出虚报药品成本价的"聪明"办法。

例如，制药公司将20美元一盒的药品成本价报成200美元。政府经过计算，傻乎乎地向药店支付230美元的药费[①]。而药店的真正进药成本只有20美元。药店对这些制药公司的药品来者不拒，利润大幅增加，医药公司的销量也急剧攀升。苦的是国家，白白多付药费。

让我们再回到本格森的办公室。当"医疗关怀系统"寄来的支票摊在本格森面前时，他几乎不敢相信自己的眼睛。这笔钱是社会医保为病人支付的药费，是药店支付的成本价的十倍。本格森完全可以用这种方法狠狠地捞一把。但他是一位正直的药剂师。他和合作伙伴拒绝参与欺诈活动，不进这些公司的药。后来又有医药公司企图拉他下水，本格森决定揭发欺诈行为。他收集掌握证据后，向法院递交了诉讼状，将三家大医药公司告上法庭。

本格森的诉讼叫做公益代位诉讼。这里有必要对这种诉讼进行背景介绍。公益代位诉讼的目的是，防止政府的承包商通过虚报费用谋取利

[①] 加15%的零售商业利润。

润。私人或团体能以政府的名义控告对政府提出虚报的法人。如果胜诉，原告有权获得一定比例的赔偿。

公益代位诉讼[1]一词来自拉丁语，原意是"以国王的名义并为自己的利益提起诉讼者"。告发人（也叫做"吹哨者"[2]）可以是平民百姓、政府公务员、了解内幕的职员等。告发人享有赔偿金的分配权，是公益代位诉讼的亮点。如果胜诉且政府介入诉讼，赔偿分配的比例是15%～25%；如果政府不介入，则为25%～35%。如果官司打赢，被告将面临实际损害三倍的赔偿金和每个虚报行为5,500至11,000美元的民事罚金，告发者可以分到15%～35%的赔罚金。

如此严厉的处罚，有利于阻遏欺诈犯罪。因为一旦被查出，欺诈者得不偿失，偷鸡不成蚀把米。他们不仅要退还非法所得，还要付出三倍的惩罚性罚款。赔偿金的分配鼓励告发者，有的诉讼涉及上百万甚至上千万美元。如果告赢，告发者无异于中大彩奖。曾出现过公司的高层悄悄地收集证据，将本公司的欺诈丑事告到法院而获得高额奖励的事情。本格森的 V 公司在诉讼中分得4,480万美元的赔偿金，这可是一笔巨款。

公益代位诉讼的程序与一般的诉讼不同。告发人的诉状是秘密的，同时向司法部和地区检察官递交副本和揭发材料。告发人的身份和材料，在政府完成调查前对被告保密。美国法院受理的案件是对民众公开的，普通民众可以查寻法院正在审理的案件。民众还可以自由旁听法庭的审理，除非案件涉及国家机密或个人隐私。在 V 公司起诉的案件里，政府是受害者。V 公司在控告三家公司并要求法院暂时保密以后，转向联邦和各州政府，询问是否有意加盟。如果政府部门谢绝邀请，V 公司打赢官司罚款分钱占的份额就要大得多。

X 州收到加入诉讼的邀请。对于州政府来说，需要关心的是由本州

---

[1] 英文是 Qui tam action。
[2] 吹哨者（Whistle-blower），也译为举报人。

管理运行的"医疗资助系统"[1]。我们先要搞清楚"医疗资助系统"是怎么回事。"医疗资助系统"是美国为穷人提供的医保,由联邦政府和州政府联合出资,交由州政府管理。该医保与联邦的"医疗关怀系统"同时成立,耗费各州16%~25%的财政支出。"医疗资助系统"的受益人数达4,500万,每年花费3,000亿美元以上。

X州对"医疗资助系统"的支付情况进行分析,发现可能涉及数千万美元,所以欣然加入诉讼。联邦政府和近30个州政府组成庞大的原告团队,X州是参与人数最多、工作最积极的一个州,自始至终起到冲锋陷阵的领头作用。因为X州是个大州,被骗取的金额巨大,如果官司打赢,赔付的金额和罚款自然也多。

在众多的州政府团队中,有些州不太积极。他们希望坐享其成,是通常所谓的"免费搭乘者"。他们只是派一二位代表参加会议,发发言而已,数据分析全靠本州即X州来完成。然而积极参与的大州对此并无怨言,因为多一个州加入,声势就壮大一分;与其一个州孤军奋战,不如30个州联合行动。这样从阵势上可以威慑对方。由于事先规定利益瓜分原则,原告团队精诚团结,不会出现"分赃不均"、互相扯皮的现象。

诉讼开始了。法院在我方的要求下向S公司发出传票,要求该公司向我方提供数据。传票是由法院向单位或个人发出的强制性命令,一般有两种:一种是作证传票,另一种是提供证据传票。前者是命令当事人必须到法庭作证,后者命令当事人必须提供证据。如果违抗,将被法院处以藐视法庭罪,那是要坐牢的。

这里介绍一起闹得沸沸扬扬的因藐视法庭罪入狱的案子。瓦莱丽·威尔逊[2]曾是美国中央情报局的特工,是2003年轰动一时的美国"特工门"

---

[1] 医疗资助系统(Medicaid),各的州叫法稍有不同。例如,加州叫Medi-Cal,爱荷华州叫MediPASS,俄亥俄州叫OhioCare,麻省叫MassHealth。
[2] 瓦莱丽·普拉姆·威尔逊(Valerie Elise Plame Wilson,生于1963年8月),美国前中央情报局特工。

事件的中心人物。她的丈夫是美国前外交官威尔逊[①]，他对布什的伊拉克政策一直持批判态度。有人为了报复他，竟然将他妻子的特工身份披露于世，迫使女特工辞职，美国社会一片哗然。记者米勒[②]知道那位泄露女特工秘密的官员的姓名。法官发出传票，命令米勒提供泄密人的姓名，遭到拒绝。米勒的理由是，新闻人的职业道德使她有义务为提供情况的人员保密，否则今后谁还敢向媒体透露消息呢。但是从法律的角度讲，米勒的做法与法律相抵触，法官因此以藐视法庭罪判处米勒入狱18个月。

言归本传。我们获得S公司近几年批发和零售的完整记录，数量巨大，有上亿笔交易。而且数据内容复杂，不仅有销售，还有转期[③]、打折和退货等。显然，不可能指望S公司与我们真诚合作。他们提供的数据为我们的分析带来不少困难；最困难的是，无法将折扣、转期和退货与销售连起来。

例如，去年的1月1日销售一批药共1,000盒，每盒的目录价格是400美元，受货方付35万美元，转期是5万美元。三个月后，医药公司给受货方31万美元的折扣。这批药的实际收款是4万美元，价格其实只有40美元一盒。而按照目录价格，显然不符合实际情况。可是，如何将医药公司数月后发还给受货方的31万美元折扣与当时的收款35万美元联系起来，成为我们的难题，因为数据上没有任何迹象能使我们做到这一点。

我们决定采用时间对应法，大致推算出折扣与原始目录价的关系。通过政府间的合作，我们得到这些年S公司给各州的医药成本报价。将他们的报价与实际的批发和零售价格一比较，问题顿时显露出来了。

为了使律师在法庭上能生动形象地向陪审团展示S公司的欺诈行为，我们设计一个软件，以图表的形式展示我们的分析数据。有计算机行家在幕后的有效工作，我们的律师底气足得多了。在一次双方的碰头

[①] 约什夫·威尔逊（Joseph Charles Wilson IV，生于1949年11月），美国前外交官。
[②] 朱迪思·米勒（Judith Miller，生于1948年1月），纽约时报记者。
[③] 一种结掉旧账同时产生一个新账的结账方式。

会上，我们与对方的律师见面。当我方律师向对方介绍我们处的人员时，对方的首席律师握着我们的手，不无幽默地对我们说："幸会，你们这些幕后麻烦制造者。"从某种意义上讲，这是对我们工作的一种褒扬。

正当我们准备将证据在法庭上展示时，对方突然宣布愿意与我们庭外和解。原来，S公司面对我们兵临城下的阵势，自知不敌，于是缴械投降。经过协商，对方同意以2,700万美元的代价结束这场官司。由于S公司的告败，另外两家医药公司也相继认输，同意付出巨额赔偿；一家公司赔偿2,000万美元，另一家公司赔偿1,000万美元。

X州因3场诉讼，得到5,700万美元的巨额赔偿，可为本州的"医疗资助系统"注入更多的资金，从而能为本州的穷人支付更多的医疗费。

3.2. "发力丸"传销案

提到非法传销，有必要谈论一下庞氏骗局[1]。庞氏骗局起源于一位叫做庞兹的美国人。20世纪20年代，庞氏搞了个所谓的投资项目，许诺非常高的利润回报，许多人受高回报率的诱惑倾囊而出，加入投资骗局。在骗局的初期，庞氏确实给投资人很高的回报。但是，庞氏投资是将后来者的投资作为支付先前投资人的回报。骗局的垮台是迟早的事，因为骗局本身根本不是一个投资项目，没有赚取真正的利润。

1996年至1997年间，阿尔巴尼亚曾发生过几起重大的庞氏骗局，规模是空前的。最高峰时期，负债额占整个国家GDP的一半，三分之二的阿尔巴尼亚人陷入骗局。骗局垮台，造成的政治和社会动荡影响深远。骗局引起混乱，几乎将国家拖入内战，将近2,000人在这场动乱中丧生。所以各国对此类骗局较为重视。

2009年，美国爆出又一起庞氏骗局。金融界老手麦道夫涉嫌美国历史上最大的个人投资诈骗案，诈骗金额高达650亿美元。得克萨斯州也惊爆一起2.5亿美元的投资骗局丑闻。这些大案的受害者有个人、团体和学校，还有企业。涉及面之广，卷入资金之大，影响之深远，前所未闻。对处于经济衰退的美国，是雪上加霜。

与庞氏骗局类似的另一种骗局，叫做金字塔骗局[2]。顾名思义，金字塔由多层结构组成，采用多层经营模式，主要靠吸收新成员来吸纳资金，本身的经营往往是象征性的。因此塔的顶层（即公司或骗局的创始人）可以获利，越到下层的人越没有可能赚钱。他们只是缴纳入会费，

---

[1] 庞氏骗局（Ponzi scheme），也称为庞兹骗局，非法集资，非法吸金等。

[2] 金字塔骗局（Pyramid scheme），也称作"层压式推销"，是一种不能持久的商业运作模式。

让比他高的层次的人赚钱。

该骗局的组织机构，要求一个人发展数名（一般是六人）成员成为基层领导。如果下面的六个人每人分别发展了六个人，共36人，那么你就成了中层领导。如果手下的36人再每人发展六人，你手下有216人，你就成为上层领导了。以此类推，最后可以升入什么总裁之类的宝座。随着地位的上升，收入层层加码，最后可以坐在家里拿钱，不需要工作。这是骗局向人许诺的最有诱惑力的地方。

金字塔骗局的生存，依赖人们对回报的过高期望。然而稍懂一点数学的人就会明白，骗局支撑不了多久。以每层六名成员为例，当发展到第13层时，就需要有130多亿人参加，已经超过地球的总人口。那些梦想发展新会员借机发财的人们，往往发现他们是最底层，再也发展不到新的会员。该经营模式的要害是，少数高层(公司的发起者及早期加入者)的幸福和赚钱，是建立在大多数处于下层的人们的痛苦和赔钱基础上的。

传销与金字塔骗局有相似之处，不过传销是合法的经营模式。传销也叫多层推销或网络推销，这是一种不需要零售商店，由销售人员一层层销售的经营模式。传销的销售额增长很快。美国的安利公司[①]从1991年到1997年，销售额增长了三倍，达到70多亿美元，拥有14,000多雇员，在45个国家有300多万成员。传销摒弃传统的销售方式，节省零售需要的商店，降低销售成本，使产品具有较强的竞争力。

有的传销公司允许成员从招募者分离出来，成为独立的传销人。有的传销公司要求将手下发展的成员，向上线"进贡"数名发展的成员。虽然传销的结构各有不同，但是所有的传销公司都会从下线的销售中，提取一定的比例奖励上线的人员。这种形式的分配制度，与金字塔骗局的结构颇为相似。

[①] 安利公司（Amway，全称 American Way）1959 年创立，总公司位于美国密歇根州大急流市亚达城，是一有多层次直销公司。

上世纪90年代初期，留美华人中传销曾经火爆一时，许多留学生做起一夜暴富的美梦。他们首先缴纳100～200美金的入会费，领到一些产品(如化妆品)，继而在同学和朋友中推销发展成员。他们的口号是，只要你发展几个人，他们再发展几个人，你就可以坐享其成，成为富翁。我的一位朋友，不惜驱车千里，跑到过去的同学那里去游说，动员人家加盟传销行列。光对我游说的，就不下数十人。由于我生来对经商不感兴趣，所以不愿涉足，没有成为追潮儿。后来的事实证明，留美华人中在传销行业中真正成功、发财的并不多见。当年极力鼓动我加盟的那些朋友，没有一个人留在传销领域。

虽然传销的经营模式与金字塔骗局有许多共同点，但是它们有着质的区别。传销是以售出产品或提供服务达到盈利的目的，而金字塔骗局则是以吸纳新会员的缴费作为盈利手段，并不出售产品或提供服务。金字塔骗局在许多国家是非法的（如美国和中国等），但是传销在许多国家却是合法的。

由于金字塔骗局是非法的，现在很少有人公开打着这一旗号来骗人。但是不法奸商改头换面，乔装打扮，打法律的擦边球。许多金字塔骗局打着传销的旗号，堂而皇之地进入市场。他们出售一些象征性的产品，但是公司的宗旨是以吸纳新成员的缴费为主要目的，出售产品只是个幌子，只占他们经营中的很少一部分。有的金字塔骗局公司要求成员在加入公司前先购买一大批产品，有的则以发展成员的多寡决定付酬，有的售出的产品价格高出市场价许多。所有这些公司都许诺不现实的高薪回报，成员加入公司后发现，他们根本无法推销产品，产品又不能退回公司。

改头换面的金字塔骗局，给执法机构带来难题。如何区分正常的传销和金字塔骗局，成为司法机关的一个难题。美国司法界执行的是判例法，即以过去的判例作为现今判案的准则。经过多桩诉讼的判决，正常的传销和金字塔骗局之间的区分逐步形成。

判定是否属于金字塔骗局的第一条标准是，推销产品是否面向最终消费者。公司推销的对象，必须是传销公司以外的消费者。合法的传销公司必须是在推销真正的消费品，而且必须面向广大消费者。如果发现推销的产品根本没有实用价值，或者购买产品的人们并非是广大消费者，而是传销网络内的自身推销人员，那么可以确定传销公司是金字塔骗局。与该标准相关的一个考核因素是，传销公司是否允许退货。正常的零售公司允许顾客退货。如果传销公司规定不许退货，那么十有八九是诈骗公司。

判定是否是金字塔骗局的第二条标准，是公司的收入构成。如果雇员的总收入中没有招募新会员的成分(如平常的零售公司)，公司肯定不是金字塔骗局。如果雇员的总收入百分之百的来自新会员，这是典型的金字塔骗局。可是从零到百分之百，有很大的跨度，在灰色地段如何确定一个点使之量化便于执法机构掌握呢？最高法院的判决是，雇员的总收入中来自新成员的比例不得超过50%。这就是说，如果传销公司全体人员的总收入中招募新会员的金额比重小于或等于50%，传销公司是合法的；如果超过50%的临界值，公司就是金字塔骗局。

以上两个标准使传销公司有了自律的标准。要想避免惹上官司，传销公司必须设法避免达到上述两个标准。安利公司在1979年被联邦贸易委员会告上法庭。由于已经订立自律规定，该公司未遭法律惩罚，并且发展成为一个庞大的跨国传销公司。

X州司法部的保护消费者处查处了一起金字塔骗局案。这是一家由兄弟俩登记注册的公司，传销"汽车发力丸"。该公司在广告上吹嘘，药丸放入汽车油箱可以省油20%。由于近年来美国的汽油价直线上升，尤其是在2008年，油价达到每加仑四美元以上，民众不堪油价重负，骗局吸引了不少人。更具有诱惑力的是，如果先交纳一定的会费成为公司的成员后，可以从发展的成员的销售中提成，获得佣金。公司在六个月内迅速发展，成为月销售额高达百万美元以上的公司。

然而，好景不长。人们渐渐发现，所谓的发力丸放入油箱后并不给力，根本没有像广告中吹嘘的那样可以节省20%的汽油。公司的销售量越来越少。那些后期加入的成员不仅一无所得，还赔了不少钱。有人开始向司法部的保护消费者处投诉。

要确定该公司违法，只要证明两条中的其中一条即可：一是产品，二是收入分配。前者比较容易些，无需惊动该公司。如果不成功，我们可以进行第二步，通过法院，责成该公司将销售和收入分配的数据提供给我们。

我们购买了汽车发力丸，送交有关部门化验。送检的结果是，该发力丸的主要成分与常用的樟脑丸相似，根本不存在节油功能。有了这一证据，州司法部与该公司进行正面交锋。司法部的出现是公司最担心的，也是预料之中的事。从一开始，兄弟二人就明白这是个大骗局，只想打个短平快，快进快出，捞一把走人，没想到公司竟如此红火。他们一见我们提供的证据，自知理亏，马上要求庭外和解，表示愿意退赔赃款争取从宽处理。

X州成立了退赔基金会，然后登报广而告之，并在司法部的网站上设立索赔申请窗口。受害人可以打电话、写信或直接登录司法部的网站，申请索赔。收到索赔申请后，我们将信息与该公司的数据核对，计算出实际的受害金额。

经过数月的努力，第一批退赔名单终于成形。司法部雇佣外包公司，将支票印好后邮寄给受害人。没有人认领的款项交入州库，成为公共财产。一场"发力丸"的风波就此了结，受害者的愤怒逐渐平息。那些幻想一夜暴富的人们，到头来成为诈骗的对象。不但没有发财，反而破财，还被人耻笑，得不偿失啊。

3.3. 牛奶汽油价格战

自由和公开竞争的市场给消费者带来的好处是，人们可以用最低的价格购得最好的商品和服务。然而要实现这一目标，竞争的商家必须诚实而又独立地制定产品和服务的价格。如果商家幕后交易，哄抬价格，消费者的利益就会受到损害。

在美国，联手抬价、有意陪标和幕后固定市场，都是违法行为。陪标指的是，竞标的商家们事先确定好某家中标，为掩盖事实造成竞争假象，其他商家也参与投标。但是他们的投标价格高于可能中标的价格，中标者可以用毫无竞争力的价格取胜。

美国在1890年制定的苏曼法案[①]，明确禁止竞争的商家抬价、陪标和圈定市场等反竞争的活动，违者将受刑事处罚。公司可受到最高1,000万美元的罚款，个人可受到最高35万美元的罚款和/或最高三年的徒刑。违者还必须对受害人进行赔偿。

要证明此类犯罪，检方并不一定需要提出直接证据，证明合谋的商家有书面的或口头的协议。犯罪的事实可以是直接的证据（例如参与者的认罪供词），也可以是间接的证据（例如可疑的投标、电话记录、公司日志等）。

美国政府与许多公司存在招标和投标的关系。如美国公立的中小学校与牛奶供应商之间就有这样的关系。美国的中小学校设有餐厅，为学生提供午餐，牛奶是其供应的主要食品之一。每年的4月到8月，全国各地的学区[②]向牛奶生产商公开招标。感兴趣的牛奶生产商向学区投标，

[①] 苏曼反垄断法案（The Sherman Antitrust Act，也称为苏曼法案 Sherman Act）是美国反垄断法历史上具有重要意义的一个法案。
[②] 学区是介于州教育部与学校之间的行政管理部门。

投标最低者将获得下一学年度的合同，为学区提供牛奶及相关奶制品。

由于制奶产业的特点，牛奶商很容易合谋在牛奶的价格投标上做手脚。上世纪末，美国政府在30多个州进行调查，十多个州的牛奶商表示认罪，罚款高达9,000多万美元，近90人被判刑入狱。他们的犯罪方式五花八门：有的避免互相竞标，划分地盘，互不侵犯；有的故意提高投标价格，造成竞争假象。无论他们耍什么花招，目的只有一个：保证得标者能以较高的价格中标。

举美国中部的一个地区为例，该地区有两家牛奶供应商。据当事人交代，自上世纪70年代末至1982年，两家牛奶供应商的主要负责人通过会面和电话协商达成共识，避免相互竞争。1983年，由于一家公司在其他地区失去一宗大笔生意，挑起价格战。1984年，公司的总裁易人，两家公司的头头在一家餐馆共进午餐，修复关系，通过电话协调当年的投标。此后相当长的一段时间里，两家公司操控投标的价格。后来一家公司又挑起价格战，致使硝烟再起，直至双方被政府告上法庭。这段历史，成为经典的价格战史。两家公司多年来分分合合、打打停停。由于标价是公开的，该事件成为研究牛奶价格战绝好的第一手材料。

打击此类违法行为的难点是，在缺乏直接证据的条件下证明商家合伙抬价。X州司法部的反托拉斯处接手一个案件，调查本州D市地区牛奶市场上的合伙抬价问题。该地区有多家牛奶供应商向学区提供牛奶，根据对以往投标的分析，商家很有可能存在合谋抬价。

现在的商家，已经很少公开地通过会面、通话和通信等方式进行合谋抬价，因为这样做很容易落下证据和把柄。聪明的商家通过秘而不宣的默契，来达到合谋的目的，这就为执法部门的调查制造困难、设置障碍。

然而魔高一尺，道高一丈。经济学家采用新的研究方法，以经济学模型来解这个谜。有一篇发表在著名学术刊物上的论文，引起我们的注意。作者在论文中，运用博弈理论探讨陪标问题。这位经济学家证明，上世纪90年代，在X州的D市地区，几个牛奶商家有着合谋的现象。

反托拉斯处的律师希望我们能采用该经济学家提出的方法,研究 D 市地区近几年的牛奶投标问题。整个 D 市地区众多学区的投标期长达 4 个月,商家有足够的时间进行默契的合作。他们遵循的一条原则是,如果你打我一拳我就踢你一脚,反之咱们可以互不侵犯、相安无事。这种既合作又争斗的策略交织在一起,使得用普通的统计模型寻找他们合谋的证据异常困难。

根据那篇论文,继标率(即继续中标的比率)很高的迹象表明,各商家遵循保持现时势力划分范围的意向,大家互不侵犯。表面上看,中标的公司投标的价格低于其他陪标公司,但是根据那篇论文的分析模型显示,继标公司与高报价密切相关。换句话说,如果只看中标的公司,继标公司的报价比其他公司高,就证明几家商家存在陪标现象。

有意思的是,出于自身利益的驱使,越接近招标时段的尾声,竞争杀价的现象越多。这是因为,反正本年度招标马上要结束,对方要报复也来不及了,明年的事以后再说。该现象放在一般的分析模型里,会掩盖商家的合谋。但是放在这位经济学家的模型中,可以用博弈理论来解释。根据这位专家的意见,继标率高和继标公司报价高的现象,可以证明商家存在合谋抬价。

律师收集的数据相继送到我的手上,有从学区送来的多年的报价材料,有从联邦政府网站下载的多年来国家规定的牛奶基本价格。我运用相同的经济学模型,对 D 市地区的学区牛奶投标报价进行分析,得出与那位经济学家相似的结果。在 D 市地区的学区中,从2002年到2008年,继标率非常高,继标商家的报价也比较高。那种又合作又争斗的现象,同样出现在我们分析的时段,商家在投标末期竞争得很厉害。

我们讨论是否展开正式的调查,将几家牛奶商告上法庭。尽管我们的初步研究结果倾向于继续调查,但是是否能被法庭和陪审团接受,大家没有把握。那位经济学家是个外国人,已经离开美国,如果请他来为我们作证有些困难。我们的数据不够完整,分析研究只是初步的,证据还不足以扳倒对方。另一个原因是,一旦开战,该案将牵涉我们很多精力，我们需要投入更多的人力和物力。经过反复斟酌，我们决定暂时将调查放一放，等将来时机成熟以后再继续调查。

牛奶价格战发生在平常时期。如果发生自然灾害，有的商家会趁机大发国难财；他们会肆意抬高商品价格，赚取昧良心的钱。此时商家的行为可能是独立的、个别的，而不是合谋的。发国难财的问题，近年来受到美国民众的广泛关注。对于这一问题，美国的联邦政府和各州政府有一系列的法律应对。

各州明文规定，禁止商家利用自然灾害等机会发国难财。在宣布的处于紧急状态的地区内，商品和服务的销售价格不得高于该地区宣布紧急状态之前的价格。X州的反商业欺诈法规定，在宣布紧急状态的地区，禁止对日常生活必需品肆意加价。

2005年，卡特里娜飓风袭击数州，造成油价普遍上涨，引起民众强烈不满。有的人甚至打911报警电话，投诉居高不下的油价。美国贸易委员会一直注视着油价，对石油界的各大公司进行过反托拉斯的调查，以搞清油价是否是由于人为操纵而飙升。佛罗里达、加利福尼亚、纽约、得克萨斯等多个州的司法部，相继宣布对各大石油公司进行调查。

X州司法部的反托拉斯处根据民众的投诉，对本州六个大城市的油价进行调查，涉及八家大石油公司。石油公司毫无根据地大肆提高油价，是违法的行为。然而，问题还有复杂的一面：油价还得服从商品的价格规律。如果由于汽油的成本提高，适当地提高价格也是允许的。X州的法律中对此也有明确规定，这就使我们的调查有一定的难度。

由于卡特里娜和丽塔两大飓风的袭击，X州的州长多次宣布本州处于紧急状态。每次宣布的紧急状态有效期为一个月，从2005年9月到11月3个月的时间内，X州均为紧急状态。我们决定对该时期内八家石油公司的油价进行调查，发现其中的两家公司油价涨得有点离谱。石油公司普遍上调油价，是因为飓风影响了原油的运输和炼油厂的生产，供需关系发生变化。但是在大家都受到影响的情况下，为什么这两家公司的油价比其他公司高出许多？至少要让这两家公司说出个所以然来，不能轻意放过他们。

我们对数据进行统计模型分析。用统计模型分析的目的是，综合多种因素的考虑，得出科学的结论。举一个例子说明，当我们比较两个班的学生成绩时，平常人往往只看平均分。假如一个班的平均分是85分，另一个班的平均分是87分，我们很容易得出第二个班的成绩比第一个班的成绩好的结论。但是，根据统计学的分析，很有可能这两个班学生的水平并无实质上的差别，出现在平均分上的差异只是出于偶然而已。由于这一问题涉及更多的统计原理，此处不赘。

平均数是我们日常生活中使用得比较多的一个描述性统计数字，也是被滥用得最多、误区最多、欺骗性极大的一个统计数字。在统计民众财富和收入时，平均数常会掩盖真相，使人造成错觉。例如，有九人月收入1,000元，第十人是个百万富翁，月收入10万元。他们的平均收入是10,900元。九个穷人与一个富人一平均，月收入一下子翻了近11倍，一夜间"被"小康了。

根据我们的分析，由于飓风的作用，油价普遍上涨每加仑32美分。两家公司在飓风前与其他6家公司的油价并无明显差别，但是在飓风期间，分别比别的公司高出每加仑22美分和9美分。这些差距在统计学中是显著的，不是出于偶然。两家公司高出其他公司的油价，实在有发国难财之嫌。

由于种种原因，最终反托拉斯处并未能将两家公司告上法庭。然而在交锋中以及媒体的谴责声中，石油公司受到震动。调查起到威慑作用，足以使他们在今后类似的情况下三思而行。鉴于2005年飓风中出现的问题，美国联邦政府和立法机构及时修定了法律，制定出更有针对性的新规定，防止此类事件再次发生。

3.4. 破产债权的诉讼

　　破产在商界是经常发生的。当一个企业经营不善难以为继时，可以宣布破产。金融巨头雷曼兄弟公司因为资不抵债，一夜间土崩瓦解。美国的汽车工业巨头克莱斯勒和通用机械公司，曾进入破产保护程序，重组公司以便走出困境。通用机械公司在申请破产保护时，试图以其他方式拯救公司，但是由于与债权人的谈判破裂，不得不进入破产保护程序。

　　当破产时，因负债方（也就是濒于破产的公司）已经资不抵债，债权人之间如何分得破产后的财产，是斗争的焦点。百分之百地讨回投资或债务已经不可能，所以各债权人之间必然你争我夺，以减少自己的损失。法院会按债权的优先序列和份额，按比例将所剩资产分给债权人。这些情况是一般人了解的，不必细说。

　　然而，有一个领域常人未必熟悉，而且争夺起来空间不小。这就是破产前的时段，有两种情况会引发债务纠纷。我们先来看第一种情况。一家公司经营出现问题，绝不是一朝一夕的事情。当公司决策人发现公司出现问题但是远没有破产时，对于如何支付款项是很有讲究的。例如，甲公司2007年初出现经营问题，公司有十供货商，其中的一个供货商与甲公司经理是亲戚关系。经理对该供货商的欠款频频支付，而对其他供货商屡屡拖欠。等到2008年破产时，公司经理的亲戚逃避了损失的厄运，因为他在甲公司有内应。对于这种情况，其他九家供货商或贷款人可以向法院起诉，要求追回这种以不当形式逃避的债务。

　　第二种情况是负债人挑起的。例如，乙公司进入破产程序。该公司会对进入破产程序前的支出进行调查，追回部分已经支出的款项，以便对拥有相同优先顺序的债权人的债务进行更公平的分配。有的即将破产的公司为了支撑下去，争取走出困境，会对部分债权人及时付款，以使公司运作，而对其他债权人拖欠付款。等到进入破产程序时，那些受到优待的债权人会被要求退回一定的款项。这些款项，通常是进入破产程序的前90天内的付款。

X州的K律师事务所精于这样的官司，律师事务所的老板是位律师，但是对拨弄数字挺在行。K律师事务所专找小额破产债权的官司打，从中分得一杯羹。被K律师事务所盯上的不论是个人或者公司，不愿意为区区几百美元或几千美元打一场官司。因为光是律师费就可能超过几千美元，所以都采取花钱消灾的办法，庭外和解，照单付款，或者讨个折扣息事宁人。K律师事务所屡屡得逞，胃口越来越大，这一次将目光瞄准州政府所属的一家州立医院。

该医院设有许多J饮料公司的自动饮料售货机，饮料公司进入破产程序。K律师事务所出面代表J饮料公司，试图讨回该公司在进入破产程序前三个月内向州属医院支付的9,000多美元的付款。理由是，该饮料公司在进入破产程序前优先付款给州政府的医院，忽略了其他公司。目前该公司正在破产程序中，需要重新平分破产债务。

如果换了其他单位，K律师事务所这一次可能又会得逞。可是这一次他们却打错算盘。州政府是个出名的穷单位，按我的上司的说法，要让州政府出钱，犹如"蚊子叮石头"。这一成语，与中国人说的"铁公鸡身上拔毛"有异曲同工之处。

破产处的律师找到我们，希望我们处给予技术上的支持，派一位专家批驳律师事务所的起诉书。任务落到我的头上。这是我第一次正式以专家身份为我方做技术鉴定。尽管我们过去做过大量的技术工作，但是由于都是大案和要案，司法部不得不花大钱，请外单位有名的专家出面打官司。此案太小，不值得请有名的专家，我才有上场的机会。

反驳的第一步是分析数据，弄懂对方的思路并发现破绽。州政府所属的医院很热心地为我们提供原始数据，并给我们做详尽的介绍，我很快入了门。但是在重复对方的分析时，我遇到困难。对方没有详细介绍

190

他们所采用的方法，只是将结果列出来。要真正懂得他们所采用的方法，颇费一番周折。经过一番努力，我总算弄懂对方的思路，得出相同的结果。我找到了问题的症结。原来K律师事务所玩弄一个低级的数字游戏。为了证明那家医院应该退还款项，K律师事务所将J饮料公司破产前一年与破产前几年的付款情况加以比较。破产法规定，如果有证据证明，破产前的一年内医院收到的付款与破产前几年有明显的不同，医院应该退回多收到的款项。按行话说，这叫优先付款部分。就是说州医院得到J饮料公司的优先照顾，比别的债权人多得了款项。

　　J公司的自动饮料售货机在医院里卖饮料，每月按合同提成，向医院结一次账。由于节假日以及周末的原因，饮料公司的付款不可能像钟表般的准确，有时会早几天，有时会晚几天，相差10天、20天的事经常发生。K律师事务所不惜对这些数据来个大拨弄。经过他们故意的组合，还真给组合出毛病。他们煞有介事地下结论说，进入破产前一年，76%的款项及时支付，而在此前只有54%的款项及时支付，相差非常明显。

　　他们定义及时付款的条件是，第二个月的10天至15天之间付款。为什么定第二个月的10—15天之内呢？有什么根据呢？他们从来未提过，也说不出口。这是因为，用10—15天的标准，可以使两个时期的比差最大。如果换另一个标准，把及时付款日期定为第二个月的15—20天，那么两个时期的付款及时率就成50%和54%，只相差4个百分点，而且方向正相反。破产前的付款及时率，由76%一下子掉到50%。显然他们玩的是数字游戏。

　　我从统计学的角度，对他们的这种作法进行批驳，指出他们的结论有人为的主观因素，不足为信。我用较客观的统计方法进行对比，指出进入破产前一年的情况与前几年的情况，从统计学角度分析没有显著区别，并将数学公式和计算结果一并附上。在法律文件中附上复杂的数字公式是迫不得已，但是外行人就吃这一套。有时候，对于很简单的问题和概念，你不用令人生畏的数学公式来表达就不能镇住对方。数学公式不仅使论述简洁方便明了，而且被用来作为震慑对手的工具，也许是美国法律界的一大景观。

我作为统计专家下结论说，原告的说法毫无科学根据，应该以我的统计分析为准。州政府没有受到任何优先付款的待遇，因此州属医院不应该退还9,000多美元。技术鉴定写好后，由处长润色，就更完美。我和处长多年来一直这样密切配合，他的文笔非常好，在我撰写的报告的基础上，能写出更优雅更有力的驳文。律师从法律的角度，对我的技术鉴定提出最后的修改意见。

技术鉴定书有固定的格式。首先介绍我的学位，发表的论文，工作经历，以此证明我作为专家是够格的。然后声明，我此次的技术鉴定没有受人指使，我的薪水和晋升与本技术鉴定的结果无关。然后才是技术鉴定，最后由律师公证备案，发往对方。

美国的公证与国内的公证有很大的不同。美国的公证相对简单，律师可以兼职作公证员。只要接受简单训练，普通人也可成为公证员。公证员不负责对公证的事实真伪进行调查。他们只证明当事人的身份准确无误，所签的姓名是真实的即可，而对当事人在公证文件中讲的话是否正确，不负法律责任。对于我在技术鉴定上讲的内容，公证员不必辨别真伪。公证员只认证该技术鉴定是我写的，而不是有人假冒我的名义。

我的反驳发出后，我们处再也没有听到任何消息。如果对方再反驳，我们会进入第二轮的辩论。如果此案了结，律师也该告诉我们案件的结果。过了几个月，我在电梯里遇到负责该案的律师，便随口问了一句："那家医院的案子结了吗？"

她惊讶地问我："怎么你们不知道？我还以为我已经告诉过你们了呢。"

我急切地问："结果如何？"

她得意地告诉我："早结了。你的反驳太厉害了。他们一收到你的反驳，没两天就乖乖地撤诉了。我们赢了，为我们州省了9,000多美元。"

就这样，我的第一次专家技术鉴定一锤定音，成功地击退对手的"猖狂"进攻。

3.5. 计算机和犯罪

特快专递的邮件送来了。打开邮件，附信这样写道："随本邮件寄去被告人提供的原告所要求的材料。"只见快件里附有一只U盘。

原告律师松了一口气："这些材料总算送来。为这些材料，我们费了九牛二虎之力，伤透脑筋。"

当律师将U盘接上计算机时，他看到成千上万个文件，分装在许许多多文件夹里。他不知所措，当他点一下文件夹时，成千上万的电子邮件扑面而来。"这怎么办？"律师慌了神，不由自主地问道。

这一情景时常困扰X州司法部的律师。这是怎么回事？我们还得从头说起。随着计算机的兴起和普及，计算机犯罪呈上升趋势。计算机犯罪的范围比较广，涉及信息技术的不法行为均在此范畴。例如，黑客进入网络非法截取信息、入侵数据系统等。目前，至少有100万人以上从事与英特网有关的犯罪活动。据1999年美国对186家企业调查，由于计算机犯罪，这些公司一年损失近四亿美元。这一趋势继续攀升，成为人们关注的焦点之一。在部长的力主下，X州司法部成立专门对付计算机犯罪的部门，同时对各部门的工作人员（尤其是律师）进行高科技普及教育，使公务员的计算机知识跟上时代的步伐。

在司法调查中，有一重要步骤叫显示证据。这是审判前检方向法庭出示获得的证据。随着计算机的普及，很多案件与计算机有关，因而电子显示证据成为司法调查必不可少的环节。本章开始描述的情景，是原告要求被告提供原始材料时发生的一幕。

我们曾经多次遇到这样的情况。我们要求被告提供公司主要负责人近几年的电子邮件，几经周折，对方总算把材料送来了。可是由于数据量太大，根本没有办法用人力查找邮件。起初我们没有经验，硬是将所有的电子邮件打印出来。打印的邮件足足有几大箱，人工查找既费时又耗力，效率很低。有矛就有盾，专门对付这种情况的软件问世，只要输入关键字，软件很快可以找到有关的电邮，为查找犯罪证据提供方便。

还有更困难的。我们司法部与一家跨国的医药公司（L公司）打官司。该公司违反美国食品管理局的规定，向医生做广告，夸大公司药品的功能。L公司向医生发出与情况不符的广告信，让医生在开处方时使用该公司生产的药品，使公司的销售量大幅提高。按照联邦法规定，每一封不实的广告信，可导致1,000美元到10,000美元的惩罚性罚款。每找到一封这样的信件，州政府可以课以1,000到10,000美元的罚款。X州是个大州，与医保挂钩的医生有上万名。如果十分之一的医生接到过此类信件，L公司就要付100万到1,000万美元的罚款。这可不是一桩小案。

但是要找到这些信绝非易事。在法院的命令下，L公司将近年来他们所有的邮件全部送到司法部。这些文件以电子文档或图像的方式存入硬盘中。证据分装好几个硬盘，每个硬盘至少存有100～150G的文件，数千个文件夹。每个文件夹中又有数千个文件。用手工进行搜寻，几乎不可能；到官司打完，人工搜寻还结束不了呢。我们处在司法部算得上是高科技部门，律师们想到我们处，向我们求援。

这次任务的难点是文件数量多，并且分存在不同的文件夹，仅输入文件夹的名称和文件的名称，就要花费很多人工。我们只对写给X州医生的信件感兴趣，必须能让计算机自动地逐一打开文件，查看抬头是否是写给X州的医生。我们设计一个程序，将文件夹的名称和对应的文件名称提取出来，再通过这些名称逐个打开文件，从邮件的第一个字开始寻找收件人的地址，发现X州和州内的邮编，将该文件放入我们预先设好的地方。这样一来，我们只要打开这一部分的文件，一眼就可以断定是否是我们需要找的信件。如果是，我们就打印下来作为证据。这样的信，每封价值1,000到10,000美元，称得上是昂贵的信件。

我们还曾应刑事调查处的请求，帮助他们解决一个技术难题。我们

194

来到司法部办公大楼的最高层，第15楼。该层楼是司法部最机密、防守最严密的一层楼。任何到这一层楼的人员，必须持有通行证。该层楼里工作人员是警察，他们人人配带手枪、手铐、对讲机，随时准备出击抓捕犯人。

警察同事的办公室，不禁使我联想起星球大战里的情景。眼前这位携带手枪的警察，不仅是个擒拿格斗的好手，而且还是计算机专家。他的办公室里摆着一溜儿的计算机，桌上铺满各种计算机的零件，光硬盘就有好几个。他刚刚抓获一名从事儿童色情的嫌疑犯，从该犯家中缴获一台计算机。那个家伙似乎嗅到危险，在被抓捕前，将所有的证据从计算机中删除。不过令嫌犯想不到的是，我们有办法将删除的文件全部恢复。其实，计算机在删除文件时，并不是真正地将电子文件彻底抹去，而只是删除文件头上的识别信息。市场上有许多恢复被删除文件的软件出售，甚至可以淘到免费的恢复软件。

我们的警察用恢复软件复原被删除的文件。可是这台嫌疑犯使用过的计算机里有上万个文件，如何尽快搜寻到要找的证据，成为令人头疼的问题。我们一合计，提出建议，让他把所有的文件名传给我们，由我们对文件名进行统计，从名称中寻找线索，这样可以免去人工搜索查找。很快，文件名称的统计结果出来，分别有文件类别、文件名称、文件大小、文件名称的关键词统计。几个统计数据，成为搜寻的依据和线索。警官很快发现确凿证据，将嫌疑犯绳之以法。

15楼的警官还曾请我们诊断他们遇到的问题。司法部的犯罪调查处，对南美的一家银行在H市的分行进行突击搜查。据举报，总部设在境外的这家银行，通过H市等地的分行进行洗钱，把在美国的非法收入汇往国外。当地方检察官提出对其来往账目进行调查时，H市的分行断然拒绝合作。理由是他们只是分行，只有几部计算机通过网络连通到境外的总部，本身没有账目记录。而对设在国外的银行总部进行调查，手续很麻烦，基本上行不通。

由于没有正式定罪，检方不能关闭该分行，不能拿走分行里的计算

195

机，影响银行的正常营业。检察官只好将该分行的一部计算机进行冻结，把硬盘上的文件和软件统统拷贝到备份硬盘上。谁知回来后我方人员发现，备份硬盘根本无法运行。我方人员在分行时对那台计算机进行过反复试验，硬盘拷贝回来后为什么连启动都成问题呢？

根据与盗版打交道的经验，我提出很可能该银行的计算机上设有专门的识别机制。我们虽然将硬盘拷贝，但是拷贝有点像盗版一样，无法通过识别，所以无法启动。如果我们当时将拷贝的硬盘留给银行，将原始硬盘带回来，或许可以避免这一问题。可是现在再返回那家分行去取硬盘，已经不可能，只能另外想辙。我们的人后来还是找到一些证据，判罚该分行的负责人，但是对境外的银行总部只好望界兴叹。

与中国不同，美国的经济活动大多是以支票、汇票等形式通过银行来完成的。人们手头上现金的保有量很小，大多数美国人使用信用卡和贷记卡。如果一个人一次性地存入或取出大笔的现金(3,000到4,000美元以上)，银行必须向联邦调查局汇报。该局设有专门的表格，要求银行及时填写上报。联邦调查局还规定，银行账户间超过一万美元的转账必须报告。联邦调查局有一个巨大的数据库，收集超过一万美元的转账信息。进出入美国的游客准许携带的现金，最高限额也是一万美元。

联邦调查局数据库里的信息，包括转出人和转进人的姓名、社会安全号、地址、联系方式、转入银行、转出银行和账户号码，以便于追踪款项的下落。我的一位同事管理着 X 州银行的转账信息，我参加过数据库的设计与调试工作。由于我知道银行有一万美元上报的门槛，我买房向亲戚朋友借款时，采取多次小额转账的办法。结果银行一个电话打过来询问，为什么我一个月内转账多次。看来，他们不仅能查看每次转账是否超过一万美元，还能查看一定时间内是否超过一万美元。我连忙解释道，这些都是借的钱，我怕超过一万要上报联邦调查局，惹出不必要的麻烦。对方这才未予深究。

在严格的监控下，黑帮或贪官想一下子转移数百万或数千万美元的资金，绝非易事。而将大额资金分散打零，采用蚂蚁搬家的方法，会涉及众多的人，花费较长的时间。美国的这套银行控制方法，对防止不义之财的流动有一定的效果。

X州司法部属下的最大的大部门，是儿童抚养费管理处，该处的员工数占司法部总人数的一半以上。它的职责，是执行法庭对儿童抚养费用的判决，保护儿童的合法权益。美国的人口流动性很大，他们没有严密的户口制度。有不少人离婚后，为了逃避子女的抚养费用，到处搬家，给前妻或前夫追寻子女抚养费造成很大困难。为了帮助儿童，各州的司法部均设有儿童抚养费管理处，负责追踪逃避责任的父母。

那么大一个国家，如何追踪这些人呢？美国的税务系统严密而又庞大。每个人(包括临时来美读书的留学生、访问学者)均需要到社会保险局申请一个社会保险号。该号码是美国人的最重要的身份标识。该号码很简单，只有九位数字，前面三位，中间两位，再加末尾四位数。大多数美国人都能熟记自己的社会保险号。

关于社会保险号，曾有一个有趣的故事。越战期间，一位美国飞行员的战机在敌占区被击落，基地派出飞机前去营救。由于越南人的监听，营救飞机上的人员只能用暗语与这位飞行员通话。为了给飞行员指示汇合地点，营救人员用他的社会保险号中第二部分的两位数字，告诉他那就是汇合方向。偷听的越共傻了眼，他们无法知道这位飞行员的社会保险号，因而无从知道是什么方向，飞行员终于成功逃脱。

在美国，只要一个人参加工作挣薪水，雇员必须将自己的社会保险号报告给雇主。雇主在给雇员发工资时，必须同时为雇员纳税。该信息每两周(小企业)或每月(大公司和政府)向税务局报告，美国的就业人数就是这么统计出来的。

因此无论你躲在美国的哪一个角落，只要你一工作，只要你的老板是个遵纪守法的雇主，你的信息会很快上报给税务局，不出一个月，该信息就会进入庞大的数据库。只要你的信息进入数据库，各州司法部的儿童抚养费管理处就会同时获得信息。真是天网恢恢，疏而不漏。

前两年曾发生一起枪杀案。一位男子几次搬家，想逃脱子女抚养费，都被追踪到。他又逃到外州，在一家只有五六个工人的小企业开始工作。谁知，企业很快收到其前妻所在州的司法部的命令，要求业主从该员的薪水中直接扣除拖欠的子女抚养费。这么一来，这个人的薪水所剩无几。气急败坏的他将气撒向雇主，竟然开枪打死无辜的老板。

这样的追踪，离不开计算机和计算机网络。X州司法部还将计算机追踪运用到性侵犯者的身上。有些犯罪人员服了刑，已经释放，但是他们曾经性侵害过无辜百姓。为保护儿童不受这些前科犯的侵害，百姓可以在司法部网站上查询到自家周围是否有这样的家伙。如果隔壁邻居曾是个强暴犯，那么孩子在街上玩耍就有一定的危险。这样的信息，使百姓能提前采取措施，免受其害。当然，该措施受到人权保护组织的强烈反对，他们认为这样做对前科犯不公平。因为他们已经受到法律惩罚，社会应该给他们重新做人的机会。反对归反对，官司没有打赢，此类信息仍然是公开的，普通百姓可以方便地查到。

美国曾发生过几起政府工作人员（有的是高官）因丢失计算机而严重泄密的事件。由于丢失的计算机里面存有敏感的信息，造成无可估量的损失。当事人或是丢官，或是饭碗不保，泄密事件对个人和国家都造成巨大的伤害。有关部门很快想出应对措施。现在，X州司法部的所有计算机都换装，增加了保密装置。如果我们的手提电脑或软盘丢失，拣到的人最多只能重新格式化，没有我们的密码，是不可能解读计算机里的资料的。这一措施，从根本上保证敏感部门的数据安全，今后再不会发生政府雇员丢失计算机而泄露敏感信息的事件。

随着计算机犯罪的出现，一门新兴的学科"计算机刑事侦破学"应运而生。许多大学和警察学校纷纷设立该专业，毕业生成为警察机构的抢手人材。计算机作为一项先进技术是双刃剑，既可以被坏人利用伤害民众，又可以被司法机关运用来保护民众。在这一领域的较量和斗争，还将继续下去，永远不会结束。

3.6. 救护车上的奇怪病人

"呜……"

警笛声声，闪烁着警灯的救护车呼啸着驶入医院。救护车刚一停稳，车门随即被打开，医护人员立即推着躺在担架上的病人进入急救室。医生和护士们紧张地检查送来的病人，迅速判断患病受伤的情况。令医护人员疑惑不解的是，病人似乎并无大碍。一位护士准备测量病人的血压，只见病人从担架上一跃而起，健步走出急救室，把急救团队惊得不知所措。原来病人只是得了感冒，开点感冒药就可以了。

没过多久，救护车又送来一位病人。当病人躺在担架上等待进入急救室时，一位护士路过，随口问了一声："你怎么啦，哪儿不舒服？"病人又是一跃而起，连声说道："我没事，我没事。"转眼间没了踪影。

医院收治不少由救护车送来的这样的奇怪病人，这一情况引起一位护士的警觉。护士发现，病人都是由ABC公司的救护车送来的。美国的"医疗资助系统"专门帮助收入低、没有能力购买医保的穷人。穷人到医院看病或到药店取药，可以分文不花，医药费由政府付给医院和药店。所以在美国，要么成为百万富翁，要么当穷光蛋。前者因富裕，不在乎医疗费用，而后者的医疗费用全部由国家支付，花费多少与病人无关。而所谓的中产阶级，则需要自掏腰包购买医保。

庞大的免费"医疗资助系统"拥有巨额资金。巨大的支出成为不法之徒的目标，他们试图从中捞取不义之财。参与欺诈者来自各行各业，如医生、护士、药剂师、医院、养老院、医药公司、医疗器械商、医疗运输公司等。1978年，联邦政府成立"医保欺诈控制局"[1]，与不法行

---

① 医保欺诈控制局（Medicaid Fraud Control Unit，简称 MFCU）。

为作斗争。

X州于1979年成立州医保诈骗调查处，由刑事侦探、警察、审计师、律师等组成。联邦医保诈骗调查局每年的经费拨款不断增加，目前每年已超过一亿美元。近年来，美国政府一直在精简裁员，但该领域的雇员却有增无减，队伍不断壮大。因为每增加一名调查员，就可以避免一份损失，可以增加罚款收入，这是个创收的单位。

ABC公司是一家私营的医疗运输公司（也就是救护车公司），多年来惨淡经营，举步艰难，为了开拓业务，不得不另辟新径。于是他们把目光转向X州的医疗资助系统。受惠于该医疗资助系统的穷人，虽然看病和吃药可以免费，但是他们到医院看病的车马费，还是要自付的。穷人买不起私家车，需要搭公交车。有的人住在比较偏远的地方，需要打的。穷人没钱看病，不是因为医药费太贵，而是因为没钱打车去医院。如果穷人患的是急病，由救护车送到医院，救护车的出车费(40～100美元左右)由国家报销，病人不必出一分钱。

ABC公司想出一个大胆的计划。他们向当地的穷人广而告之："看病请找ABC，不用花钱去打的。"穷人正愁没法去医院，有这等好事何乐而不为。因此就出现本文开头描述的趣事。

司法部的医保诈骗调查处接到举报，立即派员调查，将ABC公司告上法庭。该处委托我们设计抽样，以便推算出该公司诈骗的金额，向民事法庭提出赔偿诉讼。该公司自2001至2004年三年多的时间内，运送病人10,000多人次，欺诈金额达到54万多美元，几乎百分之九十以上的营业额来自非法收入。该公司的财务状况本来就不理想，这么一赔，只有关门大吉，别无出路。一家靠欺诈医疗资助系统为生的医辅公司倒闭了。

对于不法之徒，除了依靠群众举报外，更依赖调查处的主动出击，从大量的医药报销单中嗅出猫腻。这一工作依赖于先进的计算机技术，通过分析账目找出疑点。调查处发现一个案件，涉案的是位医生。她向X州医疗资助系统申请报销的账目，有点儿离谱。按照其收费的情况推算，这位医生时常每天工作24小时以上，甚至在出国旅游时还在给病人看病。调查处决定对案件进行调查。

此类案件的调查分为两部分。首先是刑事调查。联邦法规定，欺诈医疗关怀系统和医疗资助系统的个人或机构，将受刑法处罚。如果被定罪，当事人是要坐牢的。其次是民事调查，如果定罪，就要退还欺诈的金额。

在刑事法庭上，调查处只需出示证据，证明被告的医生没有向病人提供医疗服务，就可以定罪。少数医生利用手中掌握的病人信息捏造病例，向医疗资助系统申报从未实施过治疗的医疗费用。由于申请报销表上有明确的病人姓名、治疗日期、治疗项目等信息，调查处可以与病人核对，发现破绽。在民事法庭上，我们向法庭提供抽样推算的分析，确定医生或单位应该退赔的数额。

两场官司是独立的又是相连的。只要刑事法庭定罪，民事诉讼的赔偿要求就成立。然而，两个案件的抽样却要区别对待。对于刑事诉讼，我们可以寻找最有利于定罪的证据，不管该证据是否有代表性。一个犯罪嫌疑人杀了多人，找到杀一个人的证据可以判死刑，找到谋杀所有人的证据也是死刑。我们人力有限，只要找一个最容易定罪的证据，就可了结此案。而计算民庭的赔偿，却需要不同的方法。我们必须从她的报账中，按审计程序步骤抽取样本，科学地推算出虚报的金额。后来这位医生被判有罪，该案圆满了结，X州少了一个蛀虫。

不仅医护人员有多报虚报诈骗医疗资助系统的作假行为，病人也有作假报销不应报销的医药费用。2005年，闹得沸沸扬扬的伟哥事件就是一例。纽约州的审计长在向医疗资助系统申报的医药报销中，发现了令人尴尬的现象。自1998年开始，联邦政府做出决定，贫穷的病人使用伟哥可以向医疗资助系统报销药费。一些被判刑的强暴犯和具有高风险的性侵犯者，竟然通过州医保系统开到了伟哥。这些对社会已经产生或很可能会产生危害的性侵犯者，拿着纳税人的银子获取免费的伟哥，说不定吃了伟哥再来害人。

　　这一发现激怒了民众，政客们纷纷表态要追查到底。克林顿总统的夫人（当时的纽约州参议员）扬言，要立法防止这一现象继续发生。X州的司法部长立即命令我处彻查有否类似现象。结果我们也发现了问题。在过去的五年中，X州大约有近200名性犯罪者，通过州医保系统获得伟哥。州医保系统是为低收入的穷人提供免费的医疗服务。性犯罪者通过该系统获得伟哥，违背州医保系统的宗旨。有关部门在民众的炮轰下，采取有效措施，堵上漏洞。

3.7. 锱铢必较的话费

近年来，由于众多的电话公司进入市场，长话费一落千丈。从20多年前的每分钟数美元，跌到现在的每分钟几美分。打越洋电话聊天，已经成为家常便饭。为了方便民众，各家电话公司推出许多便民措施，电话卡是常见的一种形式。由于市场竞争激烈，长话业务的利润空间非常有限。各公司生存艰难，许多小公司由于不敌竞争对手而破产。

为了生存，有的电话公司在电话卡的计算上做手脚。明明广告上说美国国内长途每分钟四分钱，但是实际上四分钱却打不到一分钟。明明广告上讲打到中国是每分钟五分钱，但一张五美元的电话卡，打到90分钟甚至80分钟就不能再用。有的电话卡每次打电话还要收取接驳费，接通一次的费用高达几十美分，这些都是暗箱操作，使用户吃暗亏。

有关部门接到民众的举报，要对几家电话公司进行调查。该调查的难点是，用户无法提供证据。某个用户买了电话卡，打电话时自己做了记录，发现自己的电话卡存在短斤少两。可是他的记录不可能被法庭采纳作为证据，所以很难对违规的电话公司起诉。而且，更多的用户可能根本没有注意到电话卡里的水分。

为了保护消费者的利益，州司法部的保护消费者处和公共设施部的电话处决定联手对几家电话公司进行调查。州公共设施部电话处有专门的设备，他们可以对电话的通话进行录音计时，这样的录音在法庭上是可以作为证据的。但是如何买卡和如何打电话进行调查，需要有一个科学的设计。涉及此案的律师找到我们处，寻求技术帮助。

首先被调查的是E公司。在市场上，E公司出售价值5美元、10美元、20美元的三种电话卡。这些电话卡，可以打向美国本土的各个州

203

和境外的许多国家和地区，如中国大陆、欧洲、南美各国。我们提议，从全州各地随机地买入Ｅ公司的三种电话卡，每种卡打向任意的三个国家。其中一半的电话卡打到价值的一半左右就结束，另一半的电话卡一直打到卡里的钱全部用完为止。这样的设计，共有18种可能的组合，每个组合至少买三张卡，因此总共买54张电话卡。

公共事业部电话处里的员工，需要两个星期的时间完成以上的调查。可是这些公务员拿着公款买来的电话卡却犯愁了。他们不知道该给谁打电话，因为许多人对国外并不熟悉，在那几个国家中根本没有亲朋好友。莫名其妙地打给陌生人，人家肯定不会配合。有人出主意，在部里寻找国外有亲戚朋友的员工，"假公济私"打电话给亲朋好友，实施调查。如果仍然不够数，就把电话打到美国驻国外的领事馆，与领馆的雇员解释情况，请他们合作配合我们的调查。

与大多数电话卡一样，Ｅ公司的电话卡在拨通电话后，会告诉用户该电话卡里还有多少钱多少分钟。我们的调查员录下这段自动的内容，通过对比前后两次自动报告的内容，可以算出Ｅ公司电话卡的计时，再与实际通话时间对比。例如，当一个新电话卡在拨通电话后自动报告："您的卡里有五美元，可以通话100分钟"。我们的调查员打了40分钟的电话后，按理说还应有三美元。但是当我们再用该卡拨向同一个国家时，自动报告说："您的卡还有２美元50美分，还可以通话50分钟"，Ｅ公司明显地克扣了50美分。因为我们有录音证据，我们只打了40分钟。别小瞧每张电话卡仅仅克扣几美分或几十美分，一张张电话卡加起来，就是一大笔钱。

调查结果很快出来了。根据我们的统计，百分之九十以上的电话卡的实际价值少于面值，这一情况比我们预期的要严重得多。Ｅ公司的电话卡，无论面值多少、无论打到何处，普遍存在短斤少两现象。我们继续对其他几家公司进行调查，电话卡价值的短斤少两看来不是个别现象。

该调查对于用户个人来说，可能意义并不明显。每张电话卡只有５美元、10美元或20美元，每张电话卡上克扣的金额不过区区几美分到数十美分，但是积少成，多家电话公司可以从众多的用户身上赚取可观的非法收入。这一调查的意义是重大的。它向商家们传递一个重要的信息，也可以说是一个警告：政府和管理部门不会因为商家小金额的欺诈而袖手旁观。商家任何侵害消费者权利的做法都会受到惩罚，商家赚取的非法收入应退还给民众。

我还参与过一个案子，商家同意庭外和解，向顾客退赔赃款。因为该公司已经倒闭，只能赔偿250万美元，还缺50万美元。我们不能如数向消费者退赔。基于法律上的考量，我们对消费者要么全数退还，要么完全不退还，不能按比例部分地退还。例如，一位消费者应该退还300美元，我们要么退还他300元，要么一分不退，而不能按比例退250元。律师要求我按照购货日期的先后，最大程度地退赔消费者。从2008年起，一点一点地计算退款总额。结果发现，到2003年4月16日，退款在250万以内；如果包括2003年4月15日，总数就超过250万。

我们决定，凡是在15日以后购买商品的消费者可以得到退款，其他消费者就不退了。麻烦的是，按照这一日期划线，仍有200多美元的余额。尽管金额并不大，但是政府不能占为己有，应该分给消费者。我们把多余的200多美元平均分给7,000多名消费者，每人可多得3到4美分。7,000多人当中，有的多得4美分，有的多得3美分，消费者不会因为一分之差闹意见。一桩保护消费者的案子，在精打细算之后，终于分毫不差地结案。

3.8. 加油泵里的猫腻

美国是个车轮上的国家，汽车的拥有对于百姓来说极为普遍。要开动汽车，必须使用燃油，油价与美国百姓的生活息息相关。可以毫不夸张地说，油价上涨一分，百姓的神经就会被绷紧一分，抱怨就会多一分。无论经济处于衰退还是高涨时期，油价始终牵动着美国百姓的心。百姓会选用便宜的汽油和柴油。由于各大石油公司竞争激烈，单靠降低油价招揽顾客从而获利的生财之道似乎很困难。有的不法公司将点子用到了加油站的油枪油泵上。

美国的加油站出售四种燃油：柴油和93号、91号、89号汽油。油枪油泵分几种。柴油加油枪是单独的，不能与汽油混用。汽油的加油枪有两种，一种是独立式加油枪，三个标号的汽油分别从三支油枪打出来。另一种是复合式油枪，三个标号的汽油从一只油枪打出来。但是枪的内部有两只泵，分别驱动93号和89号汽油。91号汽油通过93号和89号汽油的两个泵同时启动，按一定的比例混合而成。

加油计量是由油泵上一个测量装置完成的。随着燃油流过该装置，油泵开始计数，显示从油枪打出多少燃油。在美国，油的计量是以加仑计算，每加仑折合3.8公升。计量装置不可能做到分毫不差，总会有些误差，这是生活常识。丈量长度的尺、衡量重量的秤、测量容积的升等，均不可能做到分毫无误。但是为了保护消费者的利益，加油站燃油计量装置的误差必须加以限制。

X州政府的农业部规定：每只油泵抽出五加仑燃油，误差不得大于六立方英寸，少了不行多了也不行。一立方英寸等于2.54厘米见方，约一汤匙。换言之，五加仑的油，正负六汤匙以内算合格，否则该油泵必须加以调整。同时，如果一个加油站百分之六十以上的油泵都短斤少两，即使负误差小于或等于六汤匙，整个加油站的加油枪也要全部关闭，必须通过复查才能重新营业。这样的规定，是防止不法商人钻六立方英寸规定的空子。对于每只油泵来说，只要每五加仑油短斤少两小于或等于六立方英寸，就可以算合格。没有这条60%油泵的规定，如果加油站所有的油泵都短少一至六立方英寸，顾客的利益仍然受到侵害。

州农业部雇用专职的加油设施检查员，每四年对各加油站的油枪油泵进行定期的检查。检查时，他们拿出一只容积为五加仑的油桶，用油枪将油打入桶中。当油枪上的计量器显示五加仑时，他们停止加油。此时他们检查这只特殊的油桶，上面会精确地显示所加燃油的容积，可以精确到立方英寸。

美国的加油站是自助式的加油站。驾车人自己往汽车的油箱里注油，有信用卡的顾客直接刷卡加油后走人，不需要服务人员。我开车20多年，仍未掌握精确加油的本事。要准确地加五加仑燃油，并且恰到好处，不是一件容易的事。检查员长期从事这一工作，这样的加油技术也叫一绝。

油泵的精确度与室外的气温、地下油库的油温和检查员油桶的温度，有密切的关系。内布拉斯加州的有关部门曾对此做过研究，当地下油库的油温低、油桶的温度高时，尽管油枪油泵的显示器上显示五加仑，油桶上的显示器往往要少一些。需要经过几个回合，等油桶的温度与油库的油温接近时，才能准确测出油的容积。所以调查员在特别的天气，采用第二次甚至第三次检测的结果。

报刊上曾有文章介绍，清晨加油比较合算，可以加到多一点燃油，这种说法不无道理。不过这种误差，每五加仑的油最多只有10到20立方英寸，微不足道。为了区区几匙油起个大早，排第一、二个（因为连续数人后，油泵就正常出油），专门赶去加油似乎不值得。

我们还发现，有的公司所属的加油站，每个星期五的晚上派出技术人员，将油枪的出油调低，到星期天的夜里再调回正常。州农业部的调查员在星期一到星期五出来检查或抽查，所以这家石油公司属下的加油站油泵总是符合标准。他们在周末做的手脚，让他们从顾客身上狠狠捞了一把。谁知他们的丑恶行径还是被发现。现在的电子技术无孔不入。他们装备的电子量油仪上，自动记录技术人员调整油泵的时间。多年来，他们每逢周末做的调整，均被忠实的电子仪器记录在案。

X州的农业部接到民众的举报，G公司所属的加油站有严重的短斤少两问题。农业部立即派出调查员，在周末做突击检查，结果确实发现了问题。近60%的油泵存在短斤少两。根据初步推算，近几年来G公司欺诈顾客不下数十万美元。别小瞧每次加油只是少给几汤匙，加起来可是一大笔钱。对于这样的公司，不追究其责任，不惩罚这些不法行为，正义不能得到伸张。州司法部长和农业部长举行新闻发布会，向民众公布突击调查的结果，决定向法庭提出诉讼。

对于这样的欺诈案，美国联邦法律有专门的规定。每一笔欺诈买卖可以课以最高数千美元的罚款，该案的总金额可达数千万甚至上亿美元。由于这是一件大案，司法部聘请数位有名的专家推算G公司的欺诈数额。根据我们掌握的证据，有案可查的欺诈金额达10多万美元，受骗顾客达到70多万人次。有这些证据，我们的律师信心十足地向对方提出2,000万美元的庭外和解方案。对方提出500万美元的和解方案，表示这是他们的底线。双方开出的条件相差太大，只好在法庭上相见。

庭审持续两个多月。令我们意想不到的是，法官的态度对我方非常不利。对方律师的种种刁难，法官都应允。G公司偷偷调低油泵出油的行径，把低标号的油充作高标号油的丑行等，均不作为证据。我方聘请的经济学专家被排除在外，不得在陪审团面前作证。陪审团两个多月以来做的笔记全被法官没收，不得作为审判的依据。

经过几天的讨论，陪审团作出裁决，判我们州政府胜诉，G公司赔偿4,000多万美元。G公司此次亏大了。如果他们一开始同意和解，也许可以讨价还价，用1,500多万美元结案。G公司偷鸡未成反蚀一把米。

正当我们兴高采烈地庆贺胜利时，传来令人跌破眼镜的消息。法官最终以诉讼程序上的技术细则为由，推翻陪审团的裁决，案件将重新审理。不久法官走人，留下案子悬而未决。对于法官的如此做法，坊间有许多猜测，令人暇想不已。

3.9. 贷款保险里的花招

美国人买车大多会申请抵押贷款，很少像许多华人带着现金一次付清。当申请贷款时，车行里的贷款员会向顾客推荐购买贷款保险。这是一种预防借款人意外的保险。如果借款人向贷款公司借款买车，在还贷期间发生意外无力继续偿还贷款时，贷款公司会将所购的汽车收回。因为汽车在贷款完全付清之前，仍属贷款公司所有，这是抵押贷款的性质所决定的。为了应对借款人发生意外出现的尴尬局面，保险公司推出抵押贷款保险。该保险的作用是，如果贷款人发生意外不能继续付按揭，剩下的余额将由保险公司付清，汽车仍归借款人所有。

由于汽车贷款的偿还期不长，短则三年长则六年，所以此类保险的保费并不高，一般在几百美元到上千美元之间，购买此类保险的人数还不少。如果借款人手头宽裕，有多余的闲钱，决定提前还清贷款，该保险实际上没有起到应有的保险作用，应当向客户退还部分保费。例如，客户甲买一辆汽车，贷款两万美元。贷款的还贷期为五年，贷款保险的保费为500美元。如果客户在还贷的两年半时付清贷款，那么他花钱买的保险只用了一半，并没有完全用上。按比例法计算，客户应得到约250美元的退款。

尽管有此规定，但是实际操作起来却有不少阻力。这是因为在这宗交易中，涉及多方人士。第一方是客户，第二方是车行，第三方是保险公司，第四方是贷款公司。保险公司没有人力直接推销保险业务，他们与车行建立业务合作关系，通过车行推销保险产品，保险公司按比例付给一定的佣金。由于有佣金的刺激，车行推销贷款保险会不遗余力。如果客户提前付清贷款，贷款公司首先知道，贷款公司通知保险公司和车行。保险公司接到通知后，应该及时计算出应退款，将款项退给车行，再由车行付给客户。当车行推销贷款保险时，由于经济利益的驱动，车行有巨大的动力。然而等到退款时，无论是保险公司或者车行，都没有动力。他们倾向于把那些退款隐而不退。说得不好听一点，他们甚至会故意截留应退的保费。

由于退款的数额并不大，消费者索要退款的积极性并不高，许多消费者甚至并不知道他们应该得到退款。然而广大民众不抱怨，并不等于政府可以对侵占消费者利益的行为姑息养奸。州司法部的保护消费者处挑头，对保险公司提出诉讼。

法律诉讼的第一步是取得证据，估算赔偿金额，评估是否值得我们大动干戈。该案的律师安德鲁先生通过法院向 N 保险公司发出要求，索求该公司近几年出售贷款保险的记录。要求规定，数据必须包括受保人的姓名、保险的起始和结束日期、车行的全称及受保人的地址、车行的地址、保费和还款等信息。

安德鲁律师又通过法院，向 12 家贷款公司发出要求，索要2004年提前付清的贷款的信息。这些信息包括贷款人的姓名、住址、车行的全称及地址、贷款的起始和结束日期、提前付清的日期等信息。

经过几个月的耐心等待，数据汇集到司法部。得到所需的数据后，安德鲁律师找到我们，希望我们提供技术上的帮助。N 保险公司是家大公司，提供的数据有45万条记录，即有45万人次的数据。12家贷款公司的数据也很大，约有10多万人次。靠人工去找之间的关系犹如大海捞针，太费时，只有通过计算机大面积地搜寻，这一任务落到我的头上。

得益于多年的数据处理经验，我很快进入状态，自始至终地参与了这一耗时数年的滚雪球似的案子。我的任务是，将 N 保险公司的信息与各贷款公司的信息进行比较，找出相同的客户来。贷款公司明确地知道贷款何时提前还清，但 N 保险公司并未及时更新这一信息，以便发出退款。如果我们能把贷款公司中提前付清贷款的客户与 N 保险公司中投保的客户对上号，我们就可以得知这些人是否退过款。

如何将两方数据中的客户对上号，颇费周折。在这个问题上，没有一个绝对正确的答案。对比的条件越苛刻，准确性越高，但是对上号的人数也越少。相反，对比条件越宽松，准确性越低，对上号的人数也越多。从我们的角度，对上号的人数越多越好。可是如果准确性太低，N保险公司肯定不答应，一定会对我们的准确性问题进行抨击。

经过多次尝试，我们决定以客户的姓名、贷款起始日、终止日和车行名称作为查对要素。凡是贷款公司数据中五个信息与N保险公司数据的五个信息相同的，我们视为同一客户。比较人名，找出相同的人，说起来容易做起来难。美国人的姓名比中国人的姓名复杂得多。绝大多数的中国人，只有单名、双名和复姓几种变化。姓在前、名在后，充其量不过是两个字到四个字。由于国人的姓名过于简单，同名同姓的现象屡见不鲜。美国人的姓名包括名、姓和中间名[1]。还有不少人的姓名有后缀，如亨利八世的"八世"，老布什和小布什的"老"和"小"都是后缀，也是姓名的一部分。如老布什和小布什的姓和名都是乔治·布什，需要通过后缀老和小[2]来区别。更麻烦的是，同一个名字又有不同的叫法。例如，前总统克林顿的名是"威廉"，昵称"比尔"。因此"比尔·克林顿"和"威廉·克林顿"可能是一个人，而同是"乔治·布什"又可能是两个人。美国人的姓和名是互相独立的部分，是不同的词组，他们的姓名排列是先名后姓。尽管我们要求各公司将名和姓分为两个数据元素，但是大多数公司按照美国人的习惯，将姓名放在一起，这就给姓名的识别增添困难。

根据我们的测算，N保险公司2004年应该退还几十万美元给客户。如果追溯到过去的几年，那就是几百万美元。而且我们又发现多家贷款公司可能与N保险公司有联系。初战告捷，安德鲁律师立即向上峰报告，要求扩大战果。我们索要的数据从2004年延伸到2002年至2006年的五年

---

[1] 名（First name），姓（Last name, surname），中间名（Middle name）。
[2] 老（Sr., senior），小（Jr., junior）。

时间。受到起诉的保险公司从一家扩大到九家，贷款公司也从12家扩大到22家。整个战役将涉及数千万美元，这可是一场大仗。

第二批数据源源不断地送达，对号工作又开始了。此时传来对州司法部不利的消息。一些客户在维权律师的带动下，开始集体诉讼。如果损失不大，消费者个人一般不会为区区几十美元或几美元去请律师打官司。但是如果有众多的受害人，那么案子有可能成为数十万、数百万甚至数千万美元的大案。这样的案子，只要有一两位消费者起诉，就可以立案审理。律师们会抢着帮助原告打官司，因为他们可以赚取相当丰厚的律师费。

目前，州司法部代表政府向几家保险公司提出诉讼。如果集体诉讼的几个原告和律师们抢在我们前面，我们州政府会被排除在外，我们的律师费就没有份，前期努力也就白做了。虽然作为州政府公务员，我们的薪金不会受此次诉讼的影响，但是州政府的财政收入会受到影响。

这次诉讼是一场州政府和私人律师团之间的时间赛跑。尽管双方都是为了维护消费者的利益，但是由于各自的利益，我们与私人律师团之间仍有争斗。套用过去"文革"中的语言，如果说我们与贷款保险公司的矛盾是"敌我矛盾"的话，那么我们与私人律师团之间的矛盾就是"人民内部矛盾"。虽然矛盾的性质不同，属于人民内部矛盾，但是我们仍需全力以赴，争取抢在维权律师前面将案子了结。

对于保险公司来说，他们反正是躺着也中枪，不如找个容易应付的对手较量。私人律师团的胃口比州政府大得多，不如州政府来得理性。而我们只是为了维护消费者利益，诉讼的胜负和诉讼胜了以后赔款的数额，与我们个人没有经济利益关系。

最终，我们州成功地抢在私人律师前面，把案子揽下来。我夜以继日地编写程序，把20多家贷款公司和九家保险公司的上百件数据一一读进。九家保险公司有多达300万条数据，22家贷款公司共有56万多条数据。由于我改进了思路，采用标准化的方法，九家保险公司与22家贷款公司的数据对号方便多了。报告一份一份地出炉，九家保险公司需要赔偿的金额总计高达3,000多万美元。

我们的第一个目标是N保险公司。我们把发现的将近19,000人次总计达480多万美元的应退款名单,交给N保险公司。在这份名单中,详细附上我们认为N保险公司应退款的理由。这些理由,来自他们提供给我们的数据以及贷款公司为我们提供的数据。

例如,N保险公司有数据显示,一位姓A名B的客户在C车行买车贷款,时间是2002年5月1日,贷款期三年,2005年5月1日止。而F贷款公司的数据显示,有一位姓A名B的客户在C车行买车并买了贷款保险,时间是2002年5月1日,保险期为三年,2005年5月止。2004年5月,提前一年付清贷款。鉴于以上情况,我们认定这是同一客户,N保险公司需退还三分之一的保费。

一个月以后,N保险公司的律师将我们提供的名单退回来,声称我们的名单存在重大问题。他们发现将近1,000多人次的应退款存在问题,申辩说他们已经对这些客户退过款。尽管相对于19,000人次的退款,1,000人次只占了不到5%,但是如此众多的错误,足以给对于留下借口。对方的律师会攻其一点不及其余,向我们的对号工作提出质疑,以至最后全盘推翻我们的结论。

我方的律师安德鲁先生着急了,满面愁容地找到我,看来他也相信对方的话。我不禁满腹狐疑,经过反复核查的对号,怎么会出现这么多的问题?无论谁是谁非,需要用事实来说话。我二话没说,立即开始查找原因。我随机地挑出几个个案,进入N保险公司的数据中进行查找。看着看着,我露出欣慰的笑容。N保险公司真会找茬儿,他们避重就轻,企图蒙混过关。

保险公司的数据输入方法是,当一个人试图买保险问价时,保险推销员将其信息输入,得到应缴的保费。如果客户决定不买保险或换另一种保价,前面输入的信息是无法去除的。删除的方法是,对形式上的只存在字面的保险进行退款。然后再重新输入一条新的信息,第2条信息才是真正存在的保险。例如,客户在2002年5月1日准备买贷款人身意外保险，保险期三年，2005年5月1日止，投保两万美元。输入以上信息后，得出保费500美元。客户不满意，决定改为人寿保险，保险额仍为两万美元，输入以上信息后，得出应缴保费400美元。在N保险公司的计算机的数据库里，第一条输入信息为，客户2002年5月1日起保，2005年5月1日止。保两万美元人身意外险，保费500美元。2002年5月1日退保，退款500美元，即当天买保当天退保。第二条输入信息为，客户2002年5月1日起保，2005年5月1日止。保两万美元人寿险，保费400美元。真正存在的保险是第二条信息，因为第一条信息已经退保，实际上并不存在。N保险公司挑茬儿的1,000多人次，专拣上例中的第一条信息。他们理直气壮地指责我们，这些保险都已经退保，款也当场退了，怎么还让我们退款呢。他们也许是无意，也许是有意，遗漏第二条实际存在的信息。

症结找到后，我们深深地吁了口气。我们没有搞错，N保险公司的茬儿找错了。我们对N保险公司的指责作回复，将所有第二条实际存在的信息全部找出来，并明确告诉N保险公司，如何从他们自己的数据中找到这些信息。"以子之矛，攻子之盾"，是打击对方最有力的手段。在铁的事实面前，N保险公司再也无话可说。

N保险公司主动提出庭外和解，同意按我们提供的名单以及计算退还保费。N保险公司的态度转变，产生多米诺骨牌的效应。其他保险公司知道硬撑下去是没有出路的，相继选择庭外和解，同意按照我们提供的金额、人名、地址，对受害人一一退赔。

3.10. 汽车配件销售案

"我们这里有一个案子需要你处的技术帮助"，克拉克律师的电邮说。克拉克是保护消费者处的一名律师，常住在离我们城市约300英里远的 K 城，那里设有司法部一个分部。

在一项调查中，克拉克律师遇到麻烦。有一家车行（R 公司）在销售新车时有猫腻。新车出厂时配置防盗警报器，价格已经包括在新车的售价之内。为了多挣钱，R 公司在卖车时向消费者再一次收费，每个防盗警报器多收299到699美元不等。R 公司这样做损害消费者的利益，克拉克律师代表司法部把 R 公司告上法庭。

为获得证据，克拉克律师通过法院，向 R 公司提出索要2002年7月到2003年6月期间原始售车记录。R 公司推说人手不够，只同意抽取部分样本。克拉克律师的弟弟是位心理学博士，对统计很在行。在弟弟的建议下，克拉克要求对方抽取200个样本，供我方的人员进行核查。

R 公司开始说有1,373辆车，后来发现一年内他们共销售了1,395辆。而抽样设计时，总数确定为1,373辆车。换句话说，从1,374辆之后的22辆汽车中，没有一辆被抽到。根据我方人员核查的结果，200个样本中有一辆是旧车，应该去除，所以真正有效的样本是199辆新车。在有效的199个样本中，有181份售车记录显示，R 公司暗中多收车主防盗警报器的钱，共计137,311美元，同时还多收五个其他非防盗设备的钱，共计2,038美元。

现在的问题是，根据现有的样本，我们能否确有把握地推测1,395份原始售车记录的情况。克拉克律师希望我们处能帮助他解决以上的问题。处长把克拉克律师的电邮转给我们。这是我和另一位同事蒂娜的事，因为我们俩擅长统计，是处里这方面的专家。

我向来是个快枪手，这样的问题对我来说并不难。计算结果很快出来了，对于防盗警报器，现有的199个样本已经足够，我们至少有95%的把握，推测1,373或1,395辆汽车的防盗警报器的售出情况。但是对于非防盗装置，我们没有把握。如果要推算的话，必须增加样本的数量。而增加样本，从目前的情况来看是不可能的，因为R公司不会合作，所以建议不追究。

蒂娜和我还对有关抽样的问题提出一些建议。因为如果该案子不能庭外和解，让法庭判决的话，对方很可能对样本的科学性和合理性进行质疑，从而推翻我们的推算。由于R公司的差错，总体是1,373还是1,395辆车需要确定，尽管只相差22辆车，但是事关重大，对方肯定会在这方面做文章。其次样本是否能够真实地反映总体，我们不得而知。如果样本不能真实地反映总体，我们计算得再准确也于事于补。而且如果样本的抽取不科学，根据样本所做的努力都是白搭。必须解决以上三个问题，才能确保我们的推测无懈可击。

处长向克拉克律师阐述我们的意见。克拉克律师起草一份文件，声称原告和被告达成以下几点协议：

"第一，R公司1年内的售车总数是1,373。"为了减少不必要的麻烦，我们建议舍去22辆车，双方把总数定为1,373。由于在抽样时以为总数是1,373，如果按总数为1,395推测，是有缺陷的。

"第二，抽取199个样本的方法是科学的，样本本身也是科学而又有效的。"我们的律师用的是无法重复的抽样办法。科研人员在随机抽样时会记下随机数的种子，以便日后能够重复抽样过程，产生出相同顺序的乱数。我们要求对方承认我们的抽样方法是科学的，目的是防范对方从这一点上攻击我们。有了这个前提，我们才可以根据199个样本做出科学的预测。

"第三，抽取的样本能够真实地代表总体。"我们强调，如果对方不愿接受这样的说法，我们可以增加样本或者重新抽取样本，甚至对所有的销售记录做核查。

"第四,双方同意以上的协定并不妨碍各方从样本中得出不同的结论。"这一条是为了安抚对方。尽管双方对总体和样本的性质有了共识,但是双方在有限的范围里仍然有一定的活动空间,做出对各自有利的结论。

我方起草的协议使得对方进退维谷。如果同意,那么他们就失去在样本的抽取方面做文章的机会。如果他们不同意,我们会要求重新抽样。我们希望再多抽一些样本,甚至获得整个一年内所有的售车记录。这样,我们不需要做统计预测,免得在预测方面让对方钻空子。R公司仔细权衡利弊以后,同意我们的协议,在上面签了字。

事实证明,我们处的建议是非常明智的。由于有了上面的协议,R公司已经不可能在抽样方面挑我们的茬。对于我们处来说,我们只需要做一个简单的推测。克拉克律师提出让我和蒂娜中的一个人做为专家出庭作证。我们的处长为难了。我和蒂娜都是统计方面的专家,水平不相上下。在学历上,蒂娜是数学专业的博士,我是社会学博士,专攻统计学和研究方法论。在工作经历上,我经验多一些,但是蒂娜业余时间在一个大学里兼职教学。

对于这一次出庭作证的机会,我和蒂娜暗中较劲。这是因为以专家身份出庭作证,是一个重要的经历,就像大学里教授发表学术论文专著,作家发表文章出版小说一样。如果今后找工作,简历中有此经历,会使我们的工作经历增色不少。处长把皮球踢给克拉克律师,让他来做决定。克拉克律师并不了解我和蒂娜的情况,提出对我们俩进行面试竞争上岗。

克拉克律师通过网络,与我们进行可视通话。克拉克律师问了一些统计和抽样的问题之后,话锋一转问我道:"你在众人面前讲话害怕吗?"

专家证人需要面对陪审团、法官、听众和双方的律师,如果没有良好的心理素质和表达能力,是不能胜任专家证人工作的。

"不害怕,"我答道。为了证明我的说法,我补充道,"我曾在大学里当过教师，面对几十号学生我一点儿也不紧张。我曾几次在全美学术会议上宣读我的论文，面对众多的听众我从未怯过场。"

克拉克对我当老师的经历很感兴趣，问我在哪儿教过书，教什么专业。这是我出国前的经历。我曾在国内的一所大学里教过几年英语。看来，克拉克律师对我的教师经历挺满意的。

"你曾出庭作过证吗？"克拉克律师继续问道。

"我虽然没有出过庭，但是我曾作为专家在一个案子中写过专家报告。对方在收到我的专家报告后，乖乖地撤诉了。我还作为证人，经历过庭审前的取证，知道应该如何应付对方的律师。"我答道。

那是一次令人难忘的经历，我在一个案子中负责数据处理。由于对方不愿意庭外和解，我们进入庭审阶段。对方的律师对我进行庭审前的取证。在取证中，我方律师虽然在场，但是帮不了多少忙，因为他们不能开口说话，帮我抵挡对方律师的攻击。我像是一个赤手空拳的战士，被放置在没有掩体的阵地上，任凭对方炮火的轰击，毫无还手之力。我唯一能做的就是熬时间。对方只能进行六个小时的盘问。

我采取拖延战术，对方律师的每一句话，我都想几秒钟，然后向他提出，我不很清楚问题，是否能解释一下问题或者换个说法。一个问题几经折腾，绕上个几分钟才进入主题。开始进行得还算顺利。可是由于我缺乏经验，很快出现问题。与该公司同时被告的还有多家公司，那些公司均与司法部庭外和解，同意赔款了结官司。在回答一个问题时，我多了一句嘴，说："别的公司都已经赔款，你们公司为什么还要在这里打官司呢？"

"你听谁说的，别的公司已经付钱？"

我一时语塞。因为是我们的律师告诉我的，但是此时扯出我方律师不太合适。我想起来司法部的内部网上曾登过消息。"我是在我们内部的新闻网上看到的，"我答道。

"你见到别的公司的付款支票吗？"对方律师咄咄逼人地问我。

"没有。"

　　"你没有见到支票，怎么知道人家已经付钱？"对方律师步步紧逼。"这就是说，你没有亲眼见到支票就相信传说，认为别的公司已经付钱，对吗？"

　　我被抓住辫子。按照他的推理，我没有事实依据，轻信道听途说。按此推理，我所讲的话都是没有根据的。我深知问题的严重性，不由自主地把眼光转向我的律师，希望他能来救场。为了这次取证，我方派出两名律师。有一名是老律师，在法律界摸爬滚打30多年，经历过上千次的取证和庭审。当我的目光落到他身上时，他竟然低下头回避了我。此时我的失望是可想而知的。事后他向我解释道，他不能回应我的求援，我也不应该看他，因为摄像机会把我的一举一动都记录下来。如果我向他求援，对方律师可以将那一段录像放给陪审团看，向陪审团说，这位证人在看他的律师的眼色行事，因此证词不足为信。

　　关于是否看到其他公司的支票，对方律师足足盘问我一个多小时，这一困境我终身难忘。我一直在考虑如何收场，可是我举棋不定，生怕再出错。最后，我提出要上厕所，趁着上厕所的机会，向我方的律师道歉，因为自己没有经验，出师不利搞砸了。那位老律师微笑着说："没事，等你经过几次、几十次取证和庭审之后，你就会自如了。"

　　我询问我方的律师，是否可以主动放弃阵地，转入下一个问题，他们不置可否，一切只能由我自己决定。他们只是告诉我："不要试图与对方律师辩论，更不要试图辩赢他，证人绝对不是律师的对手。"

　　休息以后，我选择退却。我承认自己没有看到支票，对那些公司是否付款赔偿不敢肯定。对方律师这才转入下一个议题。人们常说失败是成功之母。我开始遇到的难题使我汲取教训，在此后的回答中，我变得格外小心谨慎，没有钻入对方故意设置的圈套。对方的律师问我，根据我所做的数据处理，是否可以得出如此如此的结论。我当时觉得他的说法怪怪的，却说不出有什么问题。不过直觉告诉我，其中必定有诈。可是，如何应对呢？我的回答只能是对或者不对。我向对方的律师说："您的问题我无法回答。我从来不这么说。能否按我的说法把问题给您解释一遍？"

我在不知不觉中避开了一个雷区。原来，我方的专家在报告中出现一个小错误，我方的律师还没有来得及通知我。对方的律师正是冲着这个错误来的。

对方律师又问我："你为该案的数据处理花了多少时间？"

这是一个非常简单的问题。但是，在取证中没有小事，也没有小问题。我的大脑飞快地运转，考虑这个问题的后面有什么陷阱。我在该案中，是一个不重要的角色。真正的专家，是我们司法部花高价聘请的一家大公司的统计师。我的博士学位在此案中并不重要，相反博士学位对案子反而不利。对方会说，司法部雇用了拥有博士学位的人，才发现存在的问题，所以他们公司发生这样的问题理所当然。

"对了，他们想在时间上做文章，企图强调数据的困难，为自己开脱"，我暗自思忖。明白了他们的意图，我知道该怎么回答。"我记不清花了多少时间。我为州政府工作，不是计时工资制，所以我从来不计算我具体花多少时间，"我答道。

"有百分之十吗？"

"不知道。"

"那么百分之二十呢？"

"对不起，我真的不知道。"

"百分之三十、四十，你总可以估计一下吧"，对方的律师穷追不舍。

"对不起，我无法估计，"我坚持道。

这时候，我的律师讲话了："证人已经给了明确的答复，记不清就是记不清。"

我又成功地避开一个陷阱。在那场诉讼中，我方发现对方公司的猫腻。他们坑害消费者，我们将其告上法庭，是代表着正义的一方。可是在取证时，我这个代表正义的证人却像罪犯一样，被对方的律师穷追猛打，真让人百思不解。这就是美国的法律，这就是美国的人权。他们对

221

于真正的罪犯，在定罪之前给予充分的说话权力和为自己辩护的权力，是为了防止发生错案、假案和冤案。

我把这一经历向克拉克律师谈了。我说经历过那次取证，从开始的失败到后来顺利地躲过陷阱，说明我能很快适应，学会如何应对。我有信心也有把握，在未来的取证和出庭作证中扮演好我的角色。

也许是我上述经历的缘故，克拉克律师最后决定让我为R公司的诉讼出庭作证。不久我得到通知，此案定于9个月以后开审。我作为证人，不能在庭审期间外出或度假。由于美国的法院积案如山，所以一个案件的审理拖上数月，甚至数年是常有的事。

我撰写专家报告。蒂娜虽然与我竞争过，但是一旦决定由我出场，她表现得非常合作，在我撰写专家报告时给予无私的帮助。我把专家报告发给克拉克律师，再由他转给对方。专家报告包括几个部分。首先介绍统计抽样的原理，包括有关的计算公式。然后是我的预测，R公司卖了多少个汽车报警器，估计达多少美元。报告中还包括我的学历、工作经历以及大量的参考文献索引，格式与科研论文很相似。

下面该是对方律师对我取证。为应付对方律师的取证，我和克拉克律师一同进行准备，把对方可能问的问题过了几遍。关于原告、被告、证人和陪审团之间的关系，克拉克律师用一个形象的例子来说明。原告的律师在诉讼中扮演一个大厨师的角色。证据、证人和辩护词等是原料，他的目的是把这些原料做成一只美味可口的大蛋糕。品尝者是陪审团，如果陪审团愿意吃这只蛋糕，反映不错，那么原告就赢了。被告的律师像只蟑螂，到处拉屎搞破坏。在蛋糕的表面、底部或内层，只要吃客（也就是陪审团）看到了蟑螂屎或蟑螂的痕迹，肯定会感到恶心而不吃这只蛋糕，那么被告就赢了。原告在任何方面出现问题，都将导致失败，所以不能出一点差错。

作为统计学的专家证人，我的任务是向陪审团说明我的统计学分析和推测，仅此而已。克拉克律师说得很生动："你的任务只是统计学的分析和推测，其他的事与你无关。就像拉磨的驴子，戴上眼罩，只看眼前，不看周围。"我只管守住我的阵地，其他阵地发生再大的事与我无关，我帮不上忙，也不能帮忙，否则越帮越忙。我只要把统计分析和推测的工作做好，就算完成任务。

取证是在司法部的一个会议室里进行的。出乎预料的是，对方律师几乎没有问什么实质性的问题。最难的一个问题是，你是个社会学博士，为什么会来作统计学问题的专家证人？这个问题对我来说太简单了。社会学是社会科学的一个分支，是一门科学。社会学采用定量分析和定性分析的方法作为研究手段，而定量分析法采用的正是通常讲的统计方法。我的博士研究方向是统计、研究方法论和犯罪学，应该属于专业对口。

取证只进行45分钟就结束了。这一切来得太容易，反而使我坐立不安。这一情形与打仗一样，将士们并不惧怕枪林弹雨，炮火连天。将士们更怕的是战前的寂静，死一样的寂静，因为不知道敌人会从何地何时以何种方式进攻。我担心对方藏有撒手锏，没有亮出来，一直忐忑不安地等待着法庭上的最后交锋。

我是开着私家车前往法庭的。我驱车300多英里，花六个多小时才到达目的地。到旅馆刚放下行李，我就被克拉克律师叫到办公室，做出庭前的最后准备。没有欢迎仪式，更没有招待，只有简单的寒暄。

出庭作证与取证有很大的不同。对我取证时，对方的律师唱主角，我作为被攻击对象。而我出庭作证时，我方律师唱主角，通过对我的盘问，让我把想说的话说出来。虽然对方的律师可以对我进行反盘问，我方律师可以通过对我进行再盘问的形式抵消对方的影响。出庭作证的要点是，我和我方律师一唱一和，准确地表达我所想表达的意见，并使陪审团相信我的证词。

克拉克的问题分几个部分。首先是我的教育背景，包括我的学位和专业，我读书时选修的课程，尤其是关于统计和研究方法论方面的课程等。第二是我的经历，包括我以前曾做过哪些工作，发表过哪些学术论文，宣读过什么研究论文等。所有这些旨在使陪审团相信，我作为证人，从学术上和工作经历上都是够格的，不是江湖骗子。

我建议克拉克律师在提问中谈及，由于样本太小，我们没有足够的把握对非防盗装置进行预测。在庭审中提及此事，能够显得我作为统计学家能够实事求是。克拉克律师接受了我的建议。

在我的证词中，涉及的数字不少，从总体到样本，有防盗器的个数和金额。尤其是金额，在计算的时候为了体现精确度，我采用保留两位小数点，精确到美分的做法。在法庭上作证，如果说错一个数字，会给人留下不好的印象。所以我问克拉克律师，我是否能用张小纸条写上重要的数字，带上法庭。克拉克摇了摇头，开玩笑地说，你的拿手好戏不就是数字吗？我后悔当时撰写专家报告时保留两位小数，真是自找麻烦。我只好抓紧时间，反复记忆几个关键的数字。

我是原告方的第三个证人。由于前面两位证人的出庭时间比预计的长，我的出庭时间一推再推。证人是不允许进入审判庭的，只能在外面等候。为了防止外面的人听到庭上的辩论和证词，法庭装有隔音装置。我在审判庭的外面，只见其人不闻其声。

我衣冠楚楚地在法庭外等候，不安地等待着我的出庭。过道里人来人往，好不热闹。奇怪的是，许多过往的人们总向我投来好奇的目光。我猜想，在K城中国人比较少见。有几位法警和律师，彬彬有礼地主动与我打招呼。一位法警不无好奇地问我："您也是律师？"在法庭上，但凡西装革履的人，十有八九是律师，但我是个例外。我冲他笑笑，摇了摇头说："不。我是专家证人。"

K城是座离国境线不远的边远城市，穷人和墨西哥人特多。在法院的大厅里，时常有衣衫不整的人们。由于我一身笔挺的西装，门卫和法警对我很客气。看来，此地以貌取人还在大行其道。

终于，轮到我出场。露茜跑过来，冲我嚷道："约翰，该你上场了。祝你好运。"

为了此次出庭，司法部驻K城分部的人员倾巢出动，只留一位秘书看家。克拉克律师是主角，他的主要精力是庭审上的辩护，露茜负责证人的安排，我的一举一动由她协调。我整了整领带和衣服，拎上公文包，

224

走进法庭。其实我没有必要带上公文包，所有的回答和数字，已经完全记在我的脑子里面。庭审时，我不可能有机会去打开公文包寻找数据。带上公文包纯粹是为了装饰，使自己看上去更像位专家学者。

进入法庭，首先映入眼帘的是法官，法官的左侧站立着法警。在法官的右下方有个空位，是证人席，有一只麦克风放在证人席上。在证人席的左边，坐着一位女士，是法庭速记员。证人的证词和双方律师的辩词，都是由这位速记员快速地记录在案。在证人席的右边是陪审团的座位，有12个人，男女各占一半。从年龄上看，中青年人占了多数。从外貌上看，多数人不像没有受过教育。克拉克律师曾对我说，由于我们在诉讼中运用到统计预测，他会尽可能地排除没有受过教育的人进入陪审团，看来克拉克律师达到了这一目的。

到了证人席，我慢慢地放下公文包，尽量显得从容不迫。这时速记员让我举起右手宣誓："你将说实话，只说实话，除了实话什么也不说，是吗？"

瞧，这个宣誓多绕口。光是实话一词就重复三遍，可见在法庭上讲实话是至关重要的大事。

"是的，"我斩钉截铁地答道。

"请坐下。"

我坐了下来。作证开始了。

"乔博士，请您告诉陪审团，您的尊姓大名，"克拉克律师说道。我和克拉克律师已经很熟，平时都是用名称呼，从来不用姓和学位。他叫我博士，是有意给人造成印象，提醒陪审团，坐在证人席上的是位博士和专家。

克拉克律师的提问从我的学历开始，一直问到我的工作经历。这些都是前一天演练过的。我们一唱一和，配合得还算默契。当学历和工作经历的问题提完后，克拉克律师把简历递给我，问道："乔博士，请你看一下，这是不是你的简历。"

我的简历将作为本案的材料存入法院的档案。我随手翻了翻我的简历材料。这是我发给克拉克的文件，由他手下的秘书准备的，应该不会有什么问题。突然我看到蒂娜的名字。仔细一看，原来克拉克的秘书无意中将我和蒂娜的简历都放进来。我和蒂娜竞争上岗时，蒂娜的简历也传给克拉克。这一错误是不应该发生的。如果让大家知道（尤其是让陪审团知道），会使原告的可信度受到影响。可是偏偏让我发现己方的错误。说还是不说，我不知该怎么办。说了，对己方不利；不说，万一对方发现，会被人家抓住把柄。瞧，这位所谓的专家如此粗心，连自己的简历都搞错，可见他的所谓统计推测也不靠谱。

当时只有几秒钟的时间让我抉择。我选择前者，向克拉克律师说，后面几页不是我的简历。克拉克律师走过来看了看，然后要求双方律师到法官面前低声耳语商量。最后双方同意，把最后几页文件撤下来。至今我不知道我的做法是否正确。从我的角度上讲，这样做对我极为有利。因为我的举动向陪审团表明，这位专家非常细心，而且实事求是，即使是己方的错误也能敢于指出。但是从整体上讲，对我方很不利，陪审团会对原告方的粗枝大叶作风产生反感。

此时已是下午 5 时。法官建议休庭，明天继续审理。美国法庭的效率很低，早上10点钟才开庭审理，中午要花一个小时的时间吃午饭，下午 5 时就下班了，每天工作只有六个小时。据说那天法官要在 5 点钟接孩子回家。

第二天继续开庭，克拉克律师把话题引到本案的关键。"乔博士，根据您的推算，R 公司在一年中卖了多少个防盗警报器，价值多少？"

我答道："车用防盗装置的199个样本中有181个，那么1,373 辆车中会有1,249个防盗报警器，涉及金额是947,376.90美元。我有95%的把握说，售出的报警器在1,187到1,294个之间，涉及金额在903,376.59美元到991,373.21美元之间。"

在我短短的几句话中，一连出现了九个数字，有三个数字是六位数并且精确到美分。我讲话时必须面对陪审团，因为我的听众是陪审团。可以看出，陪审员们露出惊讶的目光。兴许他们会想，这家伙真厉害，能记住这么多数字，还精确到美分。

为了使我的分析推测更有说服力，我接着说："在本案的分析中，我的重点是推测的低端不是高端。我说过，我有95%的把握说，R公司售出的报警器在903,000到991,000美元之间。就是说，还有5%的可能高丁99万或低于90万。在高端，有可能达到100万、200万。对于这种情况，我并不担心。我关心的是可能低于90万美元的情况。所以如果忽略高端，只看低端的话，那么我有97.5%的把握说，R公司售出的报警器至少达到903,376.59美元。"

我看到陪审员们频频点头，看样子陪审团对我的作证还是接受的。我说中文时语速比较快，但是当我说英语时不那么顺溜。每每开口，我总是考虑好再说。这一习惯的养成歪打正着，给人一种沉着稳重的感觉。

轮到对方律师开口。他首先问我关于五个非防盗装置的情况。"Doc（博士的简称），你说样本中发现五个非防盗装置，你是怎么知道的？"

"是克拉克律师的秘书查到的。我根据她的报告做出结论"，我答道。

"就是说，你根本就不知道到底有多少个，只是根据她说的。是吗？"

"是的。"

"那么如果说非防盗装置不只是五个，你会惊讶吗？"

"我不知道。因为我没有原始资料。"

"那么R公司出售了181个防盗报警器，你是怎么知道的？"

"我有两个途径得知这一情况。第一是克拉克的秘书，她的总结报告显示有181个。第二是我亲自动手查阅原始资料，一个一个数的"，我答道。

我庆幸比较细致，在计算前亲自翻阅原始资料，以防出错，而没有完全依赖秘书的报告。从对方律师的口气可以听出来，我们的秘书在什么地方搞错，被对方抓了个现行。这一点，从我的简历出现错误可以窥见一斑。到目前为止，我基本守住阵地，没有出现失误。

"你说高端可能会达到200万。那么你算算，一个报警器最高卖799美元，1,373辆车，可能吗？"

我立即意识到，我前面的讲话不严密给对方抓住了把柄。"让我算一下"，我沉着地答道。

我飞快地粗算一下，800美元乘以1,400辆，大约在112万美元。"是的，大约112万美元，不可能200万"，我回答道。

我看到陪审团里的几个人露出惊诧的目光，大概是我当庭快速的心算给他们深刻的印象。大多数美国人，在加减乘除的心算方面不如中国人。

"我没有更多的问题了。"对方律师结束了他的盘问。

克拉克律师补充几个问题，把对方律师搅混的水清理一下，也结束他的提问。我如释重负，深深地舒了口气。

我步出法庭后，露茜女士跟了出来。"约翰，你的作证好极了。你可以回去了。开车一路小心，我们这里走不开，就不送了。星期五审完后，我会把结果告诉你。"

就这样，我的使命完成，没有客套没有欢送。早晨离开旅馆时，我已经注销房间，把所有的东西都装进车。此时我犯难了，我总不能穿着西装一路开车回去吧。没办法，只好在法院的厕所里换衣服，开车上路。

星期五的下午，我收到露茜发来的电邮。我们的官司打输了。陪审团认为，我们政府的原告方没有受害者的代表，没有证据说明这些消费者受骗上当。真是想不通，我们辛辛苦苦地取得证据，找专家出庭，为的就是保护消费者的利益。而审团成员也是消费者，可是却得不到他们的支持。我们白忙活了。

如果我们能在这场官司中取得胜利，司法部将在全州范围内对各车行进行彻查，打击坑害消费者的不法行为。可是我们输了，只好眼睁睁地看着车行坑害消费者而无能为力。导致陪审团做出不利于司法部裁决的原因，是车行老板的"哭穷"。对方的律师很有经验，知道在统计推测方面司法部无懈可击，所以集中精力在哭穷方面做足文章，以此博得陪审团的同情。美国的经济近年来一直低迷不景气，卖车市场更是一片萧条。许多车行老板举步艰难，濒临破产。这家车行的老板在法庭上说，如果他输了这场官司，他只有关门大吉，没法生存。这招哀兵之计果然奏效，引发陪审团的恻隐之心，被告就这样赢了。难怪对方对我的统计推测没有攻击，原来他们的主攻方向不在我这儿。

官司打完，该报销出差费。我们处是个穷处，没有出差经费，所以此次出差，是由保护消费者处出的钱。为了保险起见，我出差时需要把专业书籍、参考资料全带上，再加上换洗衣服和生活用品，足足有两只箱子，上飞机肯定超重。而且下飞机后，我还得租车才能赶到目的地。多年来我很少出差，出门两眼一抹黑，所以我决定还是开自己的私家车比较方便。按照司法部的规定，路途远的公差不鼓励开私家车前往。为了案子的胜利，我还是决定开车去。如果没有补帖，就权当是自费旅游一次。

公务员的出差住宿，有严格的规定，每晚不得超过85美元。按此标准，我只能住三星级的宾馆。对预支出差费也有明文规定。公务员需要填写一系列的表格，经过层层批准，才能事先预领出差经费。公务员的出差伙食补助也有规定。克拉克律师所在的处采取实报实销制，只要不超过上限，吃多少报多少。到达的当天晚上，我准备到餐馆吃饭，反正可以报销。谁知，愣是找不到想去的餐馆。GPS把我引到一家售车行(也许是命运的安排)。我的肚子饿得咕咕叫，只好回到旅馆吃随身带去的方便面。此后的几天里，我不是在法庭上等待出庭，就是找不到餐馆，竟然没有到外面吃上一顿正式餐。

消费者处的秘书铁面无私，没有就餐的发票不能给予误餐补助。也许秘书也有点过意不去，破例为我申请汽车补贴，才使我这次出差不至于损失太大。开私家车补贴，是按照里程数计算。露茜从谷歌地图上查到从我家到目的地的距离，向会计处报销。第二天，会计处来电邮，询问两个问题。首先，我为什么开私家车出差。第二，露茜的里程计算得不正确，是否可能重新计算。露茜替我解释了原因，因为出庭时间不能确定，所以开车去比较灵活。关于里程问题，露茜报的是311.8英里，而根据会计处上网查的结果距离是308.5英里，涉及金额1.65美元。遇到这样精打细算的会计，真是没辙。

这就是清水衙门的美国政府，清到一点荤腥都没有，清到有点不近人情。

第4篇 在美生活

4.1. 监狱趣闻

读社会学期间，我上过的最有意思的课之一是刑法学。[1]吉尔曼教授是位兼职教授，他的正式工作是M市监狱的副典狱长。刑法学的一个重要内容，是对监狱的研究。纵观西方的历史，人们在对待犯人的问题上，存在着惩罚和改造之争。西方经历过以死刑为主要惩罚手段的年代，当时体罚和羞辱相当普遍。美国早期对犯有错误、但不一定触犯刑法的人们，采用的方法是示众。让饶舌妇和说谎者带上口钳示众，与中国古代莱市口斩首示众颇为相似。

霍桑的名著《红字》中的描写，让有私通行为的妇女胸前带红色的A字，是一种流行的惩罚。A是英语中"私通"一词的第一个字母。当时还流行酗酒者带D字，偷窃者带T字，乞丐带P字。直到现在，这种惩罚方式仍偶有出现。曾有一位偷窃者，在沃尔玛商场门口被挂上"我是个贼"的牌子示众。以上做法的宗旨是以牙还牙，减少犯罪、保护个人与社会。

美国的第一所监狱——费城的华纳特街监狱[2]始建于1790年，是一座既是监狱又是工厂的设施。犯有重罪的犯人关押在16个单间囚室，不参加劳动。其他犯人则需做工，工种有制鞋工、木工、纺织工、纺纱工等。华纳特街监狱成为当时的样板，来自各州的参观者络绎不绝。该监

---

[1] 刑法学的英文是 Criminal Justice。

[2] 华纳特街监狱（The Walnut Street Jail，也译为胡桃街监狱）。

狱执行一条严格的纪律,犯人们必须保持肃静,不得随便说话。监狱当局生怕犯人串通,密谋逃跑或发生冲突打架。

进入18世纪的启蒙时代以后,美国出现了改革监狱管理的运动。人们开始强调人的尊严,反对酷刑和恶劣的监狱条件。1876年,纽约州的爱尔米拉镇建立了一所旨在改造犯人的监狱。监狱的生活条件有了很大改善,里面有文化教育、图书馆、报纸、娱乐设施、宗教服务等。但是由于人们(尤其是狱警)对于这样的改革不完全认同,该改革于1910年宣告失败。

大工业时代的到来,使监狱里的犯人成为廉价劳动力,监狱实际上成了大工厂,成为自给自足式的企业。政府常动用监狱里的犯人修建公共设施。伴随着这一变化,反对声浪逐渐增强,工会的批评尤其激烈。因为监狱里的廉价劳动力冲击了劳动力市场,对工人们形成很大的挑战。由于美国经济大萧条的出现,许多州开始禁止监狱生产的产品进入市场。1940年,由罗斯福总统签署的法案全面禁止监狱生产的产品进入流通领域。现在,美国监狱里的犯人不再进行大规模的商品生产。近年来,一些美国商人以监狱产品不能流通为由,企图阻止中国商品进入美国市场。

1930年联邦监狱局成立后,建立了监狱等级体系。该体系共分五个类别,第一等级是防卫最严密的监狱,专门关押重罪犯人;第二等级是中等防卫的监狱,关押罪行稍轻的犯人;第三等级是教养院,专门关押年青的和初次犯罪的犯人;第四等级是防卫最低的监狱,关押不需要严密防卫的犯人;第五等级是临时拘留所,关押等待审判的嫌犯。以前,我对英语中Prison和Jail两个词一直没有注意区别,学了刑法学后才知道,前者指的是监狱,后者指的是拘留所。

由于监狱的恶劣条件和环境以及狱警与犯人之间的矛盾,1971年9月9日,暴发了美国历史上有名的纽约州艾提卡监狱[①]大暴动。当时狱警

[①] 艾提卡监狱(Attica Correctional Facility,也译为"亚提卡监狱"或"阿提卡监狱"),位于纽约州的艾提卡镇。该监狱建于1930年,由纽约州的监狱管理部的管理,是防卫最严密类的监狱。

都是白人，而关押的犯人大多是黑人。狱警和犯人之间的矛盾，演变成了黑人和白人之间的种族矛盾。9月13日上午，警察部队攻入监狱，平定了骚乱，有29名犯人和十名狱警在此次事件中丧生。监狱当局汲取了教训，逐渐增加狱警中黑人的比例，采用黑人管理黑人的办法。这一措施颇有点以夷制夷的味道。

美国的犯罪率一直居高不下，尤其是黑人群体犯罪率更高，监狱时常爆满。为解决这一矛盾，同时使罪犯出狱后能够尽早地融入社会，重新开始正常的生活，美国的监狱系统设立了假释制度。犯人在监狱里服刑一段时间后，有资格申请假释。根据罪犯所犯的罪行和在狱中的表现，假释一般在刑期度过三分之一以后。一名罪犯被判了十年徒刑，也许能在三四年之后即可出狱，剩下的刑期在狱外执行。但是假释并不意味着释放获得真正的人身自由，假释罪犯的行动仍受到一定的限制，罪犯必须定期到假释官员那里报告近期的行动。

由于科学技术的发展，自动定位跟踪行迹的电子设备为监控处于假释的罪犯带来了方便。该设备被制成套子套在受控人员的脚踝上，其形迹一目了然。如果假释者违反规定或者再次犯罪，会被重新送进监狱。每个州都有庞大的管理假释者的警察文职队伍。

在美国，私人企业比政府的效率高。1852年，加州建立了第一座私人经营的圣昆丁监狱[1]。私营企业介入美国的监狱并非新鲜事。此前，监狱里的许多后勤服务（如医疗服务、伙食供应、犯人的运输）都是由私营企业完成的。美国的第一家现代私营监狱始建于1984年，美国矫正公司[2]接管了位于田纳西州汉米尔顿县的一座监狱，标志着美国政府将监狱外包给私营企业的开始。

目前，美国有260多座监狱由私营企业运营，关押着近十万多犯人。

---

[1] 圣昆丁监狱（San Quentin Prison）位于美国加利福尼亚州马林县（Marin）圣昆丁村。
[2] 美国矫正公司（Corrections Corporation of America）于1983年由Tom Beasley, Robert Crants, T. Don Hutto 创立。

私营企业在建造监狱中，可以节省15%～25%的成本，在运营方面可以节省10%～15%的成本。私营监狱也存在一些问题，而且一些专家对成本的节省持怀疑态度。私营监狱还需要时间的进一步检验。

为使理论与实践相结合，吉尔曼教授利用工作之便，带我们参观了M市的监狱。M市监狱坐落在离市中心不远的地方，四周是高速公路和居民区，高大的围墙和铁丝网将监狱与城市隔离开来。监狱主要由两座十来层高的建筑物组成，里面戒备森严，到处是沉重的铁门。每一道门都是由控制室里的警官集中操纵的，是个插翅难飞的地方。由于监狱里人满为患，监狱当局在空地上搭起了帐篷，供罪行较轻的犯人居住。

吉尔曼教授在讲课时，给我们讲了一件发生在M市监狱的笑话。该监狱的铁丝网很特别，带有倒刺，并会在有人试图翻越时自动翻动钩住逃犯。M市监狱里的一个犯人试图逃跑，当他翻越铁丝网时，带有倒刺的铁丝网突然翻落下来把他紧紧地钩住。逃犯被挂在半空中动弹不得，只好大声呼救，引来了狱警。

因为我们是晚间上课，所以参观的时间安排在晚上。狱中的犯人已经吃过晚餐准备就寝。狱警看到我们在副典狱长的带领下来参观，立即下令所有的囚犯跑步进入自己的囚室。隔着铁栏杆看去，犯人黑压压的一片，一个房间少说关着40～50人。吉尔曼教授开玩笑道："可不能让囚犯接触你们。谁都知道V大学的学生多少都有点家庭背景，要是让他们给抓去当人质，我的麻烦就大了。"

我们还参观了监狱的陈列室，这是过去执行绞刑的地方。当年的绞刑架还保留在那里，成为历史文物。陈列柜中展示了囚犯们自制的武器，有用玻璃片做的，有用小铁片做的，真不知道这些凶器的材料是如何被带进监狱的。

最后，我们来到了少年管教所。这是一个准军事化的机构，负责的是一名军士长。少年管教所共有100多名未成年的男性，有几名是亚裔。管教犯清一色剃着部队士兵的短发，每人直挺挺地站立在床前。军士长命令他们自我介绍，他们放开喉咙大声报出姓名和年龄。接着，军士长命令他们走队列。少年犯们给我们表演了队列行走，走得还像模像样的。用军队严格的训练办法来改造少年刑事犯，看来还挺有成效。吉尔曼教授介绍说，这是他们近年来采取的一个新举措，从目前情况看，少年犯在遵守纪律方面很有长进。

参观和上课，使我对美国的司法系统有了理论和实践的认识。令我意想不到的是，从此我与美国的司法结下了不解之缘，最后供职于司法部，这是后话。

一天，吉尔曼教授打来电话，询问我是否可以帮忙为监狱充当中文翻译。随着中国的改革开放不断深入，越来越多的国人走出国门，到国外学习和生活。与此同时，非法进入美国的中国人也逐渐多了起来。1993年6月，发生了震惊美国的"金色冒险号"事件。一艘满载286名偷渡客的改装渔船在纽约附近海域触礁，全体人员被扣留等待着遣返回国。由于涉及的人员众多，纽约的监狱容纳不下。美国社会中同情偷渡客的人士不少，他们积极为偷渡客争取权利，给遣返工作带来不少麻烦。美国移民局决定，将关押在纽约的部分偷渡客转送到M市。

M市的中国人不多。偷渡客来了之后，语言沟通将成为问题。吉尔曼教授首先想到了我。吉尔曼教授告诉我，这份工作时间灵活，不占用上课时间，还可以得到每小时七美元的报酬。由于我不能被校外的任何单位雇佣，吉尔曼教授已与V大学以及社会学系谈妥，给我的报酬先由联邦政府付给学校，再由校方拨到系里，系里再以奖学金的形式发给我。我欣然答应了。

两天后的一个晚上，狱方打来电话通知我立即去监狱。从纽约转来的50多名偷渡客已经乘飞机抵达，要我去协助狱方办理入狱手续。

美国政府分为联邦和州两级，监狱也分为联邦和州两个系统。由联邦管辖的犯人关押在联邦监狱区，由州管辖的犯人则关押在州的监狱区内。偷渡客由联邦移民局负责审理，他们将入住监狱的联邦区域里。M市监狱的联邦区，相对于州区条件要好一些，在押人员相对少，犯人们住得相对宽敞些。

　　当我赶到监狱时，狱方的一位警官已经在门口等候多时了。我领取了临时通行证，经过几道铁门来到了一个大厅，见到了偷渡客。男士们大多身穿西服，在长途旅行的摧残下，西装显得皱皱巴巴。由于天气炎热，他们个个汗流浃背，外套上可以看出明显的汗渍，散发出难闻的气味。女士们也个个狼狈不堪。他们两人合用一副手铐和一副脚镣，如果协调不好，甭说跑，就是走路也很困难。几位狱警正忙着帮他们解开手铐和脚镣。已经被放开的偷渡客立即进行舒展活动，让手脚熟悉刚刚获得的自由。还未打开手铐脚镣人，无精打采地靠着墙壁闭目养神。看来，他们一路挺劳累的。

　　进入监狱的第一步是姓名登记。偷渡客的姓名，是在纽约由不熟悉汉语拼音的人士登记的。从开始登记的那天起直至最终离开美国，他们将使用那些谁也看不懂、读不准的名字作为他们的代号。为了便于识别，每个偷渡客的手腕上套着一个手镯似的圈儿，上面印着他们的姓名和编号。负责登记的警官开始逐个点名。当偷渡客们看见在警察队伍里有自己的同胞时，脸上露出了阔别已久的笑容。有的踮起脚尖向我张望，有的向我挥手致意，我也冲他们挥手表示欢迎。被点到名的偷渡客逐个走上前来开始登记。他们一一回答警官提出的问题，将个人物品全部上交，由监狱代为保管，待离开监狱时再归还，每人领取了狱方发给的两套浅蓝色囚服。

　　偷渡客随身带有一定的现金，有的多达3,000美元。当警官们看到数百上千美元的现金时，不由自主地发出惊呼："你们中国人怎么这么有钱啊！"拥有区区几千美元，在这些老美眼中就成了有钱人，这也太大惊小怪了，我心里说。警官当面点清现金，放入信封注明金额后交给各人核对签名，以确保准确无误。

　　有一位男士向我抱怨说："我们没有内衣内裤。我们原本是带着的，但是在偷渡的路上为了轻装上阵都给扔了。"

　　我向警官反映了他们的窘境。警官为难地说："这可有点难办。这里的犯人都是当地人，不存在这样的问题。"他接着说，"我可以向上

236

级请示，看是否能够解决。如果实在不能解决，也还有办法。"

"什么办法?" 我忙问。

那位警官答道："监狱每天发放一美元的零花钱，他们可以积攒起来买内衣和内裤。"

"什么?"我吃惊地问。"他们每天还可以从监狱领取一美元的零花钱? 他们被关在监狱里，吃、住、穿由纳税人供着，不用干活，还能领到零花钱?"

警官比我更吃惊，反问道："您连这都不知道? 他们在这儿可舒服了，吃穿不愁，住房冬暖夏凉，吃胖了还有锻炼器材可以减肥。我要是失业了没地方管饭，找个茬儿住进来，起码可以不饿着不冻着。"警官哈哈大笑，为他的笑话颇为得意。

轮到一位中年女士，警察让我问她的姓名和出生年月。这位女士看着我，傻愣在那里不答话。我又重复了问话，她冲我摇摇头，指指人群里的一位女士。我好生纳闷，她是位聋哑人? 我着急了，我可不懂哑语呀。我正琢磨着如何应对，只听她大喊了一声。看来她不是聋哑人，可是她的话我却一点没听懂。那位被她叫来的女士走上前来，向我解释道："她不会普通话，您得找一个会普通话又会闽南话的翻译。"

在这群偷渡客中，有的人是地道的福建农民。他们没有出过家门，又没有上过学，所以不会说普通话。而我对闽南话一窍不通。没法子，我对警官说："我还需要一个翻译，一个能懂方言的翻译。"

警官听完我的话，惊愕地问我："你是中国人，听不懂中国话?"

我解释道："中国的方言差别很大，有的方言之间的差别不亚于英语和西班牙语之间的差别。"在美国，英语和西班牙语是最为通用的两种语言。

"那你们中国有多少种方言? 你懂几种方言?"

我无法回答他的问题，只好告诉他："我们中国的方言多了去了。有时中国人之间竟要用外语来交流。如很多香港人只会说英语和粤语，而内地人多数不懂粤语，所以只好用英语与香港人交流。"

我找了一位会说闽南话又会普通话的偷渡客，由他充当第二翻译。警官的一句问话通过我译成普通话，再由这位第二翻译译成闽南话。回答则要经过闽南话变成普通话再变成英语。我身旁的两位警官不由自主地停下手中的活，一会儿看看我，一会儿看看那位第二翻译，好奇地看着我们有趣的层层翻译。

一切停当后，已是深夜了。

过了两天，在警官的要求下我又去了一趟监狱。在偷渡客中查出了不少肺结核皮试阳性者，需要对他们进行胸部透视检查，以防止有肺结核病患者。大多数中国人在婴儿期接种过卡介苗，检查结核病的皮试时会呈现阳性。美国医生不了解这一情况。偷渡客在纽约已经作过了一大套检查，他们对我说："乔先生，我们已经在纽约拍过片子，你能否向狱方解释，让他们不要再作重复的检查了，免得再照放射光。"

虽然我极力向狱方说明了情况，却未能如愿，检查仍然按原计划进行。最终查出三名疑似肺结核病患者，被立即送入隔离病房，进行结核病的治疗。后来，我再也没有见到他们。

在中国，医院病房同时容纳数名病人，医生在对病人的诊疗过程中，相邻的病人能听见医生与患者之间的对话，没有个人隐私。而在美国，这样做侵犯了病人的权力。在美国，病人是一人一间病房。医生诊病时只允许病人的家属在场。可是，偷渡客在医生诊疗时，却把医生和病人团团围住，好奇地想看个究竟。美国医生不得不停止诊疗，对我说："乔先生，您能否请他们离开？我们要保护病人的隐私。"

我向偷渡客翻译了医生的要求，小声地对他们嘱咐道："你们还是暂时回避一下，这是美国人的习惯。"他们不以为然，嘟囔道："这有什么呀。"

我只好两面打圆场，一面好言相劝自己的同胞，一面对美国医生解释说："这些人经历了千辛万苦，成为患难与共的朋友，亲如兄弟，像一个大家庭一样。"

忙完男士们的翻译，我又马不停蹄地赶往监狱的女士区，那儿的女同胞也需要我帮忙。女监狱区有严格的规定，无特殊情况男士们（包括警官及监狱的长官）不得进出该区域。这里的一切由一位女副典狱长负责。当我拿着"腰牌"进入她的管区时，那位女副典狱长开玩笑地对我说："乔先生，你可是第一个可以自由出入女牢房，任意与女囚犯接触的男士啊。"

女囚室是一座平房，离监狱的两座主楼相隔较远，是一个相对独立的区域，外面围上了铁丝网。女囚室分几个区域，联邦区楼上楼下共有20多间牢房，每间房可住两个人，里面有卫生间。浴室为公用，设有四个淋浴头。公共活动区域里有桌椅、电视机和公用电话。牢房里有空调，冬暖夏凉。按偷渡客们的说法，这里相当于二星级的宾馆。

女同胞共有十余人，年龄从20到40岁，以年青人居多。其中一个领头的柴晓婷，似乎在女士中很有威信。她口齿伶俐，说话不饶人。

"你是干什么的？"柴姑娘一见面，没等我开口就问我。

"我是个学生，是监狱里雇来的临时翻译。"我答道。

女同胞们立即围了上来，七嘴八舌地问我："我们要在这里关多久？""我们会不会被遣返回国？""这是什么监狱？地址是什么？""我们被转移到这儿，我们的移民申请怎么办？"

我是一个普通的学生，这是第三次到监狱里执行翻译任务，对于她们的问题，我回答不了，只好说："真对不起，我不知道。我只是个翻译。"我的回答令她们很失望。

在我开始例行公事之前，我问了柴晓婷的名字。

"我叫柴晓婷。"柴姑娘大方地自我介绍。然后，她压低嗓门对我说："我出来前是省政府的打字员，真后悔上了这条贼船，现在回不去了。"

难怪她事事领头，原来是个见过世面的人。我便提议晓婷为她们的负责人，今后有事与狱方打交道，由她出面，我充任翻译。女同胞们表示同意。因为我戴了一副近视眼镜，晓婷姑娘毫不客气地给我起了个绰号"四只眼"。从此以后，我在她们中间失去了尊姓大名，只被叫做"四只眼"。

她们要我帮助购买邮票、信封和笔等一些日常生活用品。这里的笔是碳素笔芯，为的是防止有金属笔尖的圆珠笔和钢笔成为伤人凶器。她们需要给在美国的熟人和在国内的家人写信。除了报个平安外，更重要的是寻求帮助，特别是法律方面的帮助。我把她们需要购买的东西一一记下，然后交给监狱的警官去办理。

狱方为她们每人开了个银行账户，她们入狱时随身携带的现金和狱方每日发的补贴均存入账户。她们购买物品后，货款直接从账户上扣除，每月结账一次，按时发给她们结账单。

晓婷对我说："我需要买一瓶洗面奶。"我孤陋寡闻，不知洗面奶为何物，一脸疑惑地问她："洗面用奶啊？"

我的问话立即招来晓婷的一顿讥笑和数落："亏你还是个留学生读什么博士，连洗面奶都不知道。真是个老土、书呆子！"从此，我又多了一个"书呆子"的绰号。

走出牢房后，女典狱长告诉我，那个柴姑娘特厉害，时常与她手下的女警官发生冲突。可是由于语言不通，不知道她到底在说些什么。今天我的到来，使这位女警官轻松了许多。要不然，她们又要比划半天，却谁都不明白对方到底说了什么。典狱长希望我能常来，帮助警官与她们沟通。

女囚们遇到的一个令人尴尬的问题是洗澡。为了便于监控，每间牢房和公共活动场所（包括浴室）均装有摄像头，囚犯们的一切活动都在警官的监控之下。对于大城市来的女性，这些可能还能接受，因为上世纪90年代之前公共浴室在中国的大城市是司空见惯的。可是对于偏远地区的女性来说，这可有点难为情。尽管都是女性，在众目睽睽之下，要她们赤身裸体暴露在光天化日之下，对于她们来说还是头一回。晓婷又一次挑头："我们要给监狱提意见。我们洗操不能这样没遮没挡的。"

我及时向狱方转达了她们的要求。那位女典狱长面带难色地对我说："我们这所监狱从建立到现在几十年了，还是第一次有人提这样的意见。

我做不了主，得与其他的监狱负责人商量后才能答复。"

不久，狱方答复说老规矩不能破，狱方的决定是出于安全考量。如果允许遮挡浴室，万一有人在警官无法监控的区域内干坏事，出了事就麻烦了。我如实向晓婷她们转达了狱方的答复，心想此事只能如此，便对她们说："咱们还是克服一下，算是入乡随俗吧。"

谁知晓婷听罢，火了："什么规定不规定的，这规定对我们中国人不适用。"

我提醒她说："这是在别人的国度里，咱们只能按他们的规矩办。"这下我可引火烧身了，大家立即把矛头转向了我，似乎要把她们对狱方的怨气全部发泄到我身上。

"你是个中国人，怎么帮美国鬼子说话呀。"

"真是个汉奸，狗翻译官。"

"……"

在她们的骂声中，我不知该如何应对，只好尴尬地承受着。最后还是晓婷出面打圆场："好了，这事我们就让'四只眼'帮忙去交涉，办不成再找他算账。"

虽然挨了骂，但是我觉得女同胞们讲的也有道理。法律和规定不是人制定的嘛，没有人反对，没有不断的修订，怎么会产生更加合理的制度呢？可是，我不知该怎样向当局据理力争，只好先答应她们："我尽力试试。"

晓婷斩钉截铁地说："不是尽力试试，而是必须办成。"

走出监狱时，警官不无关切地问我："她们对您怎么啦？我们看您好像不太对劲儿，她们在指责您吗？"

"没事，没事。"我连忙摆摆手。我可不想让狱方知道这群女同胞对我的指责。这是咱中国人内部的事，况且她们的指责也有一定的道理。

经过一夜的苦思冥想，我决定把中国的民俗和风俗作为切入点，去与当局交涉。第二天，我帮女同胞们起草了一份正式的投诉书，抱怨说洗澡没有遮挡严重违反了中国女士们本国的风俗习惯。为了使我的观点更具有说服力，我反复强调在中国不少偏远地区，女性的身体只能暴露给自己的丈夫。希望监狱当局能够考虑到他国的文化、传统和习俗，给予应有的照顾和尊重。

美国是个多元文化的国度，对于不同的文化、宗教信仰能给予尊重。这份投诉书引起了监狱当局的重视。他们终于答应，中国女囚在洗澡时可用黑色的塑料浴帘遮住颈部以下和膝盖以上的部位，这样既能监控又能照顾到中国的习俗。此事总算较为圆满地解决了。

幸好此事处理得及时。此后的一天晚上，我应狱方的要求去女囚室处理问题，适逢两位女同胞在洗澡，我们无意中六目对视，弄得我满面通红赶紧低头办事。好在有浴帘遮挡，否则我可有偷窥之嫌。难怪该区域禁止男士出入，看来很有道理啊。

柴晓婷是个泼辣的姑娘，看见我绯红的面颊，大声嚷道："大家看，乔先生脸红了。"说完，她不无得意地又说："幸亏我当时坚持，要不然你今天就尴尬了吧。说不定我们还要打电话告诉你夫人呢。"众女同胞被她的话逗得哈哈大笑。

男囚室比女囚室大很多。一个区域内有几十个房间，每间囚室备有两张上下铺双人床，可以住四个人，房间里均有卫生设备。房间分楼上楼下，公共活动区域分布于两个楼层的中间，大小与篮球场差不多，有桌椅、电视机、乒乓球台和一些健身运动器械。犯人们可在里面打球、下棋、打扑克、看电视和锻炼身体。男偷渡客在看电视时，与同时关押在一个区的美国人发生了矛盾。狱方只好加装了一台大电视，并租了一些中文电视片，让他们各看各的，缓解了矛盾。

男囚室的麻烦是空调的冷气太冷。美国人怕热，他们的房间在夏季时温度总是调得很低。监狱里每个人只发一条薄薄的毯子和两件短袖衬衫。一位男同胞向我抱怨道："乔先生，我们在这里太冷了，晚上睡觉冻得发抖受不了。"这要是在冬天可能还好理解。可这发生在夏天，就让人不可思议了。我向狱警转达了男同胞的抱怨。狱警告诉我说："这儿的空调是中央空调，温度控制不在这里，我们也没办法。"无奈之下，同胞们只好将空调的出风口用报纸堵上。

男同胞们生活上遇到的另一个问题是吃饭问题。"乔先生，我们在这儿吃不饱，每天都很饿。"好几位男同胞向我抱怨。他们大多是年青人，以前从事体力劳动，饭量较大，而且都吃惯了米饭，一顿没有米饭就饿得慌。而美国人的饮食以肉类和蔬菜为主，每顿饭只有两片面包，这可苦了男同胞。我向狱方转达了他们的抱怨。负责的警官不解地问："我们的伙食是统一标准，他们一点儿不比其他美国犯人少呀。"

"这么着，我跟上级打个招呼，以后给中国人增加两片面包。"警官又说道。

后来我到监狱看望同胞时，那位警官见了面就对我说："我们已经给他们每人每顿增加了两片面包，而且还让他们选出两个人来分饭，这样公平一些。"尽管如此，吃不饱的抱怨声还是不绝于耳。狱方着实弄不明白，中国人为什么还是吃不饱。经过很长一段时间以后，男同胞们才逐渐适应了美国的饮食。

我每隔几天去监狱一趟，看望那些失去了自由的同胞。我的任务既简单也轻松，每次去搜集他们的意见，与他们聊聊天。看守的警官看到每次我去了之后，中国人都很平静地围着我与我交谈，对我的工作挺满意。

女同胞尝到了语言不通的苦头，一致要求我给她们上英语课，教她们一些简单的英语。挑头的自然还是晓婷。她高中毕业曾学过一些英语，所以进步很快。女同胞们很快掀起了学习英语的热潮。她们学了马上就用，效果很好。

与女同胞不同，男同胞对于学英语没有太多的热情。他们热衷于玩纸牌、看电视、打乒乓球。有一天，我按惯例去看望他们。男同胞们正与一名狱警较量乒乓球。乒乓球是中国的国球，别看偷渡客大多为农民，他们的球技比起普通美国人来说，可称得上是大内高手了。

我的到来，使他们又多了一名战将。我这个天生的体育弱智者，被他们拉到球桌边，赶着上了架。几个回合下来，我竟然把一位在狱警中水平最高的家伙打得落花流水。那位狱警连声惊呼："中国人了不得，难怪你们常常包揽全部的奖牌，我真是服了。"

一位男同胞看见我的头发长了，向狱警要来了理发工具，帮我理发。他那娴熟的一招一式，一看就知道是个专业人士。我问他："瞧您这身手艺不是一天两天练成的，要是我没猜错的话，您以前一定是位理发师吧。"

"是的，我来美国前是一个理发师。到了美国，我还想重操旧业。"

站在一旁看我们理发的几个男同胞打开了话匣子，说道："我们这群人里面能人不少，可以说是藏龙卧虎。有中专院校的教师、理发师、厨师、机械师、电工、木工、船夫……各行各业。"他们异口同声地对我说："等我们出去了，你领着咱们干吧。就凭我们的手艺，加上你的英语，我们能够干出一番事业。"

对于他们的话，我信。只要给他们机会，这些吃苦耐劳的同胞一定能在美国闯出一片天地。和自己的同胞在一起，能够为他们做点力所能及的事情，还有每小时七美元的报酬，真是一桩美差，羡慕煞了 V 大学的许多中国同学。可惜我的功课太紧张，课余时间并不是很多，我不能因此耽误了学业。

渐渐地我与偷渡客熟悉起来，在朋友般的相处中，我从他们那儿听到了一些鲜为人知的故事。这些偷渡客大多来自福建沿海。上世纪90年代，在当地偷渡出国比城里人外出旅游还方便。人们出游要预先买好火车票、飞机票。在当地偷渡出国，连船票都不用买，都是先上船，等到了美国再由家人付钱给蛇头。许多人就是这样稀里糊涂地爬上船到了美国。如果有船出发，当地人会互相传递信息，很快就能凑满一船人，随即开始漂洋过海的艰险旅程。

据他们说，真正被抓到的还是少数，大多数人能够成功偷渡。因为蛇头们要赚钱，必须保证偷渡客安全到达目的地，一部分佣金还要靠偷渡客在美国打工来偿还。他们中间有些人绕道南美，坐船到达墨西哥，再从那里步行穿过美墨边境的沙漠无人区进入美国。一路上的艰辛，真是一言难尽。

首先，他们所乘坐的船只是100来吨经过改装的小渔船。这种小渔船能够穿越波涛汹涌的大洋，真算是英雄壮举了。船主为了装载更多的人，设置了尽可能多的铺位。原本只能睡两三个人的上下铺，改造后竟能睡上十个人。严重超载的船只在风浪中剧烈晃动，铺位焊接部位经不起如此折腾，发生坍塌。一名睡在最下铺的偷渡客，被上面八九个人压得肋骨断了数根，入狱后一直胸痛，很长一段时间都没能痊愈。

他们好不容易到达墨西哥，为了避人耳目，不被墨西哥边防军发现，他们在荒无人烟的沙漠地带登陆，由向导带领向美国边境进发。一路上，他们没有任何补给，所有的干粮和饮用水全部靠自己携带。由于携带的东西太多，他们的行进速度很慢。向导连打带骂，逼迫他们轻装上阵。除了现金和身上的衣服，他们的行李全留在了沙漠里。一位男同胞不愿扔掉东西，被向导打断了脚，他硬是一瘸一拐地走完了全程。

可惜的是他们的运气欠佳，在即将跨越美墨边境时，被墨西哥警方抓获，关在边境的一个小镇上。中国驻墨西哥使馆派人到现场，商谈遣返回国事宜。眼看出国之梦即将破灭，他们个个沮丧万分。然而，事情却出现了转机。一位中方使馆人员同情他们的遭遇，暗示他们："此地离美国边境只有数百米，下山过了河就是美国了。你们只要踏上美国领土，即使被抓，遣返也将是许多年以后的事情了。"这位好心的官员叮嘱他们："千万不要讲是我说的呀。"

绝望中的同胞们开始酝酿一场大逃亡。拘留所关押着300多名偷渡客。这天晚上，300多人统一行动，徒手推倒了牢门，撒腿向山下的边境线奔跑。墨西哥警方被突如其来的逃亡行动搞得措手不及。偷渡客的逃亡并没有威胁到警察的生命，警察们不能随便开枪，只好尽力徒手抓人。无奈警察人手少顾此失彼，眼睁睁地看着偷渡客们顺利逃脱。

一位男同胞告诉我："我当时被警察抓到了一只手，但是我头也不回地跟着人群拼命奔跑。后来警察跑累了，我挣脱逃掉了。"

跑到山下，拦在他们面前的是一条小河，过了河便是美国领土了。

小河对于出生于福建水乡的农民来说根本不算什么，他们纷纷跳入河中，奋力游向对岸。墨西哥警方早已与美国的边防人员取得了联系。美国的边防警察驾着直升机，开着警车，亮着探照灯，搜捕从墨西哥边境逃来的中国偷渡客。一时间边境线上热闹非凡，堪比警匪片的场景。

偷渡客游过河后，径直向内地奔跑。一位偷渡客告诉我："当时天黑路生，我们不知该往哪儿跑，就跑上了附近的一条高速公路。真弄不明白，高速公路上怎么会有墙啊。我们一头撞上了路中间的墙，疼得受不了。"当时中国的高速公路还不多，这些同胞还不知道高速路上会有隔离墙。

一位腿部受伤的男同胞，拖着伤腿已经没有力气跑了。他主动停下来，向一辆疾驶而来的警车举起了双手。令他意想不到的是，警察竟然没有理睬他，忙着抓捕那些还在继续逃跑的偷渡客。他只得坐在路边等待警察来收容他。以后这位同胞常自诩是主动自首却遭拒绝的牛人。由于人生地不熟又无人接应，他们上岸后没多久就全部束手就擒。被捕后，他们被运往纽约，最后辗转到了M市监狱。

他们中还有一些人已经成功地偷渡到美国，开始在中国餐馆里打工。蛇头们与当地的中餐馆提供"一条龙"服务。蛇头不仅将这些偷渡客偷运进美国，还为他们找到打工的地方。因为蛇头还指望偷渡客挣工钱，来归还剩余的偷渡费。与蛇头有联系的中餐馆老板，也乐于雇用没有身份的廉价劳动力。他们不仅为偷渡客提供打工的地方，还提供吃住。偷渡客住得很挤，一间房能住上三四个人。一所房子里住上太多的人，引起了邻居的不满和警觉，邻居报了警。警察密切监视数日，终于在一个深夜突袭了窝点。结果一个三间卧室的房子里抓到了十多名偷渡客，成为当地的头条新闻。

有两个人最冤了。他们来美已经两年，自己租房住在公寓，本不会出事。那天夜里他们去看望来自故乡的老乡，结果一起被抓了进来。好在他们手头有钱，很快交了几千美元的保释金被释放了。释放时，我问他们："今后怎么办，会去法院受审吗？"他们告诉我："我们只要一回到纽约，就如鱼归大海，移民局甭想抓住我们。"

这批人中间，有一个人的遭遇挺惨。他安全到达美国后，家人未凑齐第一笔偷渡费，惹怒了蛇头。蛇头拨通了打往他家的国际长途，打手们将他往死里打，在中国的家人听到了从电话里传来的撕心裂肺的惨叫声，不得不答应借债还钱。他被打得皮开肉绽，至今还没有伤愈。谁知还没开始干活挣钱，又被抓进了监狱等待遣返。

在监狱的另一个区还关着一名偷渡客。他的偷渡路线比较高档，从中国坐飞机到南美，转悠了几个国家才从南美进入美国。他的偷渡费用高得多，路途上吃的苦自然也少多了。不幸的是，他的偷渡在联络上出现了差错。他到了纽约机场出了海关，却没人接应。他一个人在机场不知所措，由于语言不通无法与人沟通，被警方盘问露出破绽，被捕入狱。

由于这些偷渡客已经踏上了美国领土，他们进入了旷日持久的法律程序。他们中的有些人在美国有亲朋好友，可以帮忙请律师打官司。举目无亲和没钱的偷渡客，可以得到慈善机构的免费律师服务。他们在监狱里虽然有吃有喝生活不用发愁，但是不能挣钱还债，所以还是想着能早日赢了官司出去挣钱。

偷渡客中不少人受过伤，病号不少。关押在美国监狱的犯人看病，一律是免费的，连挂号费都不用出，有些人稍有点小毛病就嚷着要看医生。每星期的看病日，监狱诊所总是人满为患。M市监狱曾计划对犯人看病收取五分钱的费用，结果遭到媒体的炮轰。

一个看病日，我陪着几位偷渡客等候看病。在我们前面有一位中国人正在和医生争执着，我从未见过此人。我在监狱看到的中国人基本上是偷渡客，他们的英文普遍都不行。我主动走上前去，询问医生和病人是否需要我帮忙翻译。谁知道这位中国人操着流利的英语对我说："不用帮忙。"接着又与医生争执起来。

"我的肝出了毛病，请开这个药，医生。"他指着纸条上的药名说。

"你凭什么认为你的肝有毛病？你是医生吗？"医生反问道。

"虽然我不是，但我的妈妈是医生。"这位中国人答道。

"我问的是，你是医生吗？"

"……反正我不舒服……"

病人和医生就这样僵持了好久。狱警只好请他让开。听狱警说，这个中国人在这里已经待了一些日子了。这家伙挺横，有一次与黑人发生争执，他竟然撒野与人打了一架，以后其他人再也不敢欺负他了。由于他英文说得挺好，所以与其他美国犯人关在另一个区内。我好奇地问狱警，这位同胞犯了什么事。狱警不确定地对我说："他可能是因为想上大学，人家不收，就写信恐吓校方，被抓了进来。"

在美国恐吓人（无论是口头的还是书面的）是犯罪行为，一旦查实会有麻烦，甚至会有牢狱之灾。我听说过美国发生的一起轰动一时的恐吓案。一位曾在国内当过兵的留学生，不知怎么与美国联邦调查局有了联系。联邦调查局的探员口头许诺，事成之后会让他进一所名牌大学。事后他未能如愿进入大学，一气之下，他给大学写了封恐吓信，结果这家伙学未上成反进了监狱。非美国公民犯了罪，服刑期满后应遣送回国。他不敢回国，也没有哪个国家愿意接收他，所以就一直待在监狱里。从姓名上看，我眼前的这个人似乎正是那桩恐吓案的主角。真是无巧不成书。

有一天傍晚，我接到了监狱打来的紧急电话，让我立即赶过去。我们的女同胞绝食了。我进入女囚室，只听到里面哭声一片。负责的女狱警告诉我："她们从中午开始拒绝吃饭。"

我问道："您知道她们绝食的原因吗？"

女狱警答道："可能与上午的案子有关。今天上午，有两人在法庭开庭时被驳回了居留请求。回来后她们就开始绝食了。"

"我该做什么呢？"我问道。

女狱警无奈地对我说："无论想什么法子，只要让她们吃饭就成。千万不能在这里出人命，这个责任我们谁也担当不起。典狱长急坏了，我们语言不通。乔先生，这一次就全靠您了。"

监狱里面的大小头目来了一大堆。有人提出，可否拿美味的中餐来吸引女囚们进餐，这个馊主意竟然得到典狱长的首肯。我和另外两名男警官被派到市内一家最好的中餐馆，为她们订一顿丰盛的晚餐。当时正值炎热的夏季，我乘坐警车前往中餐馆。途中，我感到车中闷热无比。我纳闷，难道警官忘了打开车中的空调？"警官，您忘了开空调了吧，怎么这么热呀。"我说道。

"别提啦，咱们的车哪有空调啊。"警官抱怨说。

原来M市的不少警车没有空调装置。该市在美国属于贫穷的城市，市政府的预算捉襟见肘，为了能购买足够多的警车，只得买低配置的没有空调设备的车辆。真没有想到，这样一个富裕的国家，竟然小气到连警察专用车的空调也不配。可是，他们对犯人却如此宽厚，住房冬暖夏凉，冻不着热不着，却让这些管犯人的警察在外面受罪。我无语了。

当时正值晚饭时间，两位警官订好餐后邀我共进晚餐。每人点一个菜各吃各的，一顿饭三个人共花去25美元。这是我到美国后享受的第一顿政府公款餐。丰盛的晚餐放在了女同胞们面前，可是她们仍旧无动于衷。极度的绝望和痛苦使她们失去了往日的食欲，她们试图以绝食与当局抗争。监狱当局不知如何沟通，把希望寄托在了我这个临时翻译身上。

"乔先生，现在全靠您啦。我们把饭菜买来了，您无论如何得想办法让她们吃饭。"女副典狱长恳切地对我说。

"行，我试试。"说着，我走进了女囚室，边走边想对策。俗话说，擒贼先擒王。当然，她们不是贼，但道理是相通的。得找她们领头的，只要领头的开始吃饭其他人就好办了。我来到了在女同胞中有较高威信的晓婷的房间。"晓婷，你们怎么啦？"我低声而又同情地问道。

晓婷的眼睛里充满了泪水，见了我，她的眼泪忍不住流了下来。"我们没有希望了。"她哀叹道。

"为什么？"我不解地问。

"今天上午，我们的两个姐妹在法庭上官司打输了。她们的申请被法官拒绝了，她们会被送回国的。"晓婷说。

"你们不吃饭是为了什么？"

"你叫我们怎么能吃得下！"

"绝食不能解决问题。监狱不管案子的处理，你们与他们斗是没有用处的。"我向她解释说。

"我们也知道不会有用。可是我们又能做什么呢？"

"我们想打电话，他们不让。平时打电话很方便，现在他们把电话线掐断了。"与晓婷同一房间的一位姑娘插话道。

我进来之前听副典狱长说起过此事。她告诉我，狱方发现女囚们试图通过公用电话与外界联系，把绝食的消息传到报界。狱方怕事件闹大，借口修理电话线故意掐断了通往外界的联系。

"乔先生，你帮我们一个忙，把我们绝食的消息送到报界。行不？"晓婷央求道。

面对失去了自由的同胞，我想起了电影《红色娘子军》。我调侃道："晓婷，你们可真像是在美国的红色娘子军，你是连长，正领着这群姑娘与美国鬼子抗争。"

柴晓婷不无幽默地接下话茬，说："那你就是我们的党代表啦，咱们干脆把美国的监狱闹个底儿朝天，也不枉我们跑来美国闯荡一回。和我们一起干吧！"

我婉言回绝了她的请求。我的理由是，首先，她们的命运是由法院的法官决定的，与狱方无关。其次，由于当时美国反移民的情绪非常普遍，媒体的作用有限，弄不好会适得其反。第三，我作为一名受雇于狱方的翻译，不能违背职业道德，除非我辞去目前的工作。而这样做我就不能自由进出监狱。如果新翻译缺乏对她们的同情心，情况可能更糟。我答应她们，作为中国人我会为自己的同胞尽力。

"你们的策略不对，打官司当然会输啦。律师只能帮你们打官司，可是不能帮你们出主意。你们得自救。几十人都是同一个理由，能让谁信呀，连我也不会信。要动脑子。你很聪明，应该懂我的意思。"我指了指自己的脑袋慢条斯理地对她说。

晓婷眼睛一亮。

我接着告诉她："咱们只能智取，不能硬来，要学会利用美国的法律保护自己。"

一席话使晓婷豁然开朗。她霍地从床上爬了起来，领着我逐个叫起了她的姐妹们。"快起来吃饭，听'四只眼'给我们讲对策。"

晓婷果然很有号召力，女同胞们纷纷来到餐桌前开始吃饭，并全神贯注地听我给她们支招。狱警看到我能如此有效地说服她们停止绝食，高兴地竖起大拇指夸我："乔先生真有办法。你以后要天天来。"但是，他们对我是如何劝说这群中国姑娘的，却从来没有问过。

绝食风波就这样平息了。按照我提示的方法，这批偷渡客中的一些人改变了策略，在律师的帮助下打赢了官司。

有一天，我被监狱叫去，为移民局放人作翻译。移民局放人的程序挺有意思。按常人的想法，偷渡客被关在监狱里，要放人就从监狱直接放人得了。但美国人做什么事都讲究个程序。到了监狱门口，我见到即将获释的两位女同胞。她们戴着手铐和脚镣，由狱警押着。移民局的两位官员身穿橄榄绿军装，腰别手枪，等着狱警移交。

移民局的官员见到我，劈头就问："你是律师？"

"不是，我是个学生。"我答道。

"那你学什么？学法律？"

"不是，是社会学。"我又答道。

"那好。"其中的一位官员说道。

我不禁好奇地问："为什么？"

"我们恨律师！"他忿忿地回答。

这时，狱警将两位女囚交给了移民局的官员。移民局的官员为她们打开手铐和脚镣，向她们宣布了有关决定和注意事项。她们自由了。临走时，移民局官员还不忘向我抱怨说："我们辛辛苦苦抓的人，都让律师给放跑了。"难怪他们这么恨律师。

为了解决男偷渡客中发生的一起打架事件，我被通知赶到监狱。两位男同胞发生了口角，打了起来。其中的一名当事人郑某精神有点毛病。

郑的妹夫在纽约开餐馆，得知他想来美国，回电说宁愿寄钱回国供养他，让郑别来美国。谁知郑傻乎乎的还是跟着别人上了船。按照狱中的规定，犯人发生打架斗殴要被关禁闭。他们两人在打架后被关了起来。

克拉姆警官是这里的头儿。我赶到监狱后，克拉姆立即开始对此次打架事件进行处理，由我作翻译。首先是与郑打架的小伙子申辩，他详细讲述了打架的经过，声称是郑某先动的手。轮到郑某说话了。"他……嗯，他……"郑嘟嘟嚷嚷像是对别人说，又像是自言自语。显然他的脑子有点毛病，说了半天也没说出个所以然来。

我为他们俩求情。我对克拉姆警官说："郑先生的精神有点毛病。您都瞧见了，他连话都说不清楚。他的家人并不希望他到美国来，是他自己稀里糊涂来的。到了这里以后与同伴们相处不太好，心情不好，是这次打架的主因。克拉姆警官，您是否能从轻发落他们，少禁闭几天，尤其是他。"我指着那位小伙子，"他可是我倚重的小头目，负责照看一个小组。每次我来监狱都是由他帮我与小组的人进行联系，及时向您反映情况和要求。"为了便于管理，我们把男同胞分成三个小组，小伙子负责其中的一个小组。

克拉姆警官点头应允。最终郑被裁定禁闭两天，小伙子禁闭一天，第二天一早就放出来。后来据男同胞们说，郑在禁闭期间一直大喊大叫、吵闹不休。狱方怕他出事，草草提前结束了禁闭。

狱方之所以害怕，事出有因。克拉姆警官早年在另一个州的监狱工作，职位比现在要高。由于他大声训斥看管的犯人，遭到投诉后被解雇。克拉姆曾不无抱怨地对我说："我只是说了句粗话，害得我丢了饭碗。我不得不换个州从头做起。要不然，我早就是军士长一级的警官了。您瞧，我现在才是个上等兵。"在美国，狱警出言不逊是要被解职的。以往的教训，使狱警再也不敢对犯人造次。

一天深夜，我家里电话铃响了，传来了急促的声音："乔先生，监狱里的中国人打架了，请你火速赶来！"扔下电话，我立即驾着我那辆除了喇叭不响、哪儿都响的丰田卡罗拉老爷车直奔监狱。一路上我祈祷上帝保佑，千万不要让车在半路歇菜。闹事的偷渡客一看我来了，马上兴奋地嚷起来："告诉他们……我们是正当防卫！"

被打的是位黑人兄弟，不知道是犯了什么事儿，关在这里多年。他在监狱里做点打扫卫生的工作，挣点儿外快。咱们的偷渡客来了之后，卫生习惯较差，屡次把痰吐在擦得光洁雪亮的地板上，惹得这位老弟一直忿忿不平。这次又为吐痰的事情，黑人老弟骂了几句粗话。偷渡客们虽然听不懂，但是能看出一二，于是双方发生了口水战。黑人老弟肝火太旺，仗着人高马大，率先冲上去推搡一位偷渡客。个子矮小的福建同胞也不是吃素的，30多人蜂拥而上，把那位黑人老弟团团围住，掀翻在地，你一拳我一脚地一阵乱打，连拖把棍子都打断了两根。

狱警看到打架立即冲进来阻止。同胞们不乏机智，当即有几个人分兵守门，把狱门堵住，狱警怎么都进不来，眼睁睁地看着黑人老弟吃了不少苦头。从此以后，那位黑人老弟再也不敢挑衅我们的男同胞们。

我向典狱长说明了原委。典狱长听完后，大声对男同胞们说："不管那位黑人怎样，你们几十个人打一个人肯定不对。我宣布，你们集体禁闭一天，不准活动。"于是，男同胞们被带入牢房，各房间的门自动关上，开始了禁闭。

我对那位领头打架的男同胞说："你看，在人家美国不比在我们农村。你们不该往这么干净的地上吐痰。你们这样糟蹋别人的劳动成果，你说人家能不气么。"他不好意思地对我说："嗨，如果这小子一开始好好讲，我们不会揍他。他太可恶了，动不动要打我们。"

虽然这群来自农村的纯朴同胞没有多少文化，偷渡到美国犯了法，以后又不断地惹麻烦，但是我依然觉得分外亲切。多年来，我只看到国人在国内内耗，在国外内斗，为了争夺利益，不惜牺牲同胞甚至好友的亲情和友谊，很少看到这样齐心合力、一致对外、激动人心的场面。在一年多的交往中，我与他们建立了深厚的友谊。但愿他们都能平安。

尽管这批偷渡客中不少人最后成功地留在了美国，但是他们都后悔走上了这条路。如果他们早知道偷渡如此困难，到美国以后生活如此艰辛，当初是绝不会轻易踏上偷渡船的。偷渡是一条不归路，一旦踏上了就没有办法回头了。他们当年鼓励我写书，把他们的经历讲给大家听，希望后人不要再犯他们的错误。但愿现在的国人对偷渡已经不感兴趣，再也不会走这条充满危险、得不偿失的道路。

4.2. 我当陪审员

"您被抽中作为陪审员，请于9月3日早晨8时到A市法院报到。"这是我成为公民后不久收到的一封法院来信。这到底是怎么回事呢？我们还得从美国的法院系统开始说起。

随着美国逐步发展成为一个国家，法院作为社区的一个不可分割的部分随之出现。美国初建时期，法院比教会等公共场所出现得早，所以法院常成为人们聚会的地方。举行宗教活动、舞会、市镇会议、传播消息、会朋友，都在法院进行。伴随着美国的领土的扩大和人口的增加，法院逐步增多。法院系统出现了名称上、形式上、结构上和功能上的混乱。乡村里的老法院仍旧存在（如县法院、夜间法院、上级法院），而新的法院在城市如雨后春笋般建立起来（如市法院、高级法院、上诉法院、最高法院）。

美国的州法院系统各不相同。不过总的说来，各州的法院系统分四个层次：（1）低级法院（如县法院、市法院、治安法院等），（2）下级审判法院（如州地区法院、州巡回法院等），（3）上诉法院（如州上诉法院、州高级法院、州刑事上诉法院等），（4）州最高法院（如州最高法院、州最高上诉法院等）。

美国的法院系统是双重机构，除了州法院系统外，还有联邦法院系统。联邦法院系统也分四个层次：（1）联邦治安法院、（2）89个联邦地区法院、（3）13个联邦上诉法院、（4）联邦最高法院。联邦最高法院的法官是终身制，由九名大法官组成。他们是由总统提名经国会参议院批准任命的。一旦任命，除非被国会罢免、自己辞职或生老病死，谁都不能将大法官拉下马。

1789年9月24日，美国首任总统华盛顿签署了一个法案，标志着美国的最高法院正式成立。最高法院的成立主要目的是维护宪法。但是最高法院权威的真正树立，却是多年之后在首席法官马歇尔[1]的领导下实现的。最高法院在1803年的马伯里对麦迪逊的案件[2]中第一次发挥了作用，行使了权力，解决了国会与最高法院之间的争端。

1800年，杰佛逊[3]击败亚当斯[4]成为美国总统。亚当斯不甘失败，在临下台前任命了不少联邦系统的法官。离任前的最后一个晚上，他连夜签署任命书，交给当时的国务卿马歇尔盖章。马伯里是受任命的人员之一，可是任命书却没有送到他手中。新任的国务卿麦迪逊在新总统杰佛逊的授意下，拒绝发送任命书。马伯里愤然向国会提出要求，希望国会能发出训令状，责成国务卿麦迪逊把任命书发给大家。

此时的首席最高法官马歇尔进退两难。如果最高法院下达训令状而国务卿拒绝执行，最高法院无法强制执行，训令状形同虚设。当时的形势明摆着，国务卿肯定会这么做。如果最高法院不发出训令状，意味着向杰佛逊总统的权力妥协。无论如何做，最高法院的权力都将受到侵害。

聪明的首席法官走出了一着后人一直称赞的妙棋。首先，他裁决总统签署并由国务卿登记的任命是有效的。第二，他裁决向新任国务卿发出训令状让其执行是合适的。第三，他又转过来对最高法院是否有权发出训令状进行裁决。最高法院的首席法官认为，最高法院没有向新任国务卿发出训令状的权力。国会曾在1789年通过的一项法案中，授予最高法院向政府官员下达训令状的权力，让其执行法院的命令，但最高法院

---

① 约翰·马歇尔（John Marshall，1755年9月24日—1835年7月6日），美国政治家、法律家。
② 马伯里诉麦迪逊案（Marbury v. Madison，1803）是美国最高法院于1803年判决的一个著名案例。
③ 托马斯·杰斐逊（Thomas Jefferson，1743年4月–1826年7月），美国政治家，美国第3任总统（1801—1809年），《美国独立宣言》主要起草人。
④ 约翰·亚当斯（John Adams，1735年10月—1826年7月）美国政治家，第一任美国副总统（1789—1797年），第2任美国总统（1797—1801年）。

裁决该法案违宪。

该裁决使杰佛逊总统免除了亚当斯总统任命的几位法官的职务,使得最高法院能够审查国会的行为,使三权分立得到了真正的实现,意义非同凡响。在该案件中,马歇尔法官写下的一句著名的判语,现在被刻在美国最高法院的墙壁上:"断定什么是法律显然是司法部门的职权和责任。"

我们再回到州的法院。各州的法院系统与联邦的法院系统之间并不是上下级关系,而是两股道上跑的车;一旦进入一个系统,就只能在该系统中向上运行,不得横向运行。例如,联邦治安法院不是州治安法院的上级,联邦地区法院不是州下级审判法院的上级,联邦上诉法院也不是州法院和州上诉法院的上级。当然,作为法院终点的联邦最高法院,是联邦上诉法院和州最高法院的上级;所有的案件如果有一方不服一直上诉,那么终点将是联邦最高法院。

联邦最高法院不是包罗万象,什么案子都管。最高法院有两个司法管辖权,即原诉管辖权和上诉管辖权。原诉管辖权主要涉及两个州之间的诉讼。上诉管辖权涉及下级法院的判决,决定其程序是否符合宪法。联邦最高法院过问的案子仅限于以下几个方面:(1)联邦法院认为国会违宪;(2)联邦上诉法院认为州的法规违宪;(3)州的最高法院判决联邦法律无效;(4)个人以联邦的宪法为理由挑战州的法规。

对于州最高法院的判决,联邦最高法院只能过问两种案件:第一种是州法院的判决涉及对于联邦法规的解释,第二种是当事人的宪法所授予的权利受到侵害。联邦最高法院只过问重要的有深远影响的案子,所以尽管每年大约有4,000至5,000个案子申报到联邦最高法院,但最高法院审理不到200件案子。这样做,是为了保证最高法院能集中精力处理更重要的案件。

由于美国法院人手缺乏,审理程序复杂,犯罪率长期居高不下,案件的积压十分严重,一个大案或要案审上多年是司空见惯的事,刑事案常采用"协议认罪^①"的方式来加快审理。"协议认罪"的基本含义与中国的"坦白从宽"颇为相似。检方与被告之间协商，被告认罪，检方则减轻起诉的罪行。例如将蓄意谋杀降为过失杀人，或者在多罪起诉中减掉部分罪行。

双方的妥协出于各自的利益。检方没有百分之百的把握在庭审中胜诉，愿意与被告妥协。被告担心如果庭审败诉，刑期肯定短不了，不如认罪从轻发落。以这种方式结案，法院、检察院和被告三方均获利，并大大节约了人力和物力。

协议认罪不会出现坦白不从宽的现象，一切交易由被告的律师和检方在幕后进行。该方式的核心是认罪和从宽并举，不是先认罪再从宽。如果不从宽，被告可以不认罪。如果检方有把握打赢官司，或者案件影响较大，检方会拒绝交易，将案件交给庭审。

协议认罪尽管有优点，但是也有弊端。有的被告没有犯罪，但是由于惧怕万一败诉受到重罚，违心地认罪，以求得到宽大处理。1982年，30岁的西格勒^②在弗吉尼亚州法庭受审，罪名是抢劫和谋杀，由陪审团讨论案件的判决。西格勒已经三次因抢劫被定罪，此时特别紧张。被告律师认为他难逃厄运，谋杀罪在弗吉尼亚是要判死刑的。检察官提出，只要被告认罪，可以改谋杀为一级杀人，判60年，同时再免去20年，西格勒同意了。当西格勒被带出法庭时，陪审团通知法官，他们的裁决是西格勒谋杀罪不成立。可惜已经晚了，要不然西格勒可以免去几十年的徒刑。

美国的法院系统中，最为独特的是陪审团制度。陪审团一般由12人组成，部分民事案的陪审团也可由六人组成。在英语中，陪审团原意是一组人员被挑选出来在法庭的审判中听取事实，从而决定是否有罪(刑事案)或者赔偿要求是否正确(民事案)。该词翻译为陪审团，很容易造

① 协议认罪（Plea negotiation，也称为 Plea bargain）。
② 哈利·西格勒（Harry Seigler）。

成歧义，似乎这些人只是陪坐在法庭，其实陪审团的权力大着呢。被告的有罪与否，是由陪审团作出裁定的，而不是由法官说了算。因此陪审团译为"审判团"或"评审团"更为合适。当然陪审团的译名由来已久，在此不妨沿用这一译法。

在审判中，法官起主持人的作用。法官有权对双方辩护律师的辩护以及出示的证据宣布无效，法官可以让陪审团不考虑某个证据或某个辩护。庭上辩护结束后，陪审团回到陪审团室讨论如何裁决。对于刑事案的裁决，只要有一人反对就不能定罪。因为要裁定一个人有罪必须毫无疑问，法律上叫做"疑罪从无"。

陪审团判定嫌疑人有罪以后，量刑是由法官决定的。因为量刑需要由专业人士根据法律来裁定。陪审团由成年公民组成，任何一位公民都有义务承担这一无报酬的工作。当然，陪审团成员每人每天可以得到几美元的误餐费。法庭以随机抽样的方式选取陪审员候选人。公民收到法庭的通知后必须到指定的地点报到；如不能参加审判，需向法庭提出延期申请，但是不能豁免义务。

陪审团人员的最后敲定，由双方律师和法官决定。每方律师有权不需要任何理由排除三名候选人。只有双方律师和法官认可，候选人才能坐上陪审团的席位。由于陪审团的选择对诉讼案的胜败至关重要，美国法律界有专门的机构来研究各类人员的态度。律师在选择陪审团时，以这些研究作为参考。法律界有一条不成文的规则：检方一般会千方百计地排除社会学家作为陪审团。因为社会学家常会把犯罪的根源归咎于社会，在酝酿定罪时对罪犯网开一面。如果有人不想参加陪审团，不能硬抗无故缺席，聪明的办法是让律师或法官将你淘汰出局。

由于陪审团成员来自各行各业，未必受过正规培训，要让他们公正地作出判决不是一件容易的事。律师需要用最通俗的语言，向陪审团成员解释证据。如果陪审团搞不懂、不相信，那么再科学的证据也白搭。例如，经历艰苦的斗争，DNA才被陪审团最终接受作为犯罪证据。

继续本文开头所说的话题。我按照法院的来信，准时来到指定地点。

当我到达法院时，大厅里已经挤满了奉法院召唤而来的人们。有些人因故不能参加陪审团，正在和法院的工作人员商量改期。我被随机地选到一个审判庭。当我走进大门时，法庭里已经有十多个人。法官来了，全体起立，等法官坐下后人们方才落座。法官的心情不太好：他已经落选了，再过几天就要卷铺盖走人，另谋职业。

美国司法系统的一件怪事是，法官是由选民选举出来的。有法律背景的人士都可以竞选法官。所以常有这样的事：今天张三是法官，李四是律师；明天李四是法官，而张三成为辩护律师，关系完全颠倒过来。

选择陪审团员的工作开始了。我们每人已经填写了冗长的问卷，双方的律师拿着我们的问卷答案，提出更多的问题。有些人显然对做陪审员不感兴趣，回答问题时故意胡说八道。我倒有兴趣做一回陪审员，回答问题时小心翼翼，不偏不倚，双方律师同意把我作为第一个选中的陪审员。

此案是两名聋哑人的经济纠纷。两个人曾经是一对恋人，后来分手。分手时，两人之间的一些债务问题不能达成协议，只好诉诸于法律。他们的第一个争议是，一次两人夜间外出，途中两人亲热起来，结果男方开车追尾撞上了前面的汽车。女方因伤数月不能工作，提出男方应赔偿其经济损失。第二个争议是，同居期间女方借给男方7,000美元用于买车，分手时男方不认账。

对于第一个问题，男方辩称前面的车没有开夜行灯，所以没有看见出了车祸。男方花几百美元聘请美国国家宇航局的一名专家，证明前面那辆车的车灯在出事时没有打开，所以车祸不是男方的责任。男方因车祸损失惨重，令人同情。对于第二个问题，女方提出证据，当时她是如何给男方钱的，男方用此钱买了新车并答应日后归还。由于两人是聋哑人，法院雇用聋哑翻译。整个审理过程中，法官基本无事可做，一言不发，不如当律师的唇枪舌剑，有刺激性。

午饭期间，陪审员们到外面去买了点吃的，坐在陪审团室里，不得与任何人联系。我们在就餐时不得讨论案情，否则审判无效。我们一共

12个人，来自各行各业，有警察、退休人员，有学生、公司雇员，还有政府公务员；有穷人，也有富人。一位不起眼的老太太在聊天时，谈起她家的私人飞机，她和她的丈夫经常驾机到外地去旅游。从外表上看，似乎看不出她有什么特别之处，真是人不可貌相。

下午继续开庭审理。到了3点多钟，双方律师辩论完毕，法官宣布休庭。我们离开陪审席进入陪审团室，闭门进行讨论。首先，我们需要选举陪审团的组长。那位拥有飞机的老太太提议一位中年男士任组长。他们在午饭时聊得很投机，几个人抱成了团。有几个人附和，其他人没有表示反对，这位男士成了我们的组长。他是一位很活跃、很爱作决策的人，一上任立即长篇大论一番。他说："第一个问题，女方要求的赔偿不合理，出了车祸她也有责任，是她勾住男方的脖子，导致他开车分心闯了祸，因此判女方赔偿为零美元。"

他接着说："第二个问题，男方十有八九借了女方的钱，现在想赖账，应判女方得到7,000美元的赔偿。"

他讲完后，拥有飞机的老太太和另外几个人附和他的意见。坐在我旁边的一位黑人警察挺不满意这样的风气，对我说："这位小组长有点太霸道了。不过这也不是什么大不了的案子。算了，咱同意吧，这样可以早点回家。要不然拖晚了，耽误的是我们自己的时间。"

我颇有同感。小组长的意见基本可行，没有明显地偏向哪一方。大家让组长起草一份书面决定。很快，我们又回到了陪审席上。

法官问陪审团组长："你们是否得出一致的意见？"

组长回答："是。"

这时法警接过组长写的判决交给法官。法官展开看了之后，又照原样折好让组长宣读判决。法官宣布休庭。一桩民事纠纷案，就这样被我们12名乌合之众给结了。

刑事案在正式立案、进入审判阶段之前，还要经过起诉陪审团[1]的

---

[1] 起诉陪审团（Grand jury，也译为"大陪审团"）。

审查。起诉陪审团的裁决并不是判决。起诉陪审团对检方提供的证据进行考察，如果检方不能提供令人信服的证据，那么此案就不能立案。至于证据的真伪，将留待陪审团来裁定。当初英国建立起诉陪审团制度，旨在使其成为一个调查小组，作为政府与百姓之间的一个缓冲体，防止国王对自己的政敌不公正地启动刑事诉讼程序。美国在取得独立以后，沿袭了该制度。起诉陪审团为刑事案的嫌疑犯增加了一层保护。只有那些被起诉陪审团裁定犯罪证据充足、在审判中又被陪审团判定有罪的嫌疑犯，才会被判刑坐牢。

陪审团制度的好处是，第一，起诉陪审团和陪审团因为是临时选定的，并经过双方律师和法官审查，所以与被告有联系的可能性很小；第二，如果是一桩旷日持久的大案，在审判中陪审团不得与外界接触，被收买的可能性不大，能保持公平和公正。

但是事物总是一分为二的。由于陪审团成员没有接受过法律训练，又是临时凑到一起的，遇到不负责任的陪审员就麻烦了。曾有人暗地里录下陪审团讨论案件的经过，发现有的案子竟是用投硬币的方法来决定是否有罪。

美国法院的另一个特有制度是保释制度。由于保释制度的存在，保释业应运而生，养活了一大批中间商和私人侦探。保释和已经判刑的犯人在狱外服刑的假释不同。一个人在被定罪前，应假设为无罪。嫌疑人从被警察逮捕到审判之前，应该享有人身自由，坐牢应从正式判罪之日开始。如果判罪之前已被关押，刑期可以相应抵消。如果嫌疑人被判无罪，又在判决前被关押，这段时间的牢狱就算白坐了。为了避免这种无故的羁押，美国法院设立了保释制度。

嫌疑人只要向法院交纳一定数额的保释金，就可以在狱外等候审判。如果嫌疑人按时出庭，保释金将如数退还本人。抵押保释金的目的，是为了保证嫌疑人按时出庭。如果故意不出庭或逃跑，保释金会被法院没收，嫌疑人将成为警方通缉的逃犯。

对于罪大恶极的或有严重逃跑倾向的嫌疑人，法官可以设定高额保释金，使嫌疑人无法承受。法官也可以干脆拒绝保释申请。保释金额视案情而定，少则数千元，多则数万元。高达几十万甚至上千万的保释金，一定是大案和要案。

很多穷人无钱交纳保释金，于是保释业应运而生了。从事保释业的，是一批中间商。他们向嫌犯提供所需的保释金，以保证嫌犯在审判前的人身自由。作为回报，嫌犯向中间商交纳百分之十的现金。该行业的风险不小。如果嫌犯逃脱，中间商搭上百分之九十的保释金，倒赔不赚。为了不赔钱，中间商雇有私人侦探。侦探的任务是，千方百计地保证嫌犯按时出庭，以便从法院如数取回他们代交的保释金。保释商的办公室均设在拘留所附近，方便嫌犯寻求保释。

量刑最严重的惩罚是死刑。美国历史上曾有过10年(1967—1977) 的无死刑时期。对于是否废除死刑，犯罪学、刑法学和政界争论不休。有的人认为，罪大恶极的应判死刑，可以起威慑作用。但是也有人反驳说，这只是人们美好的愿望，事实远非如此简单；有的研究发现，死刑反而会导致更多的暴力。

美国的死刑执行有几个特点。首先，死刑犯等候执行死刑的时间特别长，一般长达十多年甚至更长，不存在从重、从快处决罪犯的现象。这是因为，死刑犯有多条途径申诉。人死了不可复生，法院对死刑采取极为谨慎的态度。

第二个特点是行刑方式。这里指的不是用何种方式执行死刑（如绞刑、电椅或注射），而是对行刑人员的安排。行刑人员按法律执行对某个罪犯的死刑，伸张正义，无可非议。可是，行刑会给这些人员带来不良的影响，尤其是心理上的。毕竟是一个毫无反抗能力而又活生生的人被自己亲手处死，尽管罪犯生前可能是恶贯满盈的大坏蛋。电视剧《士兵突击》中的许三多因为打死贩毒分子而产生巨大的心理压力，就是一例。

为了减少行刑人员的心理压力，一般有两三人同时执行任务。如果是电椅，每个行刑员扳动一个独立的电闸，其中只有一只电闸接通电源，其他的电闸并无电流通过。但是无论事先和事后，没有人知道是谁扳动的电闸处死了犯人。如果是注射，同时有两到三根针管，其中只有一根含有致命的药剂，其他的是一般的液体，无人知晓到底是谁的针管起了作用。这样的安排，使行刑人员的心理压力大为减少。他们可以安慰自己，那个犯人不是我处死的，我扳下的电闸或注射的针管不致命，是假的。对于处决死囚采取人性化的办法，目前已成为世界各国的潮流。美国对行刑人员的安排同样体现了人性化，值得借鉴。

4.3. 警察和法官

我开车出门，看到前面有不少汽车被警察拦了下来。我心想，这些人真倒霉，要吃罚单了。我正琢磨他们为什么被罚，只见一位警察挥手向我示意，让我停车。

我先介绍一下美国的警察及其他执法机构，然后再来谈谈我的交通违章事件。在西方，警察作为一个正式的组织机构出现，至今不到150年。现代西方警察系统的来源，可以追溯到9世纪。英国国王为了抵御外来侵略，将人民组织起来，每十家为一个小组，小组里的人们互相照看管理组内的成员。每十组成立一个百家大组，由一名保安长官[1]负责。数个百家大组又组成郡，由郡警长[2]负责。

菲尔丁[3]是英国著名的小说家和剧作家，其代表作有《汤姆·琼斯》。但鲜为人知的是，他也是西方现代警察组织的奠基人。1748年，菲尔丁被任命为伦敦附近的威斯敏斯特市的警官，他在弓街的家成了警察办公室。当时的治安混乱，偷窃和抢劫盛行。菲尔丁采取了前所未有的措施。首先，他与当铺取得联系，要求他们如果发现可疑的赃物及时通知他。第二，他在伦敦和威斯敏斯特的报纸登广告，希望被盗或被抢的受害者及时向他报告案情，并提供嫌犯的特征，以便警察调查。虽然他的做法收效甚微，但是得到了其他警察的合作。他们非正式地组成了第一个非官方的警察机构，通力合作破案。这一做法引起了政府的注意并得到了支持，在此基础上成立了巡逻队。1804年，一支由两名警长和52名警官组成的骑警部队正式成立，他们身着红色背心、蓝色外衣和裤子。这是

---

[1] 保安长官（Constable，也译为警察、警官）。
[2] 郡（Shire，也译为县），主要用于英国。郡警长（Sheriff）。
[3] 亨利·菲尔丁（Henry Fielding，1707年4月—1754年10月）。

英国第一支正式穿制服的警察队伍，是现代警察的雏形。

美国警察深受英国的影响，但又有很大的不同。美国警察系统是全世界最复杂的。在公立的警察系统中，有四万多个专业的警察组织。如果把私营警务机构加起来，数字还会大大增加。美国的执法部门与政府其他机构一样，分联邦和州两大系统。联邦警察系统主要负责大案及跨州案件，州警察负责州里的案子。联邦与州之间，并不一定是领导和被领导关系，主要是分工与合作的关系。

美国联邦警察有两个特点，第一是专业性强，第二是权力有限。美国的联邦警察，包括美国联邦调查局[①]、缉毒署[②]、移民及海关执法局[③]、美国法警[④]、美国司法部的打击集团犯罪和犯罪团伙司[⑤]、国家税务局犯罪调查处[⑥]、秘密特工处[⑦]、烟酒枪械爆炸物管理局[⑧]、海关[⑨]、邮件检查署[⑩]和美国海岸警卫队[⑪]等。9·11事件后，在布什总统的力主下，美国成立了联邦国土安全部[⑫]统一领导和协调各联邦警察部门。

各州警察系统也不尽相同，得克萨斯州巡警是最早的州警察部队。1905年，宾西法尼亚州成立了州警察组织，标志着美国专业的州警察开始出现。这支警察队伍如同军队设有总部，在各地有分部，在全州范围

[①] 美国联邦调查局（The Federal Bureau of Investigation），简称 FBI。

[②] 缉毒署（The Drug Enforcement Administration），简称 DEA。

[③] 移民及海关执法局（The U.S. Immigration and Customs Enforcement），简称 USICS。

[④] 美国法警（The U. S. Marshal Service）。

[⑤] 美国司法部的打击集团犯罪和犯罪团伙司（The Organized Crime and Gang Section of the Department of Justice），简称 OCGS。

[⑥] 国家税务局犯罪调查处（The Internal Revenue Service–Criminal Investigation Division），简称 IRS–CI。

[⑦] 秘密特工处（The U. S. Secret Service），主要负责保护总统安全。

[⑧] 烟酒枪械爆炸物管理局（The Bureau of Alcohol, Tobacco, Firearms and Explosives），简称 BATFE。

[⑨] 海关（The U. S. Customs Service）。

[⑩] 邮件检查署（The U. S. Postal Inspection Service）。

[⑪] 美国海岸警卫队（The U. S. Coast Guard）。

[⑫] 联邦国土安全部（The U.S. Department of Homeland Security），简称 DHS。

内进行巡逻。其他州竞相仿效，到1925年，美国各州都建立起了自己的
警察队伍。

在美国的警务系统中，私营警务占据了很重要的地位。例如，世界
闻名的平克顿国家私人侦探所[①]，是一家私营警务机构。它始建于1850
年，因挫败美国内战前一起暗杀林肯总统的阴谋而一举成名。

警察和私营侦探的区别在于，前者负责维护公共秩序，抓捕嫌犯，
防止犯罪，保护公共财产，而后者更多的是保护私人财产。有些案件警
察不便参与，或没有精力和权力介入，私人侦探恰可以弥补不足，填补
空白，如保险欺诈案、寻找离家出走的孩子、监视有外遇的配偶的行踪
等。

在美国，法律对警察的权力有较多的限制。美国的开国先贤们认为，
警察作为执法部门掌握着巨大的权力，普通百姓无论如何不是警察的对
手。为了保护普通百姓免遭警察滥用权力，他们制定了许多法律，限制
约束警察的手脚。如果说中国曾有过"宁可错杀一千，不可放过一个"
的滥杀政策的话，美国倒是"宁可放过一千，不可冤枉一人"。

美国司法界有一宗著名案例——米兰达案[②]。该案发生在1963年，
米兰达因强暴罪被捕。被捕后，米兰达承认了抢劫和强暴行为。检方以
此作为证据起诉，米兰达被判了数十年徒刑。米兰达不服判决而上诉，
官司一直打到联邦最高法院。最高法院裁决，因为米兰达在审讯中所受
的压力，坦白认罪不能作为证据。美国宪法修正案(即人权法案)第五条
规定，任何人有权拒绝做对自己有害的证词。修正案第六条规定，任何
人有权寻求律师的帮助，有权在接受警察的审问时请自己的律师到场。
以上两条是最高法院做出判决的依据。

该案件的结果，对美国社会有着深远的影响。美国警察在抓人时总

[①] 平克顿国家私人侦探所（The Pinkerton National Detective Agency），由 Allan
Pinkerton 组建。
[②] 此案的主角是 Ernesto Miranda。米兰达诉亚利桑那案（Miranda v. Arizona, 384 U.S.
436 [1966]）是美国法律界标志性案件。

要对被捕者说："你有权保持沉默"，正是源于该案件的判决，美国电影里常有这种情景。该案件的判决，在很大程度上减少了逼、供、信造成的冤假错案。具有讽刺意义的是，米兰达被释放以后又因为多次犯罪被捕，最后被人用刀捅死。而杀他的凶手，正是依据米兰达一案授予嫌疑犯的权利而逍遥法外，真有点一报还一报的味道。

在犯罪频发地区，警察会拦住可疑人进行盘问或搜身。1968年，美国最高法院裁决了一个案件——泰瑞诉俄亥俄州[①]，使得警察的权力受到限制。泰瑞和另外两人行为诡异，引起了当班警官的注意。警官对他们进行搜身，发现泰瑞和一名男子秘密携带枪支，两人遂以秘密携带武器的罪名被起诉。被告辩称，警官没有适当的理由怀疑被告，因此搜出的武器不能作为控告的证据。最高法院同意被告的说法，并裁决警察拦住行人搜身必须有足够的理由。该裁决使得警察不能看见可疑的人就擅自拦住进行搜身。

有"世纪之审"之称的辛普森案[②]，是又一个典型的例子。1994年，辛普森因谋杀前妻的罪名受审。审判中虽然许多证据直指辛普森，但是警察在侦破中犯有程序上的错误。由于这些错误，辛普森在刑事法庭上被判无罪。数年后，辛普森写了一本名为《假如我作案》的书，描写假如他是凶手他会如何杀死前妻。此书出版后，大多数的读者认为，实际上这是辛普森对作案经过的自诉。因遭到公众的反对，书商不得不停止发行该书。

其实辛普森是凶手并无多大疑问。尽管许多美国人明知辛普森是杀人犯，但是他们中有很多人却赞同法庭的无罪判决。该案件的无罪判决，有着深远的意义。无罪判决旨在向警察发出一个明确的信息：即使对待一个真正的凶犯，警察也得按操作程序办事。警察侦破案件与打篮球有点相似。打球的双方必须遵循游戏规则，不能因为投入的球非常漂亮而

[①] 泰瑞诉俄亥州案（Terry v. Ohio, 392 U. S. [1968]）。

[②] 加利福尼亚诉辛普森（The State of California v. Orenthal James Simpson, Case: BA097211）。

忽视该球是否符合球规。如果三步上篮先走步再进球，那么无论球进得多么漂亮，裁判依然会判决进球无效。破案也一样，无论警察找到何等有力的证据，如果取得证据的方法不合法，该证据必须判为无效，否则警察可以不择手段收集证据，这样的破案难免出现差错造成冤案。中国古代惯用酷刑逼嫌疑人招供，当事人受不了"大刑伺候"，屈打成招。这样的判罪依据，是在严刑逼供之下的认罪书。逼、供、信式的审讯方式，在历史上造成了无数冤假错案。

过于宽松的美国法律，给了一些别有用心的人可乘之机。例如臭名昭著的三K党残余、新纳粹分子就钻了法律的空子，使政府执法部门一筹莫展。美国有许多州为了保持高速公路的整洁，动员民间组织志愿分段包干清扫公路。为了提高知名度和改变公众形象，多年前一个新纳粹组织志愿承包了一段公路。根据协定，他们可以在承包的地段竖起纳粹的标志。这一做法遭到许多民众的反对。州政府与新纳粹组织打起了官司，双方争执不下。该官司一直打到最高法院。2005年，最高法院裁决该组织与其他公民一样有权利申请志愿包干清扫公路，政府不能因为该组织的政治主张而拒绝他们的申请[①]。

为纳粹组织打官司的是美国的人权组织。该人权组织曾经鼎力帮助过美国的黑人，为黑人兄弟争得应有的权利立下了汗马功劳。而对于新纳粹组织这个以排斥其他种族、宣扬白人种族至上的组织，该人权组织也全力相助，真让人百思不得其解。该人权组织解释说，他们要保护社会上每一位公民的权利，不论宗教信仰、政治理念，只要这些人不杀人放火，不危害他人，不破坏社会安全。新纳粹主义、三K党已经是过气的组织，他们所宣扬的主张不可能卷土重来，他们的许多做法为大多数人所不齿，因此美国的法律保护他们的权利。美国的法律就是这么怪，这么令人费解。

现在回到本文开头，讲那次交通违章事件。我乖乖地将车停在路边，

[①] 后来由于新纳粹组织没能按合同及时清理公路上的垃圾被赶出承包项目。

摇下车窗，静静地等候警察。由于国情不同和语言交流的困难，不少在美华人吃了许多不必要的苦头。当全副武装的警察拦下我们的汽车时，在我们看来，车主处于劣势，应该是车主怕警察。但是在美国，情况却未必如此。由于美国枪支泛滥，任何人身上都有可能携带枪支，不少警官在执行正常的巡逻任务中被歹徒射杀，不幸以身殉职，所以执勤的警察比被拦的车主更加紧张。

车主知道自己的对手是执行公务的警察[①]，大不了罚款了事。可是警察却并不知道他的对手是谁：也许是偶尔违反了交通规则的遵纪守法的公民，也许是十恶不赦的武装到牙齿的歹徒。要是遇上后者，如果不提防，弄得不好警察的小命休矣，警察此时极为敏感和紧张。如果车主不注意配合，在没有得到同意之前伸手去拿包或摸口袋，很容易被警察误认为是掏武器，从而受到不必要的伤害。按照执行任务的条例，警察可以采取措施以保卫自身的安全。中国人还有一个习惯，讲话时喜欢靠近前去，以示友好。在得克萨斯州的休斯敦市，曾有一位华人长者，面对警察的命令试图上前说理，遭到警察暴打，因为警察以为这位老人试图行凶。

因此一旦被警察叫停，第一件事是不要动，露出双手放在明处，每一个动作要慢而且要经过允许，否则很有可能吃不必要的苦头。如果警察处理不公，你有争议，千万不要在现场争执，有理上法庭去说。

例如我的朋友芳芳，遇到过警察处理不公的事情。芳芳在雨中行驶，当她开上一座桥时，因路滑撞到了路边的界石。车子坏了，她不得已停了下来，打开双跳灯等候救援。不一会儿，另一辆汽车驶了过来，来不及刹车，追尾撞上了芳芳的汽车。很明显，这是后面车的责任。可是警察来了之后不问青红皂白，给了芳芳一张罚单，指责芳芳不该将车停在桥上。芳芳告诉警察，自己发生了车祸不得已停的车，警察置之不理。这位警察是黑人，而追尾的车主也是黑人。这其中是否有偏见和偏袒，

[①] 当然也会有极个别歹徒冒充警察的情况。

就不得而知了。芳芳来美多年，对法律略知一二。她平静地对警察说，我会找我的律师与你交涉的。尽管警察还嘴硬，但是可以看出态度已经不再那么蛮横。芳芳回到家后，很快找了一名律师。没多久事情解决了，芳芳连法庭都没有去。

在美国，律师是一群让人又爱又恨的怪人。当他们与我们并肩作战时，我们会为他们感到骄傲，从心底里感激他们为我们免除麻烦。可是当他们与我们为敌时，我们又会对他们恨之入骨，因为他们会无孔不入，使我们为难。不过，不管对他们是恨也好爱也好，我们的生活离不开律师。

老张是位厨师，英文一窍不通。有一天他开车超了速，警察开着警车跟在后面追赶他。老张理应停下车，老老实实地接受罚单。可是他对交规并不了解，仍然全速开车，追赶的警察不得不请求其他警察协助把他拦下来。终于，两辆警车将老张的车夹在中间，迫使他停了车。警察一肚子恼火，冲他直嚷："为什么不停车！"可怜的老张不知道警官说什么，一个劲儿地说："Yes，Yes"。不论警官讲什么、问什么，得到的回答只是一个词"Yes"。遇到这样态度老实、语言不通的犯规者，警官没辙了。无奈之中，警官硬是让老张在大太阳下站了足足半个小时。奇怪的是，警察竟然没有给老张开罚单。事后，老张被我们视为大牛人。

如果遇到警察处事不公或者你有不同意见，绝对不能动武，如果动武必死无疑。美国曾经发生过一起轰动华人界的悲剧，很能说明问题。有一对中国夫妇，女的有正式工作，男的因一时没有工作待业家中。八岁的继女阴部发炎，这位好心的继父在妻子的安排下每天负责为继女换药。继女在学校里与同学讲了此事，传到了校方。校方认为这是一起儿童性虐待事件，立即与保护儿童的部门联系。警察受命来到他们家，准备将孩子交由儿童保护组织暂时代管。遇到这种情况，理智的办法是通过正当的法律程序争取要回孩子。谁知这位做父亲的语言不好，缺乏法律知识，又爱女心切，从家中拿出手枪，试图以武力阻止警察带走女儿。其妻闻讯赶到现场，眼睁睁地看着警察乱枪射杀了丈夫。在美华人界大

271

为震惊，许多人发起倡议，试图追究警察的责任。后来雷声大雨点小，最后不了了之。因为警察的行为是符合警察执法条例的。那位可怜的华人到死也没有明白，他本可以用法律的手段夺回女儿，避免悲剧。

百姓不能对执行任务的警官动刀动枪，但是对其他人则另当别论。在路易斯安那州的首府，曾发生过一起枪击事件，直接影响了美国和日本的关系。服部刚丈是一位来美读高中的日本交换学生。他应邀参加一个派对，但找错门，敲了一家素不相识的美国人的房门。房主的妻子从窥孔中看到来人，误以为是坏人，急忙招呼她的丈夫去取枪。服部刚丈见敲门不开，便返回自己的汽车。

这时门开了。男主人用一支左轮手枪对着服部刚丈，大叫："Freeze(站住，原意为冰冻)！"这种叫法极其口语化，服部刚丈可能从未听过。如果这位男主人用其他的叫法，服部刚丈也许会听懂，或许悲剧可以避免。可是服部刚丈的英语并不好，可能将"Freeze"听成了"Please（请）"。他回头向男主人走去，说自己是来参加派对的。服部刚丈的同伴看到男主人手中的枪，知道来者不善，向他大喊大叫，让服部刚丈停下来。可惜晚了，男主人对着近在咫尺的服部刚丈开了一枪，击中他的胸部。服部刚丈死在救护车上。

此事引起了轩然大波，日本国内一片谴责声，日本驻美使馆向美国政府提出抗议。房主杀害无辜学生，理应受到惩罚。然而令人跌破眼镜的是，陪审团依据路易斯安那州的可以射杀入室盗贼的法律，判决男主人无罪。因为那条法律规定，当房主人在自己的生命和财产受到威胁时可以自卫。

如果服部刚丈看到对方举枪对准自己时停止前进，也许可以避免悲剧；如果他立即转身退回到汽车里，那位男主人没有理由向他开枪。可惜生命中没有那么多"如果"。年青的服部刚丈由于在紧急情况下反应不当被无辜射杀，死得太冤。

由于我老老实实地露出双手静等警官，警官对我比较客气。他让我出示汽车产权证、汽车保险单和驾驶执照。这几样东西我一样都没有带

272

在身边。M市的汽车偷窃比较严重,汽车产权证和保险单放在车里怕丢;时值夏天,放在身上又不方便。此次出门离家不远,我以为万一有事回家拿也方便。这下可好,警官给我开了四张罚单,未带汽车产权证一张,未带保险单一张,未带驾驶执照一张,因我在不该左转弯处转了弯又是一张。原来,这个路口在高峰时段禁止左转弯,刚才前面那么多人都是犯这个错。四张罚单加起来300多美元,那个月的生活费眼看要泡汤了。

第二天,我来到系里征求美国同学的意见。我被处以四张罚单的消息一下子传开了。在系里,这可是破纪录的。有人建议我到法庭碰碰运气,争取能减免罚单。几天后,我到法院说明来意。法院的一位职员看到我有这么多罚单,同情地说,"你不要认罪,认罪就是认罚。"她让我填个表,定了开庭的时间。

到了开庭的时间,我提前来到了法庭。这是专门处理违章案件的交通法庭。法庭里乱哄哄的挤满了人,法官是当着众人的面逐个审理案件的,受罚人既是被告又是观众。在这里没有隐私,一切都是公开的。我拿着罚单排队。法官一个人忙不过来,主要依靠他手下的工作人员。轮到我,工作人员检查了我带来的材料,对我说:"既然你有汽车产权证,也买了汽车保险,这两张罚单就免了吧。没带驾照和违规左转弯的问题,你与法官说说,争取再免一个,行吗?"我一听喜出望外,真是出师未战先报捷。

我在大厅里坐下,静静地等候法官。由于案件多,每个人只有一两分钟的说话时间。我把申辩反复演练了无数遍:我就在家门口,所以忘带驾照。路口不许左转弯的标志字体太小,我看不清。我的英语不好,所以误闯禁令,不是故意的。

终于等到法官念我的名字。美国人念中国人的名字是一大难题,我早已习惯了。凭直觉应该是叫我,我站起身来走到被告席上,开始与法官的对话。

"尊敬的法官先生①，"我开了腔。就这么个称呼让他很开心。在法庭上，对法官的称呼采用的是特别的字眼。我前面的人没有一个人用这一字眼，我是今天的第一位。

法官问我："你打哪里来？"

我回答说："中国大陆。"

他说："我去过中国，那是个很美的国家，我希望以后能再去看看。"

气氛一下子轻松许多。可是我心里着急了，我不是来这儿与他聊天的。我赶紧见缝插针作了申辩。当我讲到"我的英文不好……"，他笑着插话说："你的英文比我的中文要好多了"。他的话引起了观众席上的一阵笑声。

进入美国以来，我一直声称自己刚来英文不好，把所有的问题归咎于语言障碍。这一招还挺灵的。法官接过话题说："这样吧，罚你不带驾照，交60美元了事。"

我连声道谢。这是最轻的处罚，因为没有违规记录，不会影响今后的汽车保费。这位法官对中国人挺友好。系里的同学和教授对我能争取到三个罚单的减免很惊讶，都来请教秘诀。

许多人以为，警察的工作主要是破案和抓坏人，其实这是误解。美国警察日常处理的案件，只有百分之三十与犯罪有关，花费的时间只占百分之十八。其他的案子都是服务性工作，如帮助处理交通事故、处理邻居间的纠纷等。高速公路上的巡警负责抓超速车辆，遇到有人超速，他们会毫不留情地给予罚单。可是抓超速不是这些巡警唯一的职责，他们还为在公路上遇到麻烦的车主排忧解难。

我亲历过多次这样的帮助。有一次，我的老爷车在高速公路上发生故障抛锚了。不到几分钟，后面来了一辆警车，闪着警灯停在我的车后。警察得知我的汽车抛锚后，主动询问我是否需要搭他的警车回家，我谢绝了他的好意。一刻钟后，在我修车的过程中，又有一辆警车在我后面

---

① 英文是 Your Honor。

停下，警察同样问我是否需要帮助。

还有一次，我的汽车轮胎漏气，只好将车停在路边换轮胎。此时一辆警车悄然停在我的车后，警官走上前来询问情况。为了确保我的安全，警车拦住相邻的车道，直到我重新启动了汽车，警察才离开现场。这一耽搁少说也有30分钟。

警察在执行任务时，态度也比较好。我的朋友老薛开车去接他的女儿，一辆警车在换道时蹭到了他的汽车，把轮毂套撞飞了。老薛惊出了一身冷汗，碰撞警车算是倒霉了。警察示意他停车，问哪儿被撞坏了，是否需要修理。原来那位警官承认是他的责任，主动要求赔偿损失。老薛的英语不好，开始不明白警察的意思，等弄明白后连忙摆手说没事。警官留下名片，嘱咐老薛如果有问题打电话找他。老薛说，就冲警察的这种态度，他也不想追究。

警察的服务不仅表现在公路上，为民众提供安全是他们的另一个重要职责。V大学的一位中国同学在清晨向国内打电话(国内是晚上)，给老爸老妈报个平安。从美国打往国内，应该先拨011再拨国家号。他还没睡醒，可能糊里糊涂地拨了911、国家号和城市号。只听电话里传来了一个美国人的声音，问他出了什么事。他挺纳闷的，打往家里的电话怎么跑出个美国人来，随手挂了电话又进入了梦乡。

没过多久，他被人叫醒。一位全副武装的警察站在他的床前，他被吓醒了。警察核对了他的身份，对这位同学说，他刚才打了911，接通后没了音信，总机台立即叫通正在附近巡逻的警车。警察敲门没人应，以为发生意外，就自己打开门进来看个究竟。这位同学始终没弄明白，警察没有破门而入，是如何进的门。此事在V大学中国同学中广为流传，人们不得不为美国警察的高效服务而折服。

美国的执法部门投入大量的人力和物力，打击吸毒和卖淫犯罪活动。在犯罪学中，吸毒和卖淫属于"无受害人的犯罪"，与杀人放火、抢劫、强暴等犯罪不同。吸毒和卖淫是周瑜打黄盖，一个愿打一个愿挨。吸毒的直接受害者是吸毒者本人。吸毒者明明知道吸了会倾家荡产，会有害身体，可还是要吸，不能自制。卖淫的直接受害者是妓女本人，卖淫者明明知道与嫖客之间无爱情可言，发生性关系有悖道德，但是为了金钱愿意出卖肉体。

由于吸毒和卖淫是非法的，贩毒和组织卖淫成了高利润、高回报的行业。马克思说过，资本若有百分之百利润，有人会跃跃欲试；要是有百分之三百的利润，就有人愿意冒上断头台的危险。高额的利润吸引着犯罪集团前仆后继，冒着上断头台的危险，从事非法勾当。犯罪集团和黑社会的卷入，使吸毒和卖淫的问题更加复杂化。吸毒者不仅吸食，而且共享针头注射毒品；卖淫者得病后不敢公开求医，使得艾滋病扩散蔓延，危害整个社会。

每当警方破获一个大的集团犯罪，一网打尽黑帮以后，人们总以为该集团的势力范围内会从此太平。但奇怪的是，每当一个犯罪集团被破获后，该犯罪集团曾控制的地区很快会烽烟四起、枪声不断。各派黑帮势力开始争夺地盘，发生火拼，直到其中的一股势力站稳脚跟，取代原来的黑势力控制该地区，枪声才稀落，趋于平静。因此，集团犯罪的破获，只是一个犯罪集团取代另一个犯罪集团的开始。警方又要开始新的侦破，就这样周而复始，这一怪圈无人可解。只要吸毒者和嫖客存在一天，贩毒和卖淫就会存在一天，而与此紧密相关的黑帮和黑社会就会存在一天。美国政府对这些犯罪的打击，可谓屡战屡败，然而又屡败屡战。

美国在1920年到1933年期间，曾经历了10多年的禁酒令。在此期间，生产、运输和销售含酒精饮料的行为均为非法。令禁酒运动倡导者和支持者始料未及的是，禁酒不但没有减少民众饮酒，反倒使犯罪集团迅速膨胀，与酒有关的犯罪层出不穷。犯罪集团通过酒的黑市交易，经济实力大增。例如，芝加哥著名的黑帮老大阿尔·卡彭[1]就是在此期间发了横财。禁酒令解除后，以酒为生的黑帮势力不得不改行进入赌博、高利贷等行业。

---

[1] 阿尔·卡彭（Alphonse Gabriel "Al" Capone，1899年1月 —— 1947年1月）。

该时期存在的许多社会问题，被犯罪学家归类为禁酒时期的问题。这些问题成为众多学者的研究对象，不少专家学者常拿禁酒期的问题说事。犯罪学家中，有一派学者推崇"标签理论"[1]。他们试图用美国禁酒令的立废发生的现象，推销他们的理论。"标签理论"的学者在解释犯罪时，引入了冲突理论。马克思主义的思想体系，是属于冲突论一派的。冲突论的最重要的观点是，社会是由一个阶级统治另一阶级而维持的，社会的秩序是由统治统阶级操纵和掌握的。

"标签理论"认为，社会中有许多现象本身并无对错，只是由于统治阶级把"对"和"错"的标签贴在这些事上，这些事才有了对与错的区别。是否属于犯罪，是由统治阶级决定的。统治阶级凭借手中的权力，可以通过贴标签、宣布被统治者是犯罪者从而实现统治。例如，在伊斯兰国家里，女性出轨算犯罪会被乱石砸死。而这些事在西方和许多亚洲国家(包括现在的中国)，根本算不了什么。再如，各个国家都有规定，男女间有血缘关系的不能成亲。但是血缘关系的程度，却因时间和国家而异。中国过去不太严格，现在是三代之内沾亲带故不可成亲，否则会触犯法律。犯罪和不犯罪就像标签一样，是被统治阶级贴上去或揭下来的。

联系到禁酒，自美国建国150年以来，喝酒一直是合法的（个别州除外）。到了1920年，有人突然头脑发热，在全国范围内立了个法，把喝酒搞成了非法的事儿；如果人们公开喝酒，会受到法律处罚。折腾了十多年，那帮头脑发热的家伙好像清醒了，又立个法告诉老百姓说没事了，大家又可以自由自在地喝酒了。

这件事非常形象地说明了"标签理论"的基本原理。"合法"和"不合法"两张标签，被那帮国会议员们贴上又揭下。喝酒和不喝酒本身并无对错，只是个人的喜好。要是我们生在20年代的美国，忍不住偷偷喝了酒成为犯法事件，就太冤了。有趣的是，禁酒令解除后，那些以酒为

---

[1] 标签理论（Labeling theory）。

生的黑帮势力不得不改行进入赌博、高利贷等行业。从这一意义上讲，靠酒而生的黑帮犯罪集团消失了，因为禁酒令的解除使他们失去生存的条件。因禁酒而产生的种种犯罪并不是被消灭的，是"自行消亡"的（套用列宁的名言）。

西方的一些学者把禁酒的事说开去，引伸到吸毒和卖淫问题。他们认为，这两种犯罪也像禁酒一样，是被人们贴上的标签，所以有些国家将吸毒和卖淫合法化。不过，这种观点目前还不能为大多数国家接受。

美国的枪支管理，也是令执法部门头疼的问题。枪支泛滥严重地威胁到民众的人身安全。一位在全美颇有名气的犯罪学家，参加一个犯罪学学术年会。当他晚上走出宾馆大厅，准备欣赏一下夜景时，一个十来岁的小孩子举枪向他要钱。本来他可以给点钱脱身，小孩子的目的无非是抢点零花钱。谁知，这位专门研究犯罪的学者不以为然，对着小孩子顺手拍了一巴掌，说"你这小子敢在我面前逞能。"他自恃在犯罪学方面颇有造诣，没把小抢劫犯放在眼里，结果无情的子弹射杀了他。一颗全美犯罪学明星就这样陨落了。业内人士都为之可惜，遗憾他竟然死于一个低级的错误。

纽奥尔良市曾发生过一起因3,000美金引起的枪杀案。老李是一家中餐馆的老板，餐馆曾雇用了一名黑人。这位黑人向老李借了3,000美元，一直未归还。多次追讨失败后，老李的律师起草了一封信，声称债主将采取法律行动讨回欠债。黑人兄弟被律师的信吓坏了，试图自行解决问题。一天晚上，他悄悄地从后门潜入餐馆的办公室，老李正准备下班。这位黑人兄弟掏出手枪，威逼老李停止追债。

面对持枪威胁的黑人，如果老李理智一些，悲剧可以避免。谁知老李突然扑向来人，试图夺下黑人兄弟手中的手枪。在搏斗中老李连中五枪仍不放手，人高马大的黑人兄弟奋力挣脱了老李的手，对准他的头部开了致命的一枪，终于使老李毙命。因为3,000美元的债务，老李不幸身亡，实在可惜。凶手在法庭上供认，其实他一开始并没有想打死老李，只是因为两人争夺手枪才开的火。凶手一家有六个孩子，是个穷苦人家，

278

为生活所迫，铤而走险。他的认罪态度较好，犯案后一直表示后悔自己的行为，结果被判了无期徒刑。这起凶杀案毁了两个家庭，只因当事人的一时冲动。

4.4. 纽奥尔良的狂欢节

纽奥尔良市的狂欢节①是世界上为数不多的超级庆典之一。狂欢节与天主教徒的大斋期和复活节有关。复活节一般在每年的3月底到4月底之间，在复活节之前有一个为期40天的大斋期。在此期间，人们禁止娱乐、禁吃肉食，以纪念遭难的耶稣。由于此期间生活沉闷，人们在大斋期之前的一段时间里纵情欢乐，故有"狂欢节"之说。目前，坚守大斋期清规戒律的人不多了，但是"狂欢节"的习俗却被保留下来。由于商家的炒作，该活动愈演愈烈。

纽奥尔良市的狂欢节，是由法国的早期移民引进的。何时引进已不可考，有历史记载，最早的一次是1699年。有文献记载的狂欢节舞会的习俗，始于1743年。1857年的狂欢节正式出现了花车游行，从此，狂欢节的游行成为一个重要内容。

法国区是纽奥尔良市的红灯区，是狂欢节最热闹的地方。法国区里有著名的伯邦街，美国的爵士音乐起源于该街的一家酒吧。纽奥尔良市的红灯区是遐迩闻名的景点，脱衣舞夜总会鳞次栉比。跳脱衣舞的不仅有女性，还有男性。脱衣舞夜总会不收门票，但是观看脱衣舞（主要是钢管舞）表演并不免费。观众必须点饮料，门票费用加在饮料之中。一杯可口可乐在餐馆里只要一到两美元，在这里可以卖到五美元。

钢管舞起源于夜总会和脱衣舞场，是脱衣舞女的专利。1991年，美国的一家脱衣舞连锁店举行了钢管舞比赛。此后每年举行一次。这一比赛引发了脱衣舞业和健身业的各种钢管舞比赛。尽管出生"低贱"，近年来钢管舞获得娱乐界的青睐，逐渐成为健身和主流娱乐的一种艺术形

---

① 狂欢节（Mardi Gras），大斋首日（星期三）的前一天。每年的日期不定，一般在2月初到3月初之间。

式。

脱衣舞表演分台上、台下和包间三种。台上表演是给所有的观众看的，演员自选一首歌曲，上台后随着音乐声将衣服像剥洋葱皮那样一件一件地脱去，直至最后的三点防线。这里的三点是名副其实的三点，胸罩只是两块小圆巴巴。有的夜总会比较注意质量，舞女和舞郎有些艺术素养。有些夜总会则比较低档，演员们缺乏艺术性，表演令人作呕。演员们的收入，除了夜总会发给的基本工资，主要靠观众的小费。观众们会把钱卷成小卷子，塞在演员们腰间的细带子上。台下表演，是演员专为个别观众的表演。演员搬个一米见方的小台子，到观众面前近距离表演。演员可以触摸观众，但是观众只能"动眼不动手"。这样的表演要单独收费，约20多美元。包间表演更加昂贵，要100多美元。至于如何表演，我不敢妄加猜测。

脱衣舞夜总会给纽奥尔良市带来的经济效益是巨大的。凡是到纽奥尔良市旅游的游客们，都会慕名而来。从国内到这里来旅游观光和考察的团队，免不了到此一游，看个稀奇。如果抛开色情的成分，作为美国的一种文化现象来研究，未尝不可。观众中除了男性还有女性，还有不少夫妻俩一同来欣赏脱衣舞。台上的演员表演得疯狂，台下的观众被气氛渲染得更加疯狂。

我曾向导师请教过红灯区的问题。社会学中，有一个叫做"社会有机体"的学派，该学派试图以生物学的观点来解释社会。他们将社会比做人的机体，例如政府机关有点像人的头脑，公路、铁路有点像人体中的血管。一个人无论高低贵贱总要吃饭和排泄。但排泄是人们在正式场合中羞于启齿的事情，因为总是与肮脏联系在一起。尽管排泄既不雅观又肮脏，但这是人的生理机制的一个重要方面。一个人如果排泄不畅，就会得病；尿毒症如果不加治疗，是很快要死人的。如果因为嫌厕所专门收集人的排泄物脏，从而取消关闭所有的厕所，将到处臭不可闻。因此，对待人的排泄不能采用堵的方法，只能因势利导，采取疏的方法。

改革开放以来，中国的厕所建设有了长足的进步。人们惊奇地发现，过去一直以为厕所只能又臭又脏，如今可以变得干净整洁。社会也是一样。从社会总体看，总会有人寻花问柳，这不是靠思想道德教育可以解决的。红灯区的作用正如公共厕所一样，使那部分人有发泄的地方。与其让他们到处发泄，不如让他们集中到一处，免得贻害无辜。

当年金门守军营房外有不少色情场所，岛上的居民认为这些场所有伤风化，要求取缔。自从服务于驻军的色情场所消失后，岛上的强暴案件骤升。令人啼笑皆非的是，以前力主取缔色情场所的人士，转而呼吁重新开设色情场所。在上层人物的干预下，色情场所得以重建，岛上的良家妇女才免遭更多伤害。这一现象颇有启迪意义，这是题外话。

我们还是回到纽奥尔良的狂欢节和法国区。法国区街道狭窄，自1972年起，纽奥尔良市决定游行车队不再进入法国区。虽然如此，法国区在狂欢节依然人山人海，水泄不通。狂欢节为期一周，在此期间，全市的学校全部放假。全国各地赶来凑热闹的人数，常达几十万甚至上百万。平时清静的大街陡然增添无数民众，场面极为壮观。

纽奥尔良市的狂欢节最具有特色的，是花车游行。每年纽奥尔良市选出"国王"和"王后"，坐上漂亮的花车开路，仪式非常隆重。游行在纽奥尔良市的几个地区同时进行。游行车辆按事先确定的路线行进，街道两旁挤满了观众。许多观众不仅观看，还乔装打扮，与游行队伍融为一体。

狂欢节的第二大景观是天女散花。游行队伍中的花车，不断地向路旁的观众抛撒珠子和各类小玩具，犹如天女散花。珠子是由五颜六色的塑料制成的项链，大多从中国进口。一个狂欢节下来，观众可以拾到整箱整箱的珠子。凡是观看过狂欢节的人们，总会在家里、办公室里或汽车里挂上拾来的珠子，作为留念。

狂欢节的第三大奇事有点出格，为保守人士所不齿。这就是"秀"[①]，该词也可译为"露"的意思。狂欢节重在一个"狂"字。在节日里，

---

① "秀"是英语 Show 的音译，类似的译法如"脱口秀"（Talk show）。

人不分老少，不分男女。男士们会起哄让女士们秀身体，包括敏感部位（如胸部和臀部）。常常会发生这样的事：在红灯区的阳台上站着几位妙龄姑娘，一群男士们走来，向女士们抛珠子献殷勤，齐声高喊"秀"。在彩色珠子的诱惑下，姑娘们竟然秀出胸部，更有甚者，对着楼下的观众秀出美臀，人群里立即爆发出喝采声和掌声。在当地摊头，可以买到此类情景的明信片。不过，不要以为有几串珠子就可以诱人上当。我的室友小马看见人家用珠子能大饱眼福，也如法泡制，结果遭到人家的白眼。珠子拿来，想看胴体没门。

在红灯区里，平时游人很多，节日里游人就更多了。由于街道狭窄，警察不配备警车。因为一旦发生意外事件，警车根本无法快速进入该地区。警察是骑马执行任务的。那些骑警威风凛凛，常有游客请求骑警驻足，合影作为纪念。

纽奥良市的警察局一年最忙的季节是狂欢节。多辆囚车停在路边，装满了就往监狱里送。一边是人们在狂欢，一边是警察"大肆"抓人，一天抓几十人甚至数百人不在话下。当然，被抓的人们，事后只是处以罚款或关上几天就释放。

为了庆祝狂欢节，每年都会有军舰前来助兴。那一年来的是两栖登陆舰"硫磺岛号"，这是一艘装载直升机运送海军陆战队登陆作战的航空母舰。军舰是对外开放的，平民百姓可以免费自由参观。我是个军迷，约了几位朋友开车去看航母。上舰时，为了谨慎起见，我主动问接待的军官，"军官先生，我们是中国人，是 V 大学的学生。我们能上舰参观吗？"

那位军官疑惑地反问我，"为什么不呢？"

我向他解释道，"我担心我们是外国人，怕引起误会。"

那位军官笑了，满不在乎地说，"说让参观就是对任何人开放。你们尽管上去看好了。"

我们一听愁云顿消，欢天喜地地登上了航母。虽然这艘军舰在美国的海军中算不上老大，但是对我们来说可是庞然大物。军舰之大，可从甲板上停放的吉普车窥见一斑。军人们在甲板上得靠吉普车代步。

飞行甲板上停放着几排直升机。我们爬进了一架重型直升机的机舱，里面可以装载一个排的兵力或一辆坦克。不少小朋友（主要是男孩子）很不老实地在飞机里东摸西拉，值班军官似乎并不在意孩子们的淘气。许多人在排队等着爬进一架小直升机，我一眼认出这是叫做"眼镜蛇"的攻击型直升机。好不容易轮到我进入机舱。我坐在驾驶员的位子上，戴上了头盔。与头盔相连的，是机头下的机关炮。我的头盔转向哪里，机关炮跟随转动指向哪里。飞行员无需用手操纵机关炮瞄准，只要头和眼睛对准目标，机关炮就已到位，扣动板机就可以射击了。

我们走下甲板，来到了飞行甲板以下的机舱。这里是机库，里面停放着飞机和武器装备。在一个角落里，我们看到了一个堆起的工事。一位军士守卫在那里。我上前与之攀谈，向他借了件军服拍照留影。军士友好地将我装备起来，戴上头盔，穿上笨重的防弹背心，在阵前照相。我们的前辈曾在战场上你死我活地厮杀，没想到几十年后的今天，我们却可以友好地站在一起共庆佳节。

参观的最后一个内容是每人发一本小册子。上面有该舰的历史、人物介绍以及招兵广告。原来免费参观的目的是吸引美国的年青人参军，为国家服务。

观看花车游行得起大早。要不然清晨一过，所有的车辆禁止通行，观众无法进入核心区。我们早早地占据了有利地形，等候在街上。

突然，我听到有人叫我，找了半天不知唤者在哪里。直到有人向我招手，我才认出，站在我眼前的是我平时熟悉的一位教授。他和妻子也来看热闹了。他们打扮成印第安人，头顶上竖着羽毛，背上插着弓箭。这副地道的行头，一定是在专卖店里买来的。教授一改平时严肃形象，成了老顽童，我当然很难认出来。

街上来了一排步伐整齐的人们，他们穿着横条的服装，手和脚被铁链锁了起来。原来，这是一批装扮成囚徒的观众。满身横条的服装，是美国过去的囚服。由于戴着脚镣手铐，他们的步伐不得不整齐划一。看样子他们事先排练过，否则十来个人很难合拍。

最有意思的是有一位来自国内的女教授。当她看到几位厨师打扮的男士大摇大摆地走过来时，上前请他们留步，让她拍照留影。那几个人欣然同意。只见一个家伙冲着他的同伴挤了挤眼睛，他们心领神会，诡秘地微笑着。就在女教授专心致志地对焦距调光圈按下快门时，几个人突然把围裙往上一掀，露出了惊人尺寸的鸡鸡，把女教授羞得面红耳赤，周围的人也全都惊叫起来。仔细一看，嘿嘿，人家是闹着玩呢：那些鸡鸡都是假的，全是塑料的。他们的围裙下面衣着整齐，人家可是衣冠楚楚的绅士。

由于观众只能步行，大多数人又居住得很远，观众们是有备而来。人们带上食物、饮料，装在冰盒里，还带着小板凳、小马扎、沙滩椅等。困难的是排泄。大街上人山人海，店家和公司都关门歇业了，游行队伍经过的地方根本找不到公共厕所。为数不多的店家趁机大捞一把。例如我们待的地方有一家中餐馆，门口站着几位侍者把门，花十美元，可以到楼上找个位子坐着观看游行，如厕免费。如果游客想上厕所，可以花五美元买杯饮料作为入门费。有的人内急没办法，只好认宰。但是也有人想出了绝招。他们用雨布在露天停车场的一角围个圈，遮羞布下潺潺流水，成了临时厕所。完事后走出来的有小孩子，有亭亭玉立的姑娘，有老大不小的小伙子，还有上了年纪的老人。空气中充满着醉人的酒味、饮料的甜味、尿骚的臭味和初春的草香味。

游行开始了。花车从远处缓缓地驶来。花车对于经历过国内大型庆典活动的中国人并不陌生，与我们的彩车差不多。花车上的人们不时地向观众们抛撒珠子。为了抢那些珠子，人们八仙过海，各显神通。小伙子会把女友扛在肩上增加高度，以便抓住抛来的珠子。有的人带来了网球拍，用以拦截空中飞行的珠子。虽然人人都很想得到珠子，但是观众挺文明的。人们遵循着一条不成文的潜规则：谁首先触到珠子，那串珠子归谁，别人不再去争抢，更不会出现几个人争抢不放的现象。这是美国人当年向西部开发时遗留下来的习俗。谁占领了一块地，这块地就属于谁，后来者继续向西进发，去占领新的土地。

中学生们盛装打扮，手里拿着彩棒、彩绳之类的东西，边走边表演。观众们不时地报以掌声。游行队伍中还会有不少乐队，有中学的乐队，军人的乐队。美国的大学和中学都会拥有乐队。数十支大小长短不一的铜号，排成队列还真威风，吹出的乐曲令人振奋。最威风的当属军乐队和军人方队。正规军人训练有素，队伍格外整齐。当然，他们的步伐与解放军踢的正步比起来，仍有天壤之别。有意思的是美国军人仪仗队的表演。他们一会儿举枪，一会儿扛枪，一会儿把长枪盘在手里转几圈，让人眼花缭乱，我真担心他们会把长枪耍落到地上。他们的这些表演，使人想起西部牛仔娴熟的盘枪特技。这些仪仗队的表演，可能是从牛仔那儿继承下来的传统。

一天的游行一直到天黑才降下帷幕。观众们都累了，随着最后一辆花车的通过，观众们开始散开。此时街道上挤满了人和汽车。人们坐在汽车里仍疯狂不止，一辆小轿车可以挤上十来个人。有些轿车的后备厢里也载满乘客，小皮卡更是爬满了人。陌生的乘客和驾车人之间打情骂俏，雀跃欢呼，整个城市都疯狂了。

走在观众最前面的，是打扫卫生的清洁车。第二天一切要恢复正常。清扫工人在一夜之间把整个城市打扫得一干二净，够辛苦的。

4.5. 客串好莱坞

我们一行五人，天不亮驾车前往M市的郊外。一路上，我们为能过把好莱坞明星瘾而激动不已。这个美差得益于我的一位同学，他认识好莱坞负责招募群众演员的猎头公司中介商。当时好莱坞正在拍摄一部名为《红灯区》①的电影，需要群众演员。

好莱坞拍摄电影，除了导演和主要演员，其他人员都是由当地提供的，这样做是出于经济上的考量。很多人员（包括导演助理、场记助理、灯光师助理、服装师助理、美发师助理）都是当地招聘的，干完活儿就走人，没有固定的职位。

尽管大量人员是临时聘用的，但是拍摄电影所用的各种器材却是从大老远的好莱坞拖来的。这些设备包括发电车、服装车、装有空调的演员休息车等。只需要当地警察局划出一片空地让他们停车，影片就可以开拍。

在美国的各大城市，均有与好莱坞合作的猎头公司。他们拥有各自的招聘网络，手中掌握着拍摄电影所需要的各种人员。此次拍摄的影片涉及一名亚裔女子被谋杀的情节，电影场景里有一家中餐馆，我们被选中扮演中餐馆里的侍者。

我们准时抵达拍摄现场，已有化妆师助理和服装师助理在入口处等候我们。我们换好衣服后，美容师助理麻利地帮我们做发型和化妆。对着镜子一照，仅仅一两分钟的时间，我们立即丑貌换靓颜，帅得连自己都不认识了。

---

① 《红灯区》（Storyville）摄于1992年，导演马克·弗罗斯特(Mark Frost)，主演詹姆斯·斯派德(James Spader)。

电影拍摄场地选在一座庄园,有一幢漂亮的小洋楼,还有一条小河,景色秀丽迷人。为了便于群众演员休息,剧组搭了一个巨大的凉棚,有好几排长条桌和折叠椅,桌上放着许多水果和点心。拍摄期间,我们可以尽情地享用食物。

轮到我们出镜,场地助理向我们交代应完成的动作和行走路线。随着总导演的一声"演练开始"的命令,我们开始行动起来。一连重复好几次,导演终于满意,郑重宣布开始正式拍摄。总导演下令"开机"[1],摄影师启动了摄影机。英文中该词的重音在第一个音节,而导演下令时重音节却落在了第二个音节,这是我生平第一次听到这样的读法。随着总导演的一声"开始"[2]的命令,我们开始表演经过反复演练的动作,直到叫停。经过多次重复,一个场面的片断总算让导演满意。我们都盼着导演的一声"停"[3]。只有听到这个命令,摄影机才会停止转动,我们才可以停下来休息。

拍摄之余出于好奇,我与一位腰别对讲机,看起来像是位场地负责人的姑娘聊起天来。她居然与我们一样,是前两天刚被剧组雇来的,负责管理群众演员。我一直以为她至少是个导演或场记之类的角色。她告诉我,除了两位总导演以外,其他人(包括许多手执对讲机的工作人员)都与她一样,是在当地临时聘用的人员。等拍完这部电影后,他们得再找工作。当然他们与我们有不同之处:他们受过一定的专业训练。

有一位学生模样的姑娘走近前来问道:"你们是哪家餐馆的服务生?"

我告诉她:"我们是 V 大学的博士生,我是学社会学的。"我指着我的同学说:"他俩学的是机械工程和艺术。"

姑娘惊得目瞪口呆:"你们是 V 大学的研究生?我还以为你们是哪个中餐馆里跑堂的呢。"

---

[1] "开机"(Rolling "转动"之意)。
[2] "开始"(Action,"行动"之意)。
[3] "停"(Cut,"切断"之意)。

只见她回过头来，扯了扯身旁一位中年妇女的衣角，说："妈妈，快看。他们V大学的研究生！"

周围的几位群众演员围拢过来，你一言我一语地与我们聊开了。

"你们来M市多久了？"

"你们在V大学读什么？"

"你们从中国的哪个城市来？"

当他们得知我们是靠V大学发给的奖学金读书，而不是靠打工挣学费时，更加惊诧不已。看得出，他们对我们充满了敬意和羡慕。我们中有一位来自国内的教授。我向周围的美国人介绍说："她是来自中国的一位大学教授，现在是V大学的访问学者。"

一位老美竟然上前向她行了个美式军礼："欢迎大教授光临！"

众人被他滑稽而又幽默动作逗乐了。拍摄期间，我们有机会与好莱坞的影星，影片中的男主角近距离地接触。我们上前搭讪，平易近人的明星和我们聊上了。他向我们透露，在拍摄中他并不需要记住台词，他的助手会在一旁不断地提示。因为他拍的电影太多，无法记住那么多台词。

同样是拍电影，明星的待遇与群众演员有着天壤之别。他下了场可以立即躲进设有空调的休息车，有人送冷毛巾和冰水，化妆师忙着为他补妆，准备下一个场次的拍摄。而我们的休息处，则是一个只能遮阳挡雨的凉棚。

一直到晚上11点多钟，我们才结束一天的拍摄。我们将衣服交给服装组，拖着疲惫的身体开车回家。第二天清晨5点钟，我们又准时来到拍摄现场，开始拍摄。令人惊讶的是，我们穿的道具服装已经干干净净、整整齐齐地挂在那儿。洗衣组的员工在不到六个小时的时间内，连夜把我们的衣服洗净、烘干、烫平。

我们只是跑龙套的，需要我们出场的时间并不多。我们只是坐在那儿休息，忙里偷闲抓紧做作业和看书。突然间，一位导演跑来叫我跟他走，说是有一个场景需要一名服务生。我天生没有表演才能，生怕演砸，向导演推荐我的那位学艺术的同学。导演不由分说，拉着他就走。我的同学不愧是学艺术的，拍了一个很成功的特写镜头。

有一个场景的拍摄很有趣。大多数情况下，摄影机是固定的，不是放在地上就是摆在摄影车上。该场景是男女主人公边走边聊天。那是一段挺长的路，摄影机得跟在两位主人公后面一边走一边拍摄。只见摄影师身上套上特殊的防震设备，摄影师小心翼翼地跟在演员后面走着，摄影机在他身上纹丝不动。如果摄影机随着摄影师的走动上下晃动，电影观众看起来肯定不舒服。摄影机的防震系统与坦克炮塔瞄准的原理差不多，坦克可以全速前进，上下左右颠簸，但是炮口却永远牢牢地对准目标。

拍摄的最后一个镜头是大派对的场景。在大派对上，有一个制作成路易斯安那州形状的大蛋糕，蛋糕上有一个油井的模型。按剧情，该模型应该喷出巧克力，以表示油井喷出原油，在场的群众要为喷油而欢呼。可是，不知是哪儿出了问题，该模型失灵，试了几次巧克力就是喷不出来，技术人员急得满头大汗。看来问题不小，一时半会儿修不好。导演急中生智打发走技术人员，对我们说，不管有没有巧克力喷出来，只要男主人公一摇那个模型大家就欢呼。喷出巧克力的镜头以后再另外补拍。大家很快入戏，随着男主人公的手在摇把上转动，我们对着蛋糕和油井，高声欢呼起来。后来我专门租片观看这部电影，影片切换剪辑得天衣无缝，看不出当时拍摄时出现的问题。

现场拍摄时发生过一件不愉快的事件。拍摄场景是一个竞选派对，有一支乐队为竞选助威。整个过程中这支乐队是最辛苦的，群众演员上场的机会不多，有很多的休息时间。但是这支乐队却没有时间休息，一直在演奏。据说他们对拍摄组付给的报酬不满意，最后一天罢工不来了。拍了一半中途走人，要换队伍来不及了，导演只好舍去以他们为背景的许多镜头。

第三天晚上，我们每人拿到250美元现金的报酬。对于一个穷学生来说，这可是一笔可观的外块。

几天以后，拍摄地点转移到了法院。为了抢时间，拍摄电影一直进行到深夜。灯光师的本事还真大，尽管太阳已经落山，法庭的窗外却一片光明，拍出的效果与白天没有什么两样。我们扮演的角色是法庭上的听众。摄影机有时会转向听众，这次的角色比上一次重要些，导演对我们的要求也比以前严格。

第一天拍摄结束后，摄制组的一位助手给每位群众演员拍照，是那种一次成像的照片。当时我很纳闷，这是要做什么？到了第二天，我才明白其中的奥妙。"昨天你没带这支笔，"前一天晚上为我们拍照的摄影助手对着照片指着我的上衣口袋说。

"哦，对不起。我倒是忘了。"原来剧本里的一个情节，需要用几天时间来拍摄。我们的发型和着装必须完全一致，以免留下破绽。前一天的照片是为了第二天拍摄前的核对。说真的，作为群众演员，我们出现在镜头里的机会很少，充其量不过是一晃而过。我在后排就座，那支口袋里的笔被人注意到的可能几乎为零。但是工作人员仍一丝不苟地加以纠正。好莱坞电影严格细致的作风，令人钦佩。正是这种求实作风，使好莱坞拍摄出那么多上乘之作。情节可以编，但是细节要真实，没有真实的细节，很难成为大片好片。

在拍片的休息期间，我与一位警察聊天。

"你是警察吗？"我问他。

"我和你一样，也是群众演员，"他答道。

瞧着他那地道的警察打扮，一般人是发现不了破绽的。他向我们透露真假警察的区别，"你们仔细看看我的警服。"

我们看了半天，没看出什么明堂。

他得意地对我们说："我的警服是假的。"

原来美国的法律有规定，百姓不得穿着军人和警察的制服，好莱坞拍片也不例外。为了有别于真正的警服，好莱坞的服装师只好在臂章上打主意。道具警服与真警服一模一样，但是臂章却略有差别，外行人不经指点无法看出差别。

"你们看，"他指着警服上的臂章说："奥秘全在这儿。"

我们凑上前去细细端详，才看出区别。

在法庭的场景中有一个情节，是律师打开被告的钱包，一件一件地翻看其中的物件。包里有只避孕套，按照剧本，法庭旁听者要发出笑声。副导演站在前面举着手，手一挥我们就发出笑声，练了几遍才开始入镜。这是我生平第一次看着指挥强制地发出笑声。我并不觉得这一场面有什么好笑之处，不过既然人家付我们薪水，我们得听人家的。

没过多久，我们又得到一次群众演员的机会。拍摄场地在闹市区的一条大街上，我们扮演游客。按我们常人的想法，为了使戏拍得真实，摄影师可以将摄像机藏在隐蔽之处，拍下电影所需的游客镜头，没有必要花钱雇人来演游客。猎头公司的中介商向我们解释说，偷拍存在肖像权的问题。如果好莱坞的摄影师未经同意将游人摄入电影中，一旦被游客发现打起官司麻烦就大了，所以好莱坞宁愿花钱雇群众演员。难怪我们收工领取报酬时被要求签署一份声明，说我们已经取得好莱坞付给的报酬，以后不会因肖像权问题向好莱坞发难。

那天拍摄，我穿了件白汗衫，遭到导演一顿臭骂。拍摄彩色影片时，穿什么颜色的衣服都行，就是不能穿白色的衣服，因为拍摄出来的视觉效果不好。中介商忘了通知我。没法子，我只好向他人借一件彩色的衣服穿上。影片中我们的戏份很轻，所以连电影的片名都没弄清楚。

后来又来了一个拍片任务，这是描写一批英国护士在澳大利亚被日本兵拘禁的故事，好莱坞需要亚裔男性扮演日本鬼子。此次要求比以前严格多了，需要先试镜，然后由导演敲定人选。中间商为了有更大的把握，让我们找更多的中国学生去试镜，我们一下子去了十多人。面对着镜头，我们徒手做推操人的动作，嘴里还要凶狠地骂人。我们不会日语，骂什么呢。一位同学出了个好主意："咱们就用中国话骂那些狗日的日本鬼子。"

"对，这是个好主意，"大家一致赞同。

结果我们演日本鬼子，却冲着镜头骂起日本鬼子来了。

"杀，狗日的日本鬼子！"

"滚，日本鬼子！"

有一个人更绝，骂道："X你姥姥，小日本！"

试镜室里充满着震耳欲聋的叫骂声。那位不懂日语的中介商看着我们的表演，频频点头。遗憾的是，我们几个已经演过戏的老演员都落选了。好几位新人倒是入选，成为下一部电影的群众演员。

4.6. 教会一瞥

国际学生中心主任莱尼先生找到我，请我做一个演讲。我与莱尼从进校第一天相识后，一直保持着良好的关系。尽管学习非常紧张，碍于情面，我答应了他的邀请。这是学校附近的一间教堂，托莱尼请一位来自中国的学生，向他们介绍一下中国。教会除了每周日做礼拜以外，还在每周三的晚上组织团聚活动。既然是教会邀请，我决定从宗教的角度，分析中国的文化。

演讲是在一户信教徒家里进行的，房子不算小，里面坐得满满的，约有四五十人，大多是上了年纪的退休老人。我从中国的三大宗教说起：儒教的"中庸之道"对中国文化的影响最大。由于推崇中庸之道，中国人一般不走极端，比较温和。道教的"无为而治"，让中国人懂得顺应"道"，也就是自然规律。佛教的"受苦为来世"，提倡一个"忍"字。

三大宗教对中国文化产生了深远的影响，而且它们的精髓与其他国家的文化也有相通之处。例如，美国的总统选举，总是选出既不极端保守，也不极端自由化的中间人物。那些极端派人物即使在本党内获得提名，也很难赢得大选，除非他们在大选中调整施政策略（当然，近年来这一情况有所改变）。佛教的"受苦为来世"，与基督教的"死后进天堂"有异曲同工之处，宣扬的是同一个道理：人活在世上多受磨难，只有那些经得住考验的、心地善良的人才能进天堂，否则死后只能下地狱，以此劝导人们多行善事。现代环境保护主义主张的许多谋略，与道教"无为而治"的观点甚为相似：人们应该顺应自然的"道"，而不应过分强调改天换地。世人现在才开始认识到的问题，我们的老祖宗几千年前就看到了。听众们听了，频频点头。

我接着说道，中国人（尤其是汉族人）爱好和平，历史上很少主动攻击其他民族、侵略其他国家。中国人大多以忍字当先，与人打仗也是不得已而为之。例如历史上的抗日战争，日本人侵略中国后，采取了"三光政策"（抢光、烧光、杀光），中国百姓没有了活路，被逼得不得不奋起反抗。

谁知我这么一说，几个参加过二战的老兵不答应了。他们言辞激烈地反驳我说："日本人都打到了你们的家门口，让人家'三光'了再反抗，这种忍耐太过分了。正确的做法应该是拒日本人于国门之外，早就向日本人宣战。"

原来这几位老兵与日本人真枪实弹地交过战，对日本恨之入骨。我后悔不该举抗日战争这个例子，忙解释说，我的本意是想说明咱们中国人的文化核心——"忍"。可是几个老兵不依不饶，我则越抹越黑，眼看下不了台。几位女士和主持人出来打圆场，我才得以继续。

我的演讲结束后，大家开始吃夜宵。食物非常丰富，主人很热情，招呼我吃这吃那。一位老兵步履蹒跚地走到我面前，拍拍我的肩膀说："小伙子，你讲得很不错，我是因为太恨那些日本佬，请不要介意我刚才说的话。"一听这话，我感到很高兴，因为我也有同感。对于日本侵略中国时给中国人民所造成的巨大伤痛，中国人刻骨铭心。

我在与美国人相处的过程中，一直坚持宣传中国人热爱和平。911事件之后，我的观点越来越多地得到周围同事的理解和赞同。尽管在某些方面，中国人的形象不尽如人意，可是中国人很少参与恐怖行动，更不可能搞什么人肉炸弹之类的极端行为，最多也只是来个偷渡、打黑工什么的。其实美国的老祖宗当年也是偷渡来美的，只不过那是200多年以前的事，无人再提罢了。

在美国，教会四处可见，基督教、天主教等都有众多的信徒。长期以来，我们在国内受无神论教育，所以难以接受那些宗教信仰。以前我们接受的宣传，总是把教会与帝国主义特务联系在一起，所以我们这些50后大多对教会存有戒心。来美之后，我逐渐改变了观点。

V大学的中国留学生中曾流传一件令人感动的事。学校的一位中国同学不幸出了车祸，伤势严重。同学们找 V 大学交涉，校方表示无能为力。再去找当地的中国领事馆，但当时的中国驻外使领馆似乎没有过问此类事情的职能。无奈，同学们只好轮流照顾这位躺在病床上动弹不得的同学。可是，大家的功课都很紧张，同学们一筹莫展。这时，附近的一家教会了解到了这件事，他们动员组织教会的信徒，排班轮流，细心照料受重伤的中国学生。经过一段时间，这位同学逐渐康复。此后，他成为一个铁杆的教会信徒，并现身说法，到处劝人信教。

刚来美国时，我们白手起家，连睡觉的床都没有，只得打地铺。没过多久，教会的信徒主动找上门来，送来我们急需的床垫，都是他们自家的。有了柔软的床垫，睡起觉来舒服多了，真是雪中送炭。劳工节到了，教会派来汽车，接我们去聚会。V 大学及附近大学的中国学生去了许多，足有数百人。吃着教会为我们准备的丰盛食品，享受之余我们不免有些担心：拿人家的手短，吃人家的嘴软，不知今后他们会要求我们做点啥。

老吴是位来自中国大陆的教会信徒，曾是位海员，在国内已是一名虔诚的基督徒。他主动来到我们的住处，与我们攀谈聊天。我的社会学专业包括对宗教的研究，希望对宗教有更多的了解，就饶有兴致地与他交谈起来。他正在读神学院，准备以后做牧师。我问他，教会为什么热心帮助我们这些素不相识的人。他笑着说："你会慢慢明白的。我们并不指望你有什么回报，只是希望你们今后以同样的形式，帮助其他需要帮助的人。"老吴的文化程度并不高，口才平平，一看就是那种老实巴交的人。临走时，老吴送给我们一些圣经和生活用品，并领着我们读了一段圣经。出于对教会的好奇，周末有空时，我会约上朋友到教会去听传教士布道。

教会拥有雄厚的经济实力，主要来自教会成员的奉献。这种奉献，一般是经济收入的十分之一，教会管这叫作"十一奉献"。一个年薪 5 万的基督徒，一年要奉献 5000 美金。教会的成员越多，奉献也越多，经济实力就越强，能做的事也就越多。尽管教会的经济实力雄厚，但是牧师的收入却并不算高，所以想发财的人不能去当牧师。当牧师需要奉献精神；传道遭到白眼是常事，所以还要有良好的心态和极大的耐心。在非基督教国家，有时为了传道，连生命都会受到威胁。

令人费解的是，就有那么一些人，宁可放弃优越的工作和舒适的生活，去干这苦差事。M市的华人教会中的陈先生就是一例。他原是正牌科班出身的石油工程师，年薪10多万美元。在上世纪的80年代，这样的收入可是算是高薪了。他迷上基督教，用大量的业余时间进修神学，最后干脆辞去工作，脱产进入神学院学习，毕业后成为专职牧师，年薪只有3万多美元。为此，他不得不卖掉以前居住的大房子。

还有一位中国大陆学者，在美国医学界工作多年，年薪15万多美元。开始时，他坚决反对妻子去教会，后来他的世界观竟然发生不可思议的变化，由一个坚定的无神论者变成了彻头彻尾的有神论者。他辞去医学界的工作，甘当一名专职传道牧师。

教会的活动很频繁，旨在加强人与人之间的相互沟通和交流。频繁的活动对于学生来说，会成为负担，因为课业繁重，学习紧张，很难有空余时间参加活动。但是教会的信徒们却认为，磨刀不误砍柴工，思想问题解决了，学习成绩自然会上去。这样的说法，与当年我们的"突出政治""政治挂帅"颇有些相似。教会中，很多人从小信教，不乏品学兼优的学子。在物欲横流、心灵荒芜的今天，仍有像教会这样的绿洲，聚集着一批纯正、虔诚、充满奉献精神的人们，让人钦佩，也让人难以理解。

在教会的活动中，听到最多、印象最深的话题，是讨论人生的意义。这一话题对于年轻的一代，可能已经比较隔膜，但对我们不无启发。给我留下深刻印象的，是牧师通过一个实际例子，讲述人到底为什么活着。

在德国的柏林，曾有一家闻名的中餐馆，生意多年来一直火红，老板是一对华人夫妇。与许多中餐馆一样，他们赚来的钱中，有不少是通过偷税漏税得来的。他们不敢把钱存入银行，以防被税务局发现。如

297

何存放这些"黑钱",成了他们的心病。人穷的时候,为没钱烦恼;富了以后,也会为钱发愁。现金太多,放在身上怕抢,放在家里怕盗,存在银行怕查,竟无一个安全之处来存放他们的辛苦钱。我曾认识一位餐馆老板,他的藏钱之处是阁楼里的隔热海绵。这家在柏林的餐馆老板娘想的办法是,将钱变成金银细软。可是变成金银及高档首饰后,仍需要找个安全的地方。还是老板娘主意多,她认为最意想不到的地方是最安全的地方。一天夜里,所有员工离开餐馆后,夫妻俩将这些值钱的金银细软像当年的地主老财一样,悄悄地埋到餐馆里的盆景植物底下。这些植物,每天都立在那儿,在众目睽睽之下,确实是很安全的。因为谁也不会想到,这些普通的植物底下,埋藏着这对夫妇几十年打拼的财产。他们悄悄地检查过几次,非常满意他们的点子,彻底放了心。

月复一月,年复一年,日子飞逝而过。由于过于放心藏宝之地,这对夫妇竟逐渐淡忘了他们的宝藏。有一天,老板娘瞧见这批盆景有些叶子已经泛黄,不很美观,便命员工抬出去扔了。新买来的盆景搬来后,确实让餐馆增色不少。老板娘瞧着这些新买来的盆景洋洋自得,在员工和顾客的赞扬声中有些飘飘然。突然间,老板娘大叫一声,脸色煞白,差点晕过去。大家连忙扶住老板娘,不知怎么回事。老板赶紧过来,关切地问妻子哪儿不舒服。老板娘一句话也说不出来,一只手直指着那些盆景。老板一下子明白过来,当场也差点晕倒。

这对夫妇立即与收集垃圾的公司联系,试图找回他们扔掉的盆景。得到的回答令人伤心,找回失物的可能性几乎为零,它们早已进了垃圾堆放地,被处理了。这一打击对于这对夫妇是致命的,他们多年的打拼所得,一瞬间化为乌有。他们无法接受如此残酷的事实,后来离了婚,最后相继自杀。

对于这对夫妇来说,丢失的金银细软比他们的生命还重要。这是他们人生的目标和精神的寄托,失去它们,他们的生命就失去了意义。其实,他们即使丢失了那些金银财宝,仍比普通的百姓要富有得多,生活也仍比许多人富裕。可是,失去了生活目标和精神寄托,使他们无法再面对生活，无法选择活下去。牧师讲的这个故事告诉我们，一个人没有正确的人生观，赚到再多的钱，都不能使他幸福。这个道理很简单，却不是人人都能深刻理解的。

教会的活动很讲究形式。每次聚会，大家要唱很多的歌，并默默地祈祷，反省自己一段时间以来的所作所为。查经班与我们曾经历的学习班颇为相似：每读一段经文，大家就讲体会，仿佛当年的"斗私批修"。如有不同意见，大家辩论起来，都以圣经为依据，这使我联想起文革期间的语录战。看来文革期间搞的那一套崇拜活动并非原创，说不定出处在此。

最让人迷惘不能理解的，是基督教的某些主张，比如当你的敌人打你的左脸，你应该把你的右脸伸过去让他打，这也忒窝囊了。我们从小接受"人不犯我，我不犯人，人若犯我，我必犯人"的教育，要想不继续挨打，只有奋起反抗，在斗争中求和平。敌人都打到头上来了，还主动要求挨打，太难理解了，惹不起至少躲得起啊！不过说来也怪，基督教徒们还真信这些，崇尚与世无争。文革期间，张春桥曾夸下海口，要一夜间消灭上海的所有基督教徒。历史开了个大玩笑。多年之后，上海的基督教徒不仅没有被消灭，反而卷土重来，队伍日益壮大。

去教会做礼拜，参加查经班学习的人，抱有不同的目的。大多数是虔诚的信徒，也有一些人是出于好奇，凑热闹，另有少数留学人员则是冲着那顿免费的午餐。华人教会一般由定点的中餐馆提供午餐。多数情况下，餐馆老板是该教会的积极分子。就餐者自愿交钱，不交钱也无人过问。教会的信徒们常常客气地让我们这些穷学生们免费，因为餐馆老板并不指望以此赚钱，早已做好了奉献的准备。这样的免费餐，吸引不少留学人员，乐此不疲地参加教会活动。当然，这些同胞们大多坚持"免费午餐可吃，信念不可改；说教可听，主义不可变。"尽管长期坚持参加教会活动，仍然不信教，吃人家的绝不嘴软。由此，这群人被嘲讽为"开口"不"开心"的人。还有一些年轻人，参加教会活动竟是为了物色对象，寻找一个心仪的伴侣。虽说凡有人群的地方都有"左、中、

299

右"各色人等，但是在教会，还是好人和善人居多。

　　教会有一种神秘感，许多事情让人捉摸不透。有一位牧师曾说过一段令人印象深刻的话：如果你在夜幕中，遇见几个黑人青年，你也许会胆战心惊。而你如果看到他们每人手里拿着一本圣经，从教会的夜校出来，你一定会长吁一口气，不再担心。如果排除种族歧视的成分，他的话不无道理。

4.7. 打工的辛酸

第二学期接近尾声，我们进入复习考试阶段。一位朋友打电话来告诉我，一家中餐馆缺个收盘子的，问我是否感兴趣。我一听为难了，我正在全力以赴准备考试，哪里有多余的时间。但这是找工作的最好时机，一旦考试完毕，大量的学生涌入劳工市场，像我这样既没有工作经验又没有工作许可的人，找工作就很困难。如果现在去干，一个暑假可以保证有工打。

打工的消息非常诱人，因为我的存款快见底了。我曾找过史密斯教授，希望他帮我解决暑假期间的生活费。史密斯教授帮我在詹姆斯教授那里找了个额外的助研工作，可以得到2,000美元的报酬，但是钱要等到暑假以后才能拿到。

我在V大学的图书馆揽到一份活，可是需要系主任的批准。史密斯教授坚决不同意。他说，你已经有额外的2,000美元，不应再打工影响学习。他还对我说，暑假期间学生少，计算机和图书馆比较空闲，我应该充分利用大好时机好好学习。真是饱汉不知饿汉饥。我这里快要断炊了，他还让我好好学习。美国的大学里不乏书呆子，教授们整天钻在书堆里，两耳不闻窗外事，不食人间烟火。

我权衡再三，为生计所迫，决定在复习期间去那家中餐馆打工。我去的中餐馆叫"台南餐馆"，是一位台湾人开的。老板的父亲曾是国民党的一位将领，官拜少将军参谋长。老板结婚时的证婚人，是蒋介石的一个儿子。老板在政界和商界还有点来头。

台南餐馆位于市中心不远。该餐馆最吸引我的，是它位于公交线上，我可以乘公交车上下班，当时我还没有买汽车。我是周末班，从星期五晚开始，到星期天晚结束。我的工作是餐馆里最低等级的工种。服务生将菜端上，客人吃完后杯盘狼藉，我负责以最快的速度把桌面收拾干净。我的工作速度，直接影响到餐馆的生意和服务生的小费。

周五晚上，我走马上任。台南餐馆要求服务人员衣着白衬衫、黑裤子和黑鞋子。我没有带黑色的鞋子，情急之下，我把一双棕色的皮鞋抹上黑色鞋油，蒙过了老板的眼睛。出国前，我不知从哪儿听说美国人喜欢穿花衬衫。我带的衬衫什么颜色的都有，就是没有白的。这一误解，等我在美国的政府部门上班后才得到纠正。其实，白衬衫是美国男士们在正式场合下穿的最多的服装。没有办法，我只好找了一件近似白色的隐花衬衫将就一下。我戴上从餐馆借来的领结，开始接受培训。

收盘工[①]在英语中直译为"公车仔"或"公车妹"。这是一项不需要太多技术的体力活，关键是托好盘子。为了减少奔跑的次数，我把用过的碗碟、盘子、杯子、餐巾、刀叉、筷子堆在大托盘里，然后举起大托盘一次进入厨房。托盘一定要平稳，否则杯盘滑落麻烦可就大了。好在我生就一副力气大的身子骨，经过训练，我可以托上几十个杯盘不在话下。

我一个周末的打工，可以得到105美元。只要每个周末有活干，我的房租、伙食及日常开销基本解决。尽管收盘工的地位在餐馆中是最低的，我却挺喜欢。因为这一工作不需要动脑筋，不需要记住任何东西，除了出点力气，精神上挺轻松的，一天下来收入旱涝保收。

服务生则不然。他们的收入与服务质量直接挂钩，又与天气、人气及运气紧密相连。他们的收入时高时低，所以他们始终处紧张之中。来了一桌人吃饭，服务生们必须记住谁点了什么菜，要什么饮料。他们还要背出餐馆的菜谱。服务生的另一个精神压力是客人跑单。跑单是客人进餐后溜走，留下账单未付。老板是不讲情面的，损失要由服务生来承担。有时一天跑一两张大单，服务生一天的收入全泡汤。服务生需要一

---

① 收盘工（Busboy 男，Busgirl 女）。

刻不停地像盯着贼一样地盯着顾客。别以为衣冠楚楚的客人不会跑单，有的时候，看起来绅士、淑女的人也有不地道的。

台南餐馆的老板还经营其他店家，餐馆的经营交给两位经理负责。一位经理是位女士，大家称她叫"兰姐"。兰姐是位挺和善的经理，原籍上海，会讲一口地道的上海话。因为我的父母也是上海人，她与我认了老乡，常用上海话与我交谈。兰姐与老板是亲戚，住在老板家里。老板的母亲还健在，他们家中还有一位90多岁高龄的老婆婆，长年卧床不起。

有一天，老板的母亲打电话给我："乔先生，请你来我家一趟，我的母亲怕是不行了，我的英语不好，请你帮我联系一下。"

老板和老板娘正好在外地。老板的母亲已经打电话叫了兰姐，兰姐建议把我也叫上，她担心自己处理不了紧急情况。当我赶到老婆婆床前时，老人家已经不行了，老板的母亲不知道该怎么办。兰姐赶到了，建议给医生打电话。我拿起电话机准备拨号，听筒里传来了忙音。肯定是老板的母亲在慌忙之中没有把听筒放回原位。

"一定是外婆不想出门，不让我们打电话，"老板的母亲自言自语地说道。

我听到老人的呼吸声急促起来，然后开始缓下来，间隔越来越长，最后呼吸停止了。这是我第一次亲眼目睹一个人从生到死的转变。在场的三个人都跪了下来，祷告老婆婆一路走好。人走了，下面该是如何安置死去的老人。我打电话给老板家的私人医生。

"您是福克纳医生吗？"我问道。

"是啊，请讲。"

"我是台南餐馆的老板家。家里的那位高龄病人刚刚去世，您能来一下，以此证明病人是正常死亡吗？"我问道。

"对不起，我正在和朋友进餐。病人死了就没有我医生的事。你们应该打911，叫警察和救护中心，"医生说。

"人已经死了，还叫救护中心干什么？"老板的母亲问道。

我把她的话转给了医生。

"这是必要的程序，否则你们会遇到麻烦的。"

没法子，我只好拨通了911急救中心的电话。"这里是查尔斯大街11050号。我们家有位久病不起的90多岁的病人刚刚去世。我们不知该怎么办，我们的医生让我打电话给你们。"我说了一大通，潜台词是人已经死了，你们是否来看一下，开个死亡证书得了。

"我们马上派人来，"911台的服务员挺有礼貌地回答。

不一会儿，警车来了。进来了一位体格魁梧、全副武装的警察。他一边走一边与警察总部联系。紧接着，救护车也赶到了，几位医护人员带着担架进来。瞧这个阵势，好像是要抢救一位还有生还希望的病人。我把老人的情况向医护人员介绍了一番，接着说："这位病人已经90多岁了，是正常死亡。病人家属希望能让她安息，不要惊动她。"

医护人员根本不理睬我，对老婆婆进行检查，最后将老人放上担架准备送回医院进一步抢救。我们想阻拦却没能成功，眼睁睁地看着医生和护士们把已经死去的老人抬上救护车。警察打开警车门，主动让我和兰姐搭他的警车前往医院。前排只能载一个人，兰姐坐在了后排的座位。

警车和救护车拉响了警笛，由警车开路，呼啸着驶向医院。到了医院，我一个箭步跳下警车，跟着医护人员进了医院。可是兰姐却怎么也打不开警车的门，大声喊叫我们又听不见，不得不使劲地敲打警车的玻璃。原来警察的后排座位是供被抓的嫌疑犯坐的，必须由警察打开车门兰姐才能出来。警察赶紧跑回警车，打开后车门。

老婆婆被送上手术台，医生们向老人的腹部充气，忙了好一会终于停下手来。一位看上去像是负责的医生向我走来。"老人不行了，"医生说。

"我们早就说过，老人90多岁了，是正常死亡，"我说。

"对，我马上写个死亡报告。"

老太太算是死在医院里，由医院出具一张死亡通知书。后来老板家收到医院寄来的账单，就那么一会儿工夫，花去4,000多美元。老板的妈妈让我去是想免去到医院的麻烦，省去不必要的花费，可惜我没能完成任务。

因为这一经历，我和老板及兰姐的关系，比一般的服务生走得更近一些。台南餐馆的另一位经理是位男士，人们叫他小章。他有个嗜好：赌。小章迷上了赌球赛，上班时常抱着电话机与赌博公司联系下注之事，打工挣来的钱基本上全部奉献给赌博公司。直到那时，他还住在餐馆提供的集体宿舍里，与几个服务生合住一间房间。

小章有一位公开的情人，是位来自大陆的女留学生，叫小吕。小吕的父亲曾是V大学的访问学者。为了给女儿创造机会，其父省吃俭用打黑工，为女儿攒了一笔钱，回国后把女儿送出来读大学。由于V大学学费昂贵，小吕暑假期间到餐馆打工，结识了小章。留学的生活是寂寞的，小章对小吕略施点小恩小惠，小吕就上了小章的床。小章如此轻易得手，使他对我们大陆人更加鄙视。我在那家餐馆打工时，小章从未叫过我的名字。我的名字在他那张吐不出象牙的嘴里，只是"那个收盘子的"。

小吕父亲的同事，正巧也在V大学做访问学者。其父委托同事照看一下自己的女儿。这位同事哀叹，他真不知该如何向小吕的父亲交代。我看着小章不禁冷笑，心里骂道："别狗眼看人低，你这一辈子只能在餐馆里混了。我们可是临时来挣钱的。有朝一日我缓过气来，非让你小子来好好侍候爷不可。"后来我找到了工作，经济条件大为好转，却失去了羞辱他的兴趣。

服务生中小姚与我最要好。他人品正，为人仗义，我挺佩服他的。他的母亲是国内著名的越剧演员，我的父母是他母亲的忠实粉丝。要是在国内，咱想与这样的名演员攀上关系是很难的，但在国外就这么巧地遇上了。小姚的母亲来美探亲，我去他家作客，见到了我父母一直崇拜的偶像。小姚的母亲得知这一情况，送给我一盘录影带，录的是她演的戏，我一直珍藏着。

小姚是M市另一所大学的研究生，学的是电影摄影。其妻也是位文艺界人士，我们两家人很快成为好朋友。小姚挺逗，他告诉我，每当他做好事时，总是不忘告诉别人自己是中国人，以提高中国人的形象。如果做坏事，他就告诉别人自己是日本人，让老美恨日本人。这一招挺损的。

小姚特能砍价。在美国买车，标价与成交价之间有很大的弹性。有一次，他怀揣9,000美元的现金，在车行下班前半小时来到了车行，指着一辆崭新的日产轿车说："我就要这辆车，这是钱，现金当场付清。"

当时正是美国经济低迷不景气的时候，遇到这样牛气的买主，车行的经理都惊动了。但是，如果这辆车只卖9,000美元，他们赚得就不多。车行想再多要一点，小姚把钱一收，说道："你们不卖，我上别处去买。"

车行没法，只好按他的出价卖了车。事后，经理悻悻地说："你太厉害了。"

小姚接过茬，说："我们日本人都这样。"

从此，这家车行见了日本人就怕。

有些人到餐馆来吃饭，小费给得少。美国的工资分配与中国不同。在美国，有些工作的薪水大半是由小费构成的。如餐馆（包括堂吃店和自助餐店）的服务生，他们的薪水多半是由小费组成的。餐馆服务生的薪水，一小时只有两美元多一点，其余的全靠小费。服务生们每天要不停地走动十多个小时，如果没有小费，一天才20多美元。亚裔（尤其是中国人）给小费吝啬是出名的。随着国内人们手中的钱越来越多，到国外旅游的人越来越多。但愿国人能体谅服务生的艰辛，能在给小费方面大方一些。

小姚对付小气鬼有他的绝招。一次，一个家伙吃了饭，只留下几个硬币。小姚一看火了，抓起零钱追了上去，边追边喊："这位先生，您忘了二角钱。"追上那人后，小姚将硬币重重地塞到那个窘迫万分的绅士手中，扭头就走。全餐馆就餐的客人都看见了。老板从餐馆的利益出发，指责小姚不该这样对待顾客。小姚一怒之下当场辞工，拂袖而去。

服务生小辛是大陆来的，曾经任过远洋轮上的大副，后来辗转到了M市作了服务生。小辛是北方人，有着北方人特有的豪爽性格。我刚去打工时，他对我很照顾。小辛是位见过世面的人，多年的走南闯北，使他练就了遇事不慌、处事不惊的本领，更有点江湖上该出于时就出手的气魄。有一次，小辛与一位来自香港的服务生争吵，尽管他个头不高、身材并不魁梧，他一把揪住对方的领子，挥动拳头说，"有种咱们下班后到外面去打一架！"

小辛来美多年，对美国的法律略知一二。在店里打架，经理和顾客一报警，他可能会有麻烦。但是在店外，只要没人报警，警察没发现，问题不大。对方是个欺软怕硬的孬种，真正动手打架，便怯了场，从此再也不敢在小辛面前惹事生非。冲着小辛这一举动，我对他佩服之心油然生起。我曾私下问小辛："如果那家伙应战，你真的会出去与他打吗？"

小辛轻蔑地说："很可惜，那小子没敢应战。不然我可以好好教训他一顿，这小子老是欺负我们大陆人。"

"你不怕警察吗？"我又问道。

小辛答道："在这儿打架算什么。每天发生的谋杀案让警察还忙不过来呢。况且，就是抓起来也关不了几天，为了教训那小子关上几天，值！"

小辛这种天不怕地不怕的气慨使我折服，我们成了好朋友。后来他上学，进入M市的一所大学，深造工商管理学。我相信，他在商场上一定会有一番作为。

鲍得是一位来自香港的服务生，就是小辛要揍的那位服务生。他在美国上的高中，念完高中就出来打工，打了十来年的工，还是个服务生。看样子，他这辈子只能这样混下去。鲍得到了三十而立之年，连老婆还没娶上。

鲍得有点令人讨厌。他仗着在餐馆多年的经验，动辄训斥资历浅的打工仔。像我这样只是一时因生计所迫到餐馆挣钱的留学生，他心中更加不平。他对我的态度，实在让我咽不下这口气。可是我不敢像小辛那样揪住他威胁要打架。我生平未曾与人打过架，打起架来我肯定吃亏。不过，我以软抗对付他。他的收入依靠翻台率，也就是桌子轮换的速度。

如果我能帮他及时地撤清桌上的盘子，扫清桌面，他可以多接待客人多挣小费。我故意不帮他清理桌子。对别的服务生，客人一走，我立即手脚麻利地去收拾。见到他的桌子，我故意绕开不予理睬。鲍得冲我发火，我不紧不慢地回敬他道："我不正忙着吗，您老再耐心等一会儿。"

眼看着我为他收拾桌子遥遥无期，他只好一边骂骂咧咧，一边自己收拾桌子去了。他告到经理那儿也没用，先收拾谁的桌子，在餐馆是个永远扯不清的难题。他只好吃哑巴亏。在尝到我软抗的苦头以后，鲍得的态度有所转变，我和他一度紧张的关系有所缓和。我不失时机地点拨他，我们大陆人不是那么好欺负的。

后来我们混熟了，他还让我给他介绍对象。他以为凭着他的美国公民身份，咱大陆的姑娘肯定愿嫁。为了不搞坏关系，我敷衍应付他。其实我压根儿就不会送大陆女同胞进这个火坑，直到我彻底离开台南餐馆前，他还一直在做着娶个大陆妹子的白日梦。

在厨房里洗碗的，是年过半百的老王。他是国内出来的公派访问学者，来美后就留下来不回去了。老王在国内是位医生，曾任科主任，凭他的学历和经历，在美国医院当医生基本没戏。美国人必须在本科四年后才能进入医学院学医，成为医学博士以后，还要经过医生的执照考试，才能进入三年住院医生阶段，过五关斩六将后，才能有正式独立行医的资格。有些早期来美的中国医生利用美国人的无知，打了个漂亮的"短平快"。他们用中国本科医学院的学历，冒充美国医学院的博士学历，直接参加考试，然后作三年住院医生后一跃成为正式医生。现在这条捷径走不通了。

老王的英语不好，想走捷径也难。为了维持合法身份，老王报名上了个语言学校，每月打工挣来的钱基本上交学费，就这么耗着。老王的年纪大，干一天的活，使他精疲力竭。他干事手脚并不利索，常遭经理训斥，憋了一肚子苦水。每天到了快下班的时候，老王总是请我帮他抬上沉重的垃圾袋，倒到外面的垃圾箱里。有一天，一只碎玻璃杯混杂在碗盘之中，老王的手被划了个大口子，鲜血直流。用创口贴包上伤口后，

308

他又回到岗位去清洗堆积如山的碗碟。由于伤口遇到水血凝不住，洗碗的水池里不时地出现血滴。

老王与我们留学生不同。我们是来学习的，打工只是为了捞外快，熬到毕业拿到学位，留下来找工作或回国发展都可以。而且，我们年轻，体力上拼得起。老王很苦闷，对渺茫的前途缺乏信心，问我该怎么办。我快人快语，谈了我的看法。我对他说，你在国内已做到主任医师，年纪已经进五奔六，在美国发展不太容易。现在打工这么辛苦，为了保持合法身份，挣的钱全喂给语言学校，又不去上课，学语言划不来。不如咬咬牙，打个一年半载的工，挣上一笔钱，带上个一两万美元回国。当时万元户是稀罕之物，更何况是上万美元呢。

老王思想斗争了很久，没有采纳我的意见。后来他找到在一家医院的实验室里作技术员的活计，年薪两万多美元，终于咸鱼翻了身。找到工作以后，他曾不无得意地打电话约我去钓鱼。他已有闲情逸趣，不像我们还要攻读学位。他那自得的口气，言下之意他幸亏没听我的馊主意。

在厨房里有一位打杂工是个黑人，叫布莱克。这位黑人兄弟长得五大三粗，力大如牛，在厨房里干一些粗活。在美国的中餐馆，干粗活杂活的大多是黑人和墨西哥人。黑人也许由于遗传的原因，对于厨房里的高温，忍耐力要比别人强一些。但是他们怕冷，天气稍凉一些，黑人们就会早早地穿上厚厚的棉衣。

在中餐馆干活，布莱克很寂寞。来这里打工的中国人和其他亚裔，很少与布莱克答话。布莱克在这里打工，有时会一天一句话都不说。到吃饭时间，中国人和其他亚裔人虽然不懂各自的母语，但是可以通过英语交谈。布莱克总是一个人坐在角落里，没有人理睬。出于同情，我常和布莱克说话聊天。布莱克对我非常感激，连称我是好人。尤其是餐馆发生一起盗窃牛肉事件后，布莱克对我更加友好。

倒垃圾的老王发现垃圾箱旁边放着一只白色的塑料桶。他以为是垃圾，准备扔进大垃圾箱。一提桶挺沉，打开盖一看，里面竟是满满一桶牛肉，少说也有几十斤。这肯定是一起内外勾结的偷窃事件。在美国的中餐馆，能存活一年以上的大约只有百分之四十。中餐馆失败的原因，无外乎股东不和、分利不均导致散伙，或者内部偷窃导致收不抵支。这起偷窃事件当然要严肃追查。

全餐馆人员开会认真排查线索。大多数人把注意力集中到布莱克身上。尽管他们不言明，但是布莱克从人们怀疑的眼神中读懂了他们的意思。布莱克感到很委屈，找我诉苦。他说："虽然我很穷，但是我的祖母一直教育我要做个老实人。"

不知为什么，他从来没有提起他的父母。他告诉我，"我每天骑自行车上班，根本无法带走这么一大桶牛肉。"

这话我相信。美国人骑自行车的水平，很少能与中国人匹敌。带上这么一大桶牛肉，他肯定寸步难行。我安慰他说；"我相信你，我不认为是你干的，除非有人能拿出证据来。"

我说此话绝非敷衍他。我们不应该毫无根据地怀疑别人。他听了我的话感激涕零，连声说；"谢谢你对我的信任。"

后来布莱克还是辞工不干，他受的压力太大。

对我来说，在餐馆打工的一个困难是开饭的时间。餐馆最为忙碌的时候，是我平时吃饭的时间。长期在餐馆干的人，已经习惯比常人晚吃饭。服务生的午餐要到下午 2 点左右，晚餐要到 9 点多钟。我有慢性胃病，一直坚持少吃多餐。到餐馆打工，我不可能有这个条件，胃病时常犯。我只好自己加餐，每次在晚班开始前，吃一点从家里带来的干面包充饥，更多的时候则是见机行事，在餐馆中找吃的。客人订的菜多了吃不完，我就拣客人没动过筷子的地方，抓一点菜往嘴里送。有时我抓点厨房里炸的面干和豆子，到无人之处塞进嘴里。为了避人耳目，我常往厕所里跑，以免被人看到我在咀嚼食物。此刻吃东西不是为了品尝，是为了填饱肚皮。我就这样吃过不少餐馆里的菜，但是由于精神高度紧张，从未吃出任何味道。

服务生会搞花样，瞒着经理和老板弄吃的。服务生为客人订菜时是一式两联，上联供结账，下联给厨房下单做菜。他们在下联上多写一道菜，端上来时将多订的菜几个人分吃。到结账时，由于上联里并没有多算客人的钱，客人毫无察觉。经理和老板不可能到厨房一一对账，所以这一花招很少被揭穿。为了封我的嘴，他们也会分给我吃。

有一天晚上，我正送盘子进厨房，突然看到厨房里一只大锅窜出火苗，"轰"的一声，火头窜到锅灶上方的排风扇。在场的人都低声念道："着了，着了。"原来，大厨放了油以后有人打电话给他，他一接电话聊起天来，忘了锅里的油，油起火了。如果此事发生在国内，大家一定会奋不顾身地去扑灭大火。可是此时只有一个人奋力扑救，他就是餐馆的老板。他用扫帚扑打着火苗。大厨从外面冲进来，三步并着两步跑到大锅前，抓起一只锅盖往锅上一盖，火苗顿时被压住，一场灾难总算避免。大家松了一口气，明天的工作保住了。要不然台南餐馆一烧，我们就没了打工的地方。

我正在收拾盘子，一位老太太向我报怨："餐桌上的盐不新鲜，已经结块，请换一瓶新盐。"我接过瓶子一看，瓶子里的盐果然结块。我走进厨房四处找盐，汤姆见状一把夺过我手中的瓶子，狠狠地骂道："真是个笨蛋！"

只见他背过身去用力摇了摇瓶子。当他转身递给我盐瓶时，里面的盐块已经神奇般地消失，只见瓶里盐粒清晰如同新盐一般。那位老太太接过盐瓶满意地笑了，对我连声道谢。只是她并不知道，瓶子里的盐原封未动，盐块只是被摇碎而已。

汤姆事后解释说："我们这么忙，哪有工夫满足客人的所有要求。只要不让客人看见就行。再说了，老板不希望我们动辄倒掉瓶子里的盐和酱油。"

我们收拾盘子时，常看到客人没有用完的米饭。米饭放在一个罐子里，备有一只共用勺子，供客人往自己的碗里添饭。按理说，剩余的米饭应该倒掉。一天，我正要把剩余的米饭倒进垃圾筒，小辛叫住我，说老板不让倒掉，要我们将剩余的米饭倒回大锅，以免浪费。从节约的角度讲，这样做未尝不可，但是从卫生的角度讲，就不好说了。

如果说米饭倒回锅里还有一点理由的话，那么服务生们对待喝水杯的做法，就无论如何说不过去了。有一次，来了一个大派对，大约几十个人，杯子一下子不够用。洗碗机消毒洗净的杯子还没有运来，我急得手足无措。只见几位服务生拿起等待清洗的杯子，用自来水冲洗一下，装上水和冰端上桌。新来的客人喝得津津有味，浑然不知我们干的勾当。这一幕在我脑海里印象很深，以致于每当我到餐馆去吃饭，总会心里嘀咕："杯子经过洗碗机洗了吗？"

厨房里香味四溢，引来了老鼠和蟑螂。我正端着水壶为客人添水，一只大老鼠竟然大模大样地从厨房里爬出来，沿着墙边慢慢悠悠地溜达。客人们没有察觉，但是眼尖的经理兰姐已经发现。她示意我不要声张，我们俩屏住气，直到老鼠消失在空调出口。如果客人看见老鼠肯定会抱怨，很可能会投诉到市里的卫生局。餐馆就会有麻烦，轻则停业整顿几天，重则关门大吉。幸好没人发现，餐馆躲过一劫。

上晚班开灯调光线，是收盘工的任务之一。我的视力不好，餐馆里总是光线昏暗，使我视力更加模糊。有一天我将光线调得亮一点，餐馆里顿时灯火通明，感觉舒服多了。谁知没过多久经理走过来，又将灯光调得昏暗不堪。她一边调一边对我说："餐馆的灯光昏暗有两个原因：一是营造浪漫气氛。"她拿起一只碗放在我面前，接着说："更重要的是灯光一亮，客人们能看出盘子、碗和桌子上的污点。灯光暗淡，客人不容易发现杯盘上的脏点，麻烦少。这是餐馆的秘密，知道吗？"

台南餐馆座落在市中心不远的地方，治安不好。顾客们来吃饭，车停在车场上不安全。为防止窃贼，餐馆雇了一名保安。这位保安身兼二职，白天是卡车司机负责运货，晚上到这里来做保安。

美国的保安由私营保安公司提供，这些公司与保安是合同关系。只要保安经过背景调查和训练，即可上岗。手枪、子弹等行头由保安个人自备，保安公司负责与客户签约，再将保安派往客户地点，从中收取管理费。

这位保安由于白天工作辛苦，疲惫不堪，晚上值班时常常躲在自己的汽车里睡大觉，根本不出去巡逻。小偷掌握了他的规律，在他的眼皮底下打碎客人的汽车玻璃，偷走了车上的东西。餐馆一气之下告到保安公司，保安立即被解雇，以后我再也没有见到他。

台南餐馆地处黄金地段，寸土寸金，停车场很小。顾客停车不便，影响餐馆的生意。与此毗邻的一家银行有个停车场。银行下班后停车场空了，客人常把车停在那儿。银行不干了，找到餐馆收停车费。以前，餐馆曾向银行付过费用，后来因营业滑坡，拒绝支付，声称客人停车与餐馆无关。银行不甘示弱，叫来拖车，等在停车场上，见一辆拖一辆，被拖的车罚下来，至少损失200多美元。一位来就餐的姑娘当场气哭。没想到吃一顿饭，车子不见了。不仅得想办法去很远的地方找回汽车，还要交罚款。几天下来，餐馆生意大受影响，只好派人去谈判，答应交费了事。

我的下班时间不能固定。有的客人在临关门前走进餐馆，一顿饭吃下来至少一个多小时。如果遇到一对情侣，情意缠绵，我就惨了，必须等到半夜。此时最后一班公车已经开走，我只好求有车的服务生搭便车。没有汽车就等于没有腿，虽然我有自行车，但是不敢贸然在夜里骑车。经过犹豫之后，我下决心辞去工作，去买辆汽车，等学会开车后再来打工。

我的朋友带着我转悠半天，空手而归。手头的钱不多，用1,000多美元买上一部可靠的汽车还是挺难的。朋友住得很远，他把我放到公交车站，让我等公交车回家。我等车的地方在郊外，公交车一个小时才一班车。天越来越黑，我环望四周空无一人，仅我一个人在车站等车，开始担心起来。很快，我由担惊变成害怕，由害怕变成恐惧。我当时唯一的念头是，想尽一切办法尽快离开那个可怕的地方。一位年青人开车路过车站，我迎上前去掏出十美元对他说明来意，并出示了我的学生证以示清白。可是小伙子不愿意让我搭车。不知过了多久，我才看到远处有辆公交车姗姗而来。当我爬上公交车，见到车内明亮的灯光时，如释重负。经历黑暗和恐惧以后，人才会明白光明和安全的意义。那一晚，是我在美国经历的最可怕的夜晚。

终过一番周折，我总算买到一辆称心而又便宜的二手车。下一步是要学开车。早期的赴美留学生，多半是无师自通，自己学会驾驶的。自己学车危险性很大，容易出车祸。我们楼下的一位仁兄买了车，在家门口的小街小巷开起来。停车时，他一不留神，把人家的车给撞了。两人决定私了，赔了2,000多美元。用这些钱，上驾驶学校绰绰有余。V大学数学系的一位中国学生，在美国同学的照看下学开车。他不小心碰了一位行人，赔了几万美元，幸好有汽车保险。那位行人的律师不依不饶，继续打官司，要他赔偿超出保险的部分。这位中国同学不得已，雇律师应战。

鉴于前人的教训，我找了一所驾驶学校，学费是160美元，提供六小时的训练。第二天，驾校的车如约来到我的住处。驾校的汽车是一种经过改装的特殊汽车，有两个方向盘和两个刹车，教练可以及时纠正学员的错误。这样学车，我心里踏实多了。我原以为教练会花一些时间给我介绍驾驶须知，至少让我熟悉油门、刹车、各种仪表等。谁知，他将车钥匙递给我，对我说："我们走吧。"

我疑惑地问："我就这么开车上街了？"

他更疑惑地反问我："为什么不呢？"

就这样，从未接触过汽车，对汽车所知甚少的我，开着汽车上路了。我始终琢磨不透，美国人为什么对待驾驶汽车的问题如此举重若轻。虽然这是教练车，有教练可以纠正可能的错误，但是以我当时的水平，开车上路实在太危险。我只开了三次共计六个小时，学习就结束。教练说，我再练练就可以去路考。只有经过路考，才能正式独立驾车。在获得正式驾照之前，我开车时，副驾驶位上必须有持有正式驾照的人陪同。可是到哪儿去找人呢。我只好冒险一个人出车练习，还算幸运，没有被警察发现。

尽管美国人对待开车的态度举重若轻，但是他们对于系安全带却非常认真，开车未系安全带是要罚款的。尤其是年幼的孩子，如果家长没有让孩子扎好安全带或没有坐在专用的儿童座椅里，家长会被处以虐待儿童罪。

有了汽车，我又可以打工了。我找到一个洗衣店里的工作。这是一家华人开的洗衣店。洗衣店的技术含量比中餐馆高，设备复杂，投资较大。老板是个女的，来自香港，是位化学硕士。这位精明的女老板，每次亲自为干洗机配制药剂。我的任务是做初步清洗。老板给了我一把刷子和一瓶洗洁液。我把每一件待洗的衣服仔细检查，用刷子刷净领口和袖口上的污垢，然后按颜色和质地，把衣服分门别类装入袋子，放入干洗机里清洗。衣服洗净烘干后，由下一道工序的工人熨烫折叠包装。熨烫和折叠衣服是机械化操作，三折两叠，一件衣服即可处理完毕，效率挺高。车间里的温度很高，烫衣的蒸汽四处迷漫，犹如在云雾之中。干活儿的工人多为黑人，他们个个汗流满面，即使在冬天也是如此。

送来洗涤的衣服中，有不少是工作服。此类衣服肮脏无比，油污夹杂着汗渍，衣服已经结成硬壳。不知工人们在工地上穿多少天才送来清洗。我最怕遇上工作服，领口和袖口很难清洗干净。工作服与高档的毛料衣服混在一起，装进一个筒状干洗机里清洗。如果高档衣服的主人瞧见如此的情景，不知道他们是否敢穿干洗过的衣服。

洗衣店最容易发生的纠纷，是衣服丢失和损坏衣服。有的衣服不能经过高温处理，洗过以后衣服上的装饰品和钮扣被毁，老板只好原价赔偿。老板对每件衣服事必躬亲，认真检查。做老板的很辛苦，几乎没有休息日，每天神经绷得紧紧的。

我在洗衣店干了没多久，台南餐馆打电话来请我回去干。我向洗衣店老板请辞，又回到餐馆。虽然离开台南餐馆时间不长，里面的人员变化不小。餐饮业是人员流动最频繁的行业之一。服务生平均在一个岗位上仅停留四个月，跳槽成为家常便饭，难怪我这么快又有机会。

和我一起打工的服务生小林，是国内一所海运学院的毕业生，曾在远洋轮上干过。他的英语带有明显的山东口音。最逗人的是，他说"劳驾"变成了"吻我"①。大家以此作为他的绰号。小林有着北方人忠厚和豪爽的性格，与他相处给人一种踏实的感觉。他成了我家的常客。

小林对自己的前途有些渺茫。他在国内曾是县里的高考状元，正牌的大学生，曾有一份很好的工作，现在沦落到餐馆打工，不见天日，不免有些失落。他的英语不好，要进入美国大学读书很困难。在餐馆打一辈子工，他又不甘心。我的快人快语的毛病又犯了。我劝他："你应该趁着年青学点英语，上个名不经传的大学，混个美国学位，然后找个正式工作。"

他觉得有道理，减少打工，花钱请家教，恶补英语。后来，他考入一所大学攻读硕士，并在学校里结识了一位来自青岛的姑娘。他的婚礼是回到M市操办的，特意邀请我参加他的婚礼。在婚礼上，他郑重其事地当着众人的面对他的妻子说："我得感谢老乔，是他为我指明正确方向，使我脱离打工苦海。"他毕业后找到了称心的工作，年薪10多万美元，是这批打工仔中最有出息的人。

服务生小胡出国前是国内W大学的校团委书记。小胡随妻出国，作为陪读来到M市，出来打工是为补贴家用。小胡在国内好歹是个当官的，坐惯办公室。到国外，一下子干起社会最底层的工作，他的思想转不过弯来。加之身体虚弱，他时常哀声叹气，情绪不高，后悔出国，丢弃他以前的工作。现在一切都晚了，即使他回去，已经不可能回到过去的岗位。

厨房里来了勤杂工小郑。他来自北京，学的是计算机专业，出国前在一家电脑公司工作。因为妻子是V大学哲学系的博士生，他作为陪读来到M市。他们有一个可爱的儿子，人见人爱。因为我有车，回家与他同路，他常搭我的车，结伴一同回家。我们逐渐熟悉起来。小郑的腰不太好，干不了重活，没有多久他犯腰疼病，全身不能动弹，只好歇在家

---

① 劳驾（Excuse me），吻我（Kiss me），小林把"劳驾"说成 cuse me，发音与 kiss me 差不多。

里。由于床垫是拣来的，太软，小郑只好打地铺睡在地上。腰疼折磨着他，使他昼不能动，夜不能寐。使他更难受的是，他们的婚姻出现危机。

他的爱妻萌萌，先于他只身一人来到 V 大学读书。留学的日子是艰苦而又寂寞的。与萌萌同系的一位美国同学，频频向她发起进攻。美国男了有着西方人的浪漫，虽然身无分文，连一辆二手汽车都买不起，约会都是坐公交车，却总不忘买点鲜花。萌萌在美国同学的强大攻势卜，招架不住，开始动摇。尽管萌萌明知美国同学专挑中国女孩作为进攻对象，称得上情场老手，但是对于她寂寞的生活，至少是个调剂。

渐渐地，萌萌与丈夫的感情有了裂痕。小郑心知肚明。他深爱着妻子，为了爱愿意作出一切牺牲。他明确地告诉妻子，他准备带儿子回国。如果离婚，他将无怨无悔地独自抚养儿子。等她经济好转后，儿子再大一些，他会把儿子送到她身边。丈夫的大度，又使得萌萌内疚万分，举棋不定。

看着朋友的困境，我问小郑："你是否还爱着妻子，是否还想挽救这个濒临破裂的家庭？"

小郑无奈地点点头。

我忍不住高谈阔论起来："既然你还爱着妻子，此时你不能当逃兵。如果你带着儿子回国，你们的婚姻十有八九将破裂。你应该留在妻子身边，尽力去帮助妻子排忧解难，用自己的爱去唤起妻子的那一份情。"

小郑指指自己的腰，沮丧地说，"我这不争气的腰，加上我英文又不好，我在这里将一事无成，还会拖累她。"

小郑对英语有恐惧感。不知为什么，一提到英语他就发怵。要在美国生活，离开英语寸步难行。小郑最终还是抱着儿子回国了。

厨房里的洗碗工换成老温，他是上海一家大厂的总工程师。他的妻子在 V 大学做一年的访问学者，老温出国陪妻子。他出来打工，纯粹是为了挣点外快。老温的心态比较好，不论在国内如何风光，到了美国，好汉不提当年勇，面对现实，挣外快要紧。他常笑着说，他现在一个月800美元的工资，按黑市 1:7 的汇价，算是挣大钱了。他打一年工，可以挣上好几万人民币，可以成万元户。

我再次回到台南餐馆打工时，大陆人多了起来，其他人不敢欺负我们了。空闲时，我们会凑在一起聊天。经理和老板最恨的是他们手下的人无事聊天。有一天我们正在闲聊，兰姐过来对我说："约翰，你去把电风扇叶片上的灰擦一下。"接着对一位服务生说，"你去把窗子上的玻璃擦干净。"一眨眼的工夫，聊天的人都被经理指派去干活了。

我在这家餐馆干了不少日子，从没有看到有人去擦电风扇的叶片，也没有看到有人擦过窗上的玻璃。经理一定是看到我们聊天，不让我们闲下来。我悟出奥秘。以后，我再也不与服务生纠集在一起聊天，有空提个水壶慢慢地到处转悠，为客人添水倒茶。闲的时候，我找个无人而又清静的地方靠着墙，考虑我的作业和论文，打发时光。当然，我的眼睛一刻不敢放松。看见经理或老板，我赶紧挪窝。

老钱曾是远洋轮上的随船医生。当远洋轮船到达 M 市时，老钱留了下来，再也没有随船回去。老钱在一家中餐馆打工，担任厨房里的厨师，每天工作十多个小时。美国中餐馆的大厨，多半是半路出家。不过他们的那点水平，骗老外还是绰绰有余的。老钱试图跳出餐馆圈子，每天打工回来努力学习英语，试图考个托福分数，像其他留学生一样进入大学弄个文凭，以便今后立足。

连日的劳累和精神的压力，使老钱的胃病复发，他不得不停工卧床休息。身处异国他乡孤身一人，最怕的就是生病。一旦病了，连个倒茶送水的人都没有。我去看望老钱，看着他那苍白的面孔，我不由得为他难过。他眼前没有退路，只能咬牙继续走下去。

"老乔，你看我该怎么办？"他不安地问我。

"……"我无以言对。

过了一会儿，我对他说："老钱，不用着急。先把病养好再说。"

"我是说，病好以后，我该怎么办？"他有气无力地问。

在朋友中我以快人快语出名，常常口无遮拦，朋友遇事愿意听我出主意。我为他分析目前的形势。"老钱，你应该改变一下策略。英语的
318

提高不在一朝一夕。按照你目前的水平，要达到美国大学的入学水准，还需要时日。"

老钱点了点头。

"以你国内的经历和技能，直接从事医学也是不可能的。"

老钱无奈地又点了点头，不由地叹了口气。他真是到了山穷水尽的地步。

我话锋一转，说道："我们能不能走捷径？"

"什么捷径？"

"你直接从事医学虽然不可能，但是到医院的实验室里干点技术员的事情还是可以的，对不？"

老钱被我说得眼睛一亮，似乎在漫长而又漆黑的隧洞中看到一线光芒。他的气色顿时有所好转。几天后，老钱能下床了。我帮他起草求职信，发向附近的多个实验室。真是天无绝人之路，老钱很幸运地得到回音。V大学医学院的一位教授做实验缺一名助手，相中了他。这位教授原有一名硕士生为他做助手，可是薪水太低，他的助手很快离他而去，到别处高就。多次的人员更迭使教授意识到，那些学位高的人士不会安心技术员的工作，于是转向老钱。老钱虽然语言不行，但是平常的沟通还是可以胜任的。教授从老钱的身上，看到一个老实而又踏实的助手的形象。

老钱没有使教授失望，很快胜任工作。那位教授还同意他去免费进修V大学的有关课程。老钱终于通过努力跳出餐馆的圈子，令许多打工仔羡慕。

4.8. 任教中文学校

M市的中文学校，是由来自台湾的华人创办的。从校长到教师，由清一色的女士担任。该校并不拥有固定的校址，只是花钱租用一所中学校的教室，每个星期为70~80名学生上两小时的中文课。

这所中文学校的学生，大多来自华人家庭。他们的父母希望自己的孩子能记住自己的根，保持说中国话的能力。中文学校是一个非赢利性民间机构，所以学费相对便宜，每学期学杂费只需70~80美元。学校付给教师的报酬是象征性的，每小时15美元，一个月最多120美元左右。

应陈萍女士的邀请，我成了这所中文学校的一名教师，而且是学校里唯一的一名男教师。女教师们开玩笑说，我是万绿丛中一点红。关于我如何成为这一所学校的教师，还有一段来历呢。该校的教职员工来自台湾，她们采用老式的注音符号，作为中文的发音辅助手段。陈萍女士不认同这种教学方法。她建议采用大陆的汉语拼音，但未被采纳，因为教师中几乎无人懂得汉语拼音。更麻烦的是，由于两岸隔绝数十年，拼音和注音的学术之争，被人为地添加政治色彩。

陈萍女士的父亲是位留法的著名学者，用法语写的小说曾轰动法国文坛，获得过法国政府授予的荣誉军团骑士勋章。70年代末来到北京的一所大学，成了那里的法语教授，《人民日报》（海外版）对其事迹做过长篇的报道。陈萍女士多次去大陆观光学习，接触大陆的汉语教育，以其敏锐的眼光，看到汉语拼音的巨大潜力和优势，极力主张以拼音取代老式的注音符号，并且身体力行，首先在自己教授的班级里试行，取得令人满意的效果。

为了扩大影响，她从大陆留学生中招募人才，增加汉语拼音教学的班级。正是在这样的形势下，我成为与她搭档的中文教师。出于对我的信任，陈萍女士把最高年级的一个班交给我。这个班只有四名学生，都是在美国读高中的孩子。要教这个班，对我来说还不那么容易。孩子们是在美国学校里受的教育，思想非常活跃，我不能采用填鸭灌注式的教学方法。

中文由于自身的特点，对于出生在美国的孩子本身已经很难，如果不增加趣味性、科学性，很容易使学生们反感。一旦他们对中文学习产生抵触情绪，学生就会流失。毕竟学习中文是他们的业余科目，不是必修课。在美国学习中文，是家长和老师们求着孩子们学。

有些教中文的老师是国内科班出身的语文老师，自身的中文水平相当高，书教得很认真。可是这里的学生却并不买这些老师的账，原因是这些老师过于死板，拿出国内的那套教学方式来对付这里的学生。我汲取他们的教训，每次讲课时总是给学生们讲一些典故，并以英文加以解释，让学生们体会中国文化的博大精深。有时，我特意将故事讲到一半停下来，让学生讨论接下来可能会发生什么事。

有一次，我给学生们说"司马光砸缸"这个在中国家喻户晓的故事。我让他们讲讲，如果他们身临其境该怎么办。这个故事引起学生们的兴趣，大家七嘴八舌出主意、想办法。一个学生说，"我打911，叫警察。"

另一个反驳道，"古时候没有电话，没有911。"

一个男生说，"我Jump(跳)下去，因为我会游。"这位学生的中文还不太好，说话时常常夹着英文。

一位女生说，"我找根绳子把他拉上来。"

当我告诉他们接下来发生的事情时，大家都很佩服司马光的智慧。我曾在网上读到一篇文章，一位海外中文学校的老师给孩子们讲"司马光砸缸"的典故。没想到有学生对故事的真实性提出质疑。他们的疑问是，一个七八岁的孩子，怎么会掉进比他高得多的缸里呢？缸为什么要存水呢？既然是存水的缸，一定很结实，怎么会被一个小孩子轻而易举地砸破呢？这些质疑，把老师问得不知如何应答，搞得狼狈不堪。

虽然在讲"司马光砸缸"的故事时，我没有被学生为难，可是在讲孔融让梨的故事时，我却遇到麻烦。一位男生提出："为什么小孩子要让别人呢？我们这儿都是小孩和女人优先。我在家都是拿大的。"

在他看来，我们应该尊老爱幼。可是按照书上的说法，小孩应该谦让，这让他很不爽。

"我爸爸妈妈说过，要让弟弟妹妹，小的应该拿大的，"另一位学生附和道。

其他学生听了，也都表示同意。

在课堂上，我是他们的老师。论年龄，我与他们的父母同龄，论学识，我好歹算是个名牌大学的博士生。这些初出茅庐的孩子与我在课堂上争辩起来，据理力争，丝毫没有犹豫和畏惧。我这个老师在这帮学生的眼里，充其量不过是个大朋友而已。

我给他们上课时，讲到《三国》里的《空城计》。我问这些学生，如果你手头没有什么兵将可以用来阻挡十万大军的进攻，该如何处置。

这些孩子可活跃了。第一个发言的说："可以投降。"

在他们看来，做无谓的牺牲和没有希望的抵抗，是毫无意义的，生命是最重要的。也许这些从小出生在美国的孩子，受到了潜移默化的影响，并不认为投降当俘虏是一件大不了的事。在美国人眼中，被俘的将士仍然是英雄。被北越俘虏的麦凯恩，在2008年竞选美国总统时，还以自己的俘虏经历作为竞选总统的一个亮点，作为可以吹嘘的政治资本。

第二个发言的说："还是乘飞机、坐坦克或者驾汽车逃跑算了。"

我提醒他们："那可是2,000多年以前的事。当时没有飞机和坦克，连汽车也没有。"

同学们七嘴八舌想出许多馊主意，没有一个人想到用空城计的方法吓唬住敌人。在他们看来，要么尽力抵抗，抵抗不了就跑，跑不了就投降当俘虏。最后我向同学们说出谜底，同学们愣是不信："不可能！为什么不能派兵侦察呢？"

他们不相信司马懿不知道诸葛亮手下已经没有兵。我好不容易平息争论，他们还是将信将疑，认为故事是编的，不是真的。我讲这个故事的目的，并非研究故事的真伪，只是为了教学生们学习中文，没想到却扯出中美教育体系的差别问题。我的学生无论是数学还是语文，基本功都不如国内的中学生。尤其是数学，连我这个国内英语专业的文科生，还能教给他们几招雕虫小技，把他们给镇住。可是，他们的思维方式，却连我们这些成年人都望尘莫及。他们敢于否定，敢于挑战权威，勇于探索，富有创造精神。我作为他们的老师是幸运的。与其说是我教他们中文，不如说是我向他们学习思维方式。我从这些可爱活跃的学生身上，学到我所缺乏的勇于探索、敢于否定的求实的思维方式。

有一天，学校的教务长领着一个男孩子来到我的班级。她对我耳语道："这个孩子太调皮了，在这所学校学了三年，所学无几，上课总是与老师唱反调，而且还影响其他同学的学习。教课的老师实在没有办法。这孩子的调皮出了名，没有一个老师肯要。"教务长为难地问我："乔老师，您能否收留他，成为您的学生？"

我的班已经开课半个学期，这孩子的中文水平较差，而且学的是注音符号。我的班拼音已经教完，不可能单独为他一个人全班停下来，跟着他再重新学一遍。看见教务长为难的样子，我又不好推辞，只好答应："行，让我试一试。"

就这样，这位出名的捣蛋鬼进了我的班级。课间休息时，我把孩子留在我的办公室，开始情况摸底。我的办公室就是我的教室。美国的中学与国内的中学有很大的不同。国内的学校从小学直至大学甚至研究生，都有固定的班级。一个班的人有共同的课程表，每门课程都由同一个老师任课。在美国则不然。他们没有像我们那样的班级概念。同一个年级有多位专业课的教师，每位老师在固定的教室里教课。教室就是老师的办公室，而学生却是流动的。这种情况倒有点像中国古代的军营，铁打的军营流水的兵。老师和教室像兵营和军官，学生像是士兵。

我三言两语问明他的情况，开始盘算如何补课，帮他跟上进度。为了增强他学习中文的兴趣和自信心，我随手写了几个比较好认的拼音让

323

他辨认。他在没有任何帮助的情况下，凭着他的英文读音能力，准确地读出这几个字。我立即对他说："你看，你很聪明，我还没有教你，你就已经会了。"

孩子被我夸奖来了情绪，让我再多写几个拼音让他认。我只用不到十分钟的课间休息时间，教会他学习中文发音的辅助工具。俗话说调皮的孩子聪明，此话一点不假，至少在他身上是这样的。以后，他可以使用拼音自学我们的课本，辨认中文了。

他对于神奇的汉语拼音疑惑不解，问道："那些老师怎么这么笨，教了我三年，我还不会读中文，可是在你这儿，怎么几分钟就学会了呢？"

我深知学校里的教师对如何教授中文，存在着两种不同的观点。我不愿介入纷争，与他打哈哈。只要他喜欢上中文跟上班级的进度，我的任务就算完成了。可喜的是，这孩子从此对学习中文有了兴趣，成为我的忠实学生。

衡量教师能力的重要指标之一，是看老师能否在教学过程中化繁为简、变难为易。如果老师能将复杂深奥的问题变成简单浅显的问题，让学生们易于理解和掌握，这个老师就是一个好老师。

中文学习中注音与拼音的学术之争，也许在海峡两岸依然存在。由于拼音与欧美的拼音文字相似，对于年青一代（尤其是使用欧美拼音文字的青年人）来说，拼音更易学习和掌握。在选择注音和拼音问题上，两岸的中国人应该摒弃不必要的政治歧见，以实用、方便、易于推广中文为原则。

与注音和拼音之争相联系的，是简体字和繁体字之争。在M市的中文学校里，简繁体的争议或多或少掺杂政治色彩。在有些人看来，简体字和繁体字分别代表了不同的政治观点和政治体系。近年来，大陆有一些人也提出对简体字的质疑，要求恢复繁体字的呼声不断。这些呼声所基于一个重要的论点，是中华文化的传承。事实上，恢复繁体字是不利于中文走向世界，在更多的人群中传播的。

首先，我们必须搞清楚文化和文字的区别。文化指的是人类在社会历史发展过程中所创造的物质财富和精神财富的总和。而文字指的是记录语言的符号，语言的书面形式。换言之，文字是人类用来记录语言的符号系统。从上面的定义中，我们可以清楚地看出文化和文字是两个不同的概念，属于不同的范畴。文化所包含的东西要广泛得多。

文字的基本功能是什么？对于普通百姓来说，文字的主要功能是交流。即使对于许多文化程度较高的专业人士，文字仅仅充当一个交流工具而已。例如，中国的数学家、物理学家、化学家、计算机专家等，他们运用汉字时一般不会联想到中国的文化。用哪个字会传承文化，不用哪个字会丢弃伟大的中华文化，这样的联系未免有点牵强附会。文字的使用和古老文化的传承之间没有直接的联系。对于大多数仅仅把文字作为交流工具的民众来说，文字就是文字，与文化没有多大的联系。中国人在上世纪初摒弃文言文，推广使用白话文。由于我们简化文字，中国人的文化水平得到提高，百姓脱离文盲和贫困。虽然对于个体来说，摒弃文言文的效果并不明显，但是文字系统的简化对于整体人群的作用是不可估量的。

与西方国家相比，中国小学的数学教育有明显的优势。一项中美合作的研究表明，中国数字系统的简便是重要的原因。中国的数字发音简便，仅用一个音节即可完整表达一个数字。而西方语言的数字发音和结构却复杂得多。如在法语中，80是四个20。如果要说92，法国人得说四个20和12。这么绕人的说法，不把小学生搞晕头才怪呢。这一复杂性，直接导致西方国家的小学生接受数字教育的难度增加，从而使他们在初期的数学教育中大大落后于中国学生。

对于广大民众（尤其是居住在海外的华裔和对中文感兴趣的外国人）来说，能够基本掌握中文已经足够了。基于这一目标，中文应该越简单越好。而对于身负传承中华文化重任的专家们，他们的光荣职责是潜心研究，发扬光大中华文化。两者不应混为一谈。有大量的历史文献和专家们的存在，古老文明的中华文化是不会因为广大民众使用简化字而失传的。按照那些极力鼓吹恢复繁体字从而传承中华文化的人们的逻辑，最佳的选择应该是选择文言文甚至甲骨文。这些文字最能代表中华民族几千年的文化。不过，历史已经不允许这样的倒退。

同汉语一样，英语、法语、德语和西班牙语等西欧语言也有着较长的历史。随着社会的发展，这些语言均经历脱胎换骨的变化，删繁就简是共同的趋势。例如，现代英语中，存在着许多用单词的一部分代替整个单词的情况：如用Auto代替Automobile (汽车)，用Gas代替Gasoline(汽油)，用Frige代替Refrigerator(冰箱)。英语所蕴藏的文化因素，并没有因为单词的简化而消失。没听说西方人提出恢复过去的拼写法，以保住他们的文化。西方有人提出语言规范化，但与复古化是两回事。

中文要想走向世界，简体字和拼音更加方便易行。我的美国朋友就是用拼音与我作中文交流的，因为简体字对于他们来说也太难了，更别说繁体字。

一个学期很快结束。按照中文学校的惯例，在学期的最后一天，学校要组织学生们进行汇报演出。为了展示同学们的学习成果，老师们指导学生们排练节目。汇报演出中，学生们有的朗颂，有的唱歌，有的跳舞，还有的表演武术。奇怪的是，武术教练是位正宗的美国人。瞧着学生的一招一式，可以看出洋教头有点来历。

汇演结束后，一位学生走到我的面前，恭恭敬敬地递给了我一张精美的贺卡。我打开一看，是一张画儿，非常独特，好像在商店里从未看见过这样的贺卡。

"谢谢。"我说道。

学生似乎眼巴巴地期待着我还说些什么。她的母亲走上前来，对我解释道，"我的女儿花了一整天的时间，精心选择了纸张，画了这幅画，作为给老师的礼物。"

这位母亲生怕我不理解其中的意义，对我说；"我的女儿很喜欢听你的课，所以才花这么多的时间来准备这张卡。要是换了别人，她最多到商店去买一张卡，送完了事。就连给我们作父母的，她送贺卡也没有这么上心！"

　　小姑娘被说得不好意思，悄悄地藏到她母亲的身后。我掂量着这张精心制作的贺卡，体会到孩子对我的鼓励。

　　一位家长领着儿子走到我面前，向我表示感谢。男孩子对我说："老师，您的教学可以评为A+"。

　　后来因为功课紧张，我不得不依依不舍地离开可爱的学生。我曾执教的中文学校办得比较成功，该校至今还办得有声有色，规模较以前有所扩大。我的一位朋友曾以该校作为主题拍摄了一部纪录片，对中文学校进行详细的介绍。短片后来在美国的多家中文电视台和英文电视台上播出。

　　经过海外华人的不断努力，海外的中文教育有了长足的发展。尤其是近些年，世界各地的中文学校如雨后春笋，为促进中国与世界各国的文化交流做出贡献。

4.9. 亲历卡特里娜

"约翰,快帮我上网查一下地图,我迷路了。我不知道到你家该怎么走。"电话里传来乔恩急促的声音,他是我在国内时的铁哥们。

"你怎么连我家都不认识了?"我反问道。乔恩到我家不下十次,对他来说可算是驾轻就熟。

"别提了,我们被逼上一条从未走过的路。现在只能向北开,你帮我找一条最佳路线。"他答道。

这是2005年9月28日。家住纽奥尔良市的乔恩接到市政府的通知,卡特里娜飓风即将登陆,市民必须紧急疏散。他们开车上路,准备到我家避难。由于撤离的人们太多,所有的公路均改为单向行驶,只许出城不许进城。原来的双向车道的公路,变成单向的高速路。

然而,这样做仍解决不了问题。为了分流,警察在高速公路上强行规定人们的行驶方向。就这样,原打算向西行驶的乔恩被逼开上一条向北的公路,几乎南辕北辙。好在美国的公路四通八达,形成网络,虽然绕点路,但是总能通过不同途径到达目的地。乔恩一家可以先向北,再向西,然后向南到达我家。原来只要十小时的路程,他们整整用了20多个小时。

28日,纽奥尔良市近50万的居民开始了惊恐的大逃亡。一天之内,这个美国南部重镇成为空城。29日早上,飓风中心有史以来第一次正面袭击纽奥尔良市,成为该市遇到的最强烈的风暴。30日,纽奥尔良百分之八十的城区被洪水淹没,有些地区积水深达六米以上。洪水淹没低洼地区,没过屋顶,使美国最具魅力城市之一的纽奥尔良市陷入一片汪洋。洪水有一个月时间未退,至少有1,836人死于这次灾害。直到多年之后,路易斯安那和密西西比州的有些灾民还没有得到妥善安置，住在临时的住宿车里度日。

对于当地人而言，这是一个残酷的自相矛盾的问题。一方面，水给纽奥尔良市带来别样的生活，不论是商业，还是烹饪风格。另一方面，水却令纽奥尔良市面貌全非，毁掉人们心爱的城市。石油天然气、交通和旅游，成为损失最严重的几个产业。卡特里娜是美国历史上五大巨灾之一，受灾损失之大，受影响地区之广，涉及人口之多，在美国历史上屈指可数。

对于这场灾难，专家曾用计算机模拟的办法，较准确地预测了灾害的破坏程度，并且发出预警。但是由于历史上纽奥尔良多次侥幸地躲过灾难，美国政府（尤其是布什政府）一直抱侥幸心理，对专家的警告充耳不闻。他们不仅不拨款加修堤坝，采取必要的措施防止灾害的发生，甚至连应急方案（如撤离人员）这类并不太花费经费的事情也没有做，以致于到了节骨眼上，上下一片混乱，完全放任自流。在撤离人员问题上，有车的人因公路堵塞逃离困难，没车的人由于没有交通工具不能逃离灾区，造成许多不必要的伤亡。

美国各级政府在应对此类灾害时，采取的基本方针是一个字："逃"。这一基本方针最能反映美国个人主义的软弱面，与国人的观念格格不入。美国人怕死，飓风一来，他们首先想到的是逃跑，根本没有想过怎样把防洪大坝保住，不让它垮塌，使损失降低到最小程度。美国人不懂得以小的牺牲换取大的胜利的道理，他们追求的是零损失，一场战争打下来，最好他们的人一个不牺牲。在美国，不会有万众一心与自然灾害作斗争的恢宏场面，更没有"人在阵地在""人在坝在""人在堤在"的响亮口号和决心，他们信奉的是保命第一的活命哲学。

纽奥尔良市附近的卫星城拥有一座抽水站，负责将城市街道上的积水抽到堤外。因为整个纽奥尔良地区的地势较低，平均高度低于海平面，只能依靠人工的方法消除积水。这座抽水站修建得相当坚固，是一座永久式的、像碉堡一样的钢筋混凝土建筑物，抵御12级台风绰绰有余。但是，市府的头头谁也不敢承担人命风险，硬是下令抽水机的机组人员撤离。机组人员出于责任心，要求留下继续抗洪，竟然遭拒。当抽水机的机组人员撤离后，抽水机站关闭，抽水机停了下来，街面上自然洪水泛滥。如果抽水机不停的话，该市的许多地区可以免遭水灾。

纽奥尔良地区的重大损失，主要是由河堤溃塌造成的。这条河是一条地上河，河底的水平面比低洼地区的房顶还高，是悬在纽奥尔良市头上的一把达尔摩斯之剑。对于这条如此重要的河堤，竟然没有专门的队伍去巡逻和防护，任其在风雨中经受摧残。堤坝的溃塌是个逐渐的过程，如果及早发现，采取措施，灾难是可以避免的。可惜的是，人都逃光了。到危急关头，根本召集不到抢险的人，州长和市长成了光杆司令。

政府的措施无力，使得灾害不可避免。发生灾害后，政府机构一片混乱，不知如何应对。纽奥尔良市被淹没以后，许多居民未能撤离，被困在灾区数日，无人过问。警察局的许多警察擅离职守，造成治安的真空。不法分子趁机作乱，袭击商店和民居，抢劫财产。在休斯顿避难的人们，因无人管理秩序混乱，当小布什总统准备视察这些民众时，竟有人对总统乘坐的直升机开枪射击，吓得他赶紧打道回府。

美国政府在灾害的初期行动迟缓、组织不力和指挥错误，遭到各界人士的抗议和批评，联邦应急管理署的主管被迫下台。成为鲜明对照的是，商人比政府反应快。在飓风袭来后不到24小时，沃尔玛商店的快速反应方案立即启动到位。第一批救灾物资迅速抵达纽奥尔良市，为灾区人民送去急需的瓶装水和食物。商家此时表现得很有人情味，人们可以免费或低价地取得生活必需品。多年来，沃尔玛一直备受人权组织的责难，被指有压榨第三世界人民的血汗之嫌。在这次飓风中，沃尔玛的表现使人们的印象大有改观。

美国政府在受到强烈的抨击以后，总算反应过来，采取两大措施。首先派出部队向受灾地区增援，派往纽奥尔良地区的指挥官是一名准将旅长，是一位指挥果断、颇有见地的指挥官。在他的调遣之下，部队反应迅速，救援及时。如果早点派这位将军去，情况肯定会好得多。由于纽奥尔良市的道路基本被淹没，汽车作用不大，运输全靠直升飞机。老美的飞机可真多，一时间，纽奥尔良城上空的飞机好比蝗虫，灾民们叫直升机比打的都方便。

一位留在纽奥尔良未撤走的中国留学生在马路上招手，引来一架军用直升机。飞机着陆后，留学生像坐出租车似地自己爬上飞机，直升机马上升空，载着他飞向安全地区。这是一架军用直升机，没有门。飞行时风声呼啸，挺吓人的。更可怕的是，飞机一会儿左转弯，一会儿右转弯，机身倾斜得很厉害。直升机的驾驶员是军人，没有平稳驾驶的概念。这位中国小伙子吓得紧紧抱住椅子，如果不是反应快，他很可能被甩出机外。下飞机之后，小伙子惊魂未定，逢人便说千万不要坐那直升机，太可怕了。

由于军队的出现，趁火打劫的坏人少了，市里的安全状况得到改善。被困民众在军队和救援人员的帮助下，陆续撤离。

第二个措施是，为稳定民心，安抚百姓，美国政府采取免费大派送。受灾地区每户人家不问收入，先发3,000美金，之后又发几千美元。如果人到外地，只要告知新的地址，救灾款随后寄到。同时，人们还可以到社会保险局领取救济卡，每户每月500美元的食品券，外加失业救济金。

由于此次风灾，我享受了一回难民的福利，吃到很多平时没吃过的东西。政府发给乔恩家很多食品券，限当月用完。我们每周买菜，总是把小推车塞得满满的，仍然用不完食品券。很多难民在享受免费吃住待遇的同时，还有大把的食品券。他们中间的一大话题是，怎么用掉食品券。聪明的人把目光投向易于储藏的食品，以备今后长期使用。红十字会、教会和慈善机构纷纷开展捐赠活动，给难民们发很多诸如毛巾、衣服、被子等的生活用品及食品。在纽奥尔良市及许多周边城市，时常可以看到人们排队领取捐赠品。只要出示驾驶执照(相当于身份证的作用)，证明是受灾地区的难民，就可以领到各种各样的东西，从吃的到用的无所不有。受灾的人们互通消息，整天谈论的是哪儿有东西领，哪儿有物

331

品发。到后来，难民们开始挑剔起来，有的东西都懒得去领。

乔恩因为住在我家，离开了难兄难弟，消息不灵。在朋友的鼓动下，乔恩驱车几百公里，到休斯顿去领许多捐赠的救灾品。当发救灾品的人员得知他们一家远道而来，特意发给他们汽油票，让他们免费加油。

我认识的一位朋友爱凑热闹，哪儿有排队领东西，他一概挤上去领点回去，反正是免费的。有一天，他又看到一个长队，以为一定是有好东西领。这次排队挺特别的，人们是开着车在那儿排队。他足足排了两个小时，空烧不知多少汽油，到队前一看，人家是在倒垃圾。原来，因为被淹人们的脏东西没法倒，这里搞了个临时垃圾收集站，灾民可以将生活垃圾主动送来。他白白等两个小时，排错队，成为朋友饭后茶余的笑料。

另一位朋友也爱凑热闹，看到人家排队，也跟着排起队来。等了好久，好不容易轮到他。原来是办理穷人救济申请。当人家问他："您银行存款超过2,000美元吗？"他不敢回答，何止2,000美元，他的存款两万美元都不止。

老冯是中餐馆的一名厨师。卡特里娜飓风袭来时，他没有离开纽奥尔良城，着实地小发一把。他领到的瓶装水，足够他一家消费一年半载的。更有意思的是，冯大厨领到许多军粮。这是美国军队发给士兵战时使用的口粮。一顿饭一大包东西，有饼干、汤料、巧克力糖、饮料、火柴等。还有一袋化学药品，一挤可产生热量，用以加热食品。冯大厨的家里堆满领来的军粮，一家人可以半年足不出户，靠领来的救济品生活。

灾民要重建家园，离不开政府的资助。从个人来讲，重建家园的资金主要来源于保险的赔偿。美国人买房子都是靠贷款。为预防灾害，贷款公司要求买主购买房屋保险。对于易于遭受水灾的地区，房主必须购买洪灾险。即使是一次性付清房款的房主，也会购买保险。否则，遇上自然灾害，数十万的财产将瞬间化为乌有。

卡特里娜飓风对灾区房屋的损坏，是由不同的保险提供赔偿的。许多房屋在巨大的风力作用下屋顶被掀掉，屋内被雨水淋坏。这部分损失

332

由平时的风灾险赔偿。如果房屋进水淹，洪水所到之处对房屋本身以及室内的家具等造成的破坏，由洪灾险赔偿。

纽奥尔良市有一座古老的房子，价值百万美元以上。不知为什么，房主没有投保洪灾保险。飓风登陆那天洪水涌进城，这幢房子眼看要毁，房主的财产将付之东流，可是房子突然莫明其妙地着火。火灾是由火灾险赔偿的，包括在常见的灾害险之内。尽管这场火灾疑点重重，但是在洪灾和火灾的双重夹击下，房子全毁未下留任何证据，房主"幸运地"躲过一劫。

不过，不是人人都这么幸运。纽奥尔良市有一位中餐馆的老板，因为飓风损失惨重。灾前他的餐馆生意火红，餐馆的店面至少价值60多万美元。为进一步发展，这位老板刚刚投入十多万美元，将餐馆装修一新。谁知一场灾难降临，他的餐馆正处垮塌的堤坝下方，整个餐馆泡在水中，只露出一个屋顶。由于店面没有购买洪灾保险，他的餐馆一夜之间从人间蒸发。如果重新开张，要等到房子重新建起来，再装修成餐馆。这一折腾，少说也要好几年。老板只好自认倒霉，几十万美元的资产打水漂。

平时花钱买保险时不免心疼，没事白白地交一笔钱。可是遇到灾害，还真要感谢保险，否则，一夜之间拥有的财产将化为泡影。纽奥尔良城有两个中国人。一个人英语很好，精明能干，在飓风来之前接到保险公司的来信，告诉他投保额度不够，建议他再加20多元保费，可以使他投保财产多保五万美元。他一眼看出这家保险公司的把戏，这不明摆着抢钱吗？咱不理它。另一位老兄英语很差，几乎目不识丁，也收到一份相同内容的信。看到人家保险公司要他再交20多元，他没搞清是怎么回事，就交了钱。当他得知别人也收到类似的信却并没有理会时，心里还直后悔，自叹自己的语言不好，白交20多元。

谁知，人算不如天算。飓风来了之后，两人的房子都遭到严重的损害。前一个人因为拒交20多元，只保了九美万元，所以获赔九万美元。而后一个人稀里糊涂多交20多元，却得到14万美元的赔偿。

再说那位冯大厨师。他平时的口头禅是："吃不穷用不穷，算计不周一辈子穷。"他确实很精明。买房子时，他的想法非常独特。纽奥尔良地区常年风暴不断，屋顶会被风掀翻，地板会被水淹。所以他买的房子位于风暴影响不到的地方，一座三层楼建筑物中二楼的一套公寓。按他的如意算盘，屋顶掀翻的问题有三楼的人替他顶着，淹水的问题由一楼的人为他担着，他的那套在二楼的房子可以说是刀枪不入，固若金汤。飓风来过以后，他的房子还真的没有受到一点损失。他可开心了，直夸自己有远见，神机妙算，使他躲过一劫。

还有一些人，从卫星图片上看到自己的房屋四周没有被水淹掉，高兴地跳起来，庆幸自己不幸中的万幸。乔恩一家的运气不好，不仅四周的街区都有10～20厘米的积水，而且他家的屋顶也有一部分被风掀翻了，屋内一片狼藉。更要命的是，我和乔恩合伙投资买的两幢共有八套公寓的公寓楼受灾严重。这可是价值近50多万美元的房产，如果不能挽回损失，咱们多年打拼的血汗钱全打水漂。

余大厨一家也同样遭遇不幸。此前不久，他们刚买房子，板凳还没坐热就遭灾。他买房时遭到朋友们笑话，都说他买的不如冯大厨好。谁知塞翁失马，焉知非福。保险公司开始理赔，余大厨拿着支票去银行存款。出纳员把他的存单退回来，疑惑地问他："你会数数吗？"

余大厨一脸无辜，不解地问："怎么啦？"他的兴奋情绪一下烟消云散，莫非8,000美元的赔偿有问题？

"您少写了一个零，是80,000！不是8,000。"出纳员认真地对余大厨说。

余大厨英语不好，数字更是不在行，一切对外打交道都是由在上中学的女儿代办的。当女儿把人家的话翻译给他听时，余大厨简直不敢相信自己的耳朵。他的那套只值100,000多美元的房子，保险公司赔了80,000美元。他打工这么多年，还是第一次见到这么多的钱。尽管他的房子有所损坏，但是余大厨是个能干之人。屋顶有一处瓦被风吹飞了漏水，他花五美元，买了点材料补好了。屋里进水，他和妻子把地毯换了，把屋里的家具、电器等打扫干净，没花多少银子就将房子整治一新。

80,000美元的赔款全用来还贷，转眼间他就把要花费近30年偿还的房贷给付清。

乔恩的房子损坏比较大，屋顶被掀了四分之一，地板全部进水，屋内的积水有十多厘米深，所有家具的脚都泡在洪水里。如果换了老美，他们会全部扔掉再买新的，屋顶坏了叫装修队来换屋顶。可是中国人素以勤劳节俭闻名。家具的脚泡过水，用消毒水洗净擦干，一样用。地板被水泡过没关系，清洗干净消过毒，待风晾干，照样使用。整个修复工程，连一万美元都没花完，而保险公司赔了十多万美元。乔恩的房子欠了贷款公司一大笔钱，本需要再花20多年才能还清贷款。结果，保险公司的赔款帮他把贷款差不多还清了。

保险公司的评估员出手阔绰。我曾送给乔恩一只价值100美元的小冰箱，被水淹了。保险公司雇来的估价员按毁坏处理，赔100美元，外加100美元，赔偿冰箱里的食品。乔恩把冰箱里发臭的食品倒掉，将冰箱洗干净消过毒，冰箱照常运转。乔恩净赚200美元。一架5,000美元的钢琴脚泡了水，但是弹起来一样动听。估价员也按完全毁坏计算，赔5,000美元。就这样，乔恩一家省出了不少钱来。

相比之下，美国人却完全不一样。老美们趁此机会将他们的电器和家具更新换代。公路两旁堆积的所谓废弃物品，都是相当好的桌椅、橱柜、微波炉和电冰箱等。我亲眼看到，许多七八成新的冰箱被扔掉，只因飓风时停电，造成冰箱里面的食品腐败。更不可思议的是，崭新的碗碟，只因进过水，全部一只一只被打碎，扔进垃圾堆。一位老美一边打碎餐具，一边说："这碗碟泡过洪水有毒，不能用，不打碎，万一被人捡回家当成新碗，会害人家生病。"

按保险公司估价员的计算，我和乔恩投资的房产，每座楼损坏达13多万美元。不过，由于这是贷款买下的房子，领到这些赔偿金还颇费周折。保险公司开出的支票收款人，是房主和贷款公司。也就是说，房产的真正主人还有贷款公司一份，谁也别想独占这笔赔偿款。如果没有这一机制，房主可以丢下房产拿着赔款走人，让贷款公司去收拾残局，因为我们的投资比例小于赔款。

这一付款方式，使人联想起美国律师代打索赔官司的情形。百姓聘请律师打官司索赔，官司胜诉后，赔款不是直接付给当事人的，而是付给当事人和其律师。这个"和"字至关重要。在官司中，因为当事人与律师有正式的委托关系，法庭通过律师与当事人接触。当事人双方不得绕开律师，私下直接接触和交易，以保证律师的权益。胜诉后，赔款是交给胜诉的当事人和律师的，谁也别想独吞这笔赔款。当事人与代理律师，共同将钱存入律师事务所的账户，然后律师按事先约定好的份额，开一张支票给当事人。国内曾有报道，有的律师辛辛苦苦地为民工讨薪，争取权益，可是官司胜诉后，民工们拿到钱后不知去向，律师分文未得。这种事情在美国是不会发生的。

贷款公司收下赔款后，先给我们寄来三分之一的款项，让我们开始修复房子。整个修复重建的工程分三个阶段进行。当工程进行到三分之一后，经过贷款公司评估员的确认，贷款公司再发出三分之一的赔款。等到三分之二的修复完成后，贷款公司才发出最后一笔赔款。他们用这种分期付款的方法，确保房主认真地重建家园，而不会携款走人，丢下烂摊子让贷款公司为难。

纽奥尔良地区有不少房主，长时间不去理会受灾的房子，他们的房子成为无人过问的"弃屋"。一些无房户看到如此漂亮的房子没人照看，以为是无主房屋，擅自打开房门搬进去，将里面修整好，变成他们的新居。数年后房主回来，发现自己的弃屋已被人占据，主人不得不为产权打官司。

令人感触的是，联邦救灾署追着给人送温暖。有一次，乔恩接到一个电话。"请问我们什么时候可以把住宿车送到您家？您在纽奥尔良的房子被淹了。"一位女士亲切地问。仔细一打听，原来是联邦救灾署的人。乔恩回答说不需要，他的房子已经修好了。这位女士不甘心，坚持要把住宿车送过来。她说，现在还不能住在家里，因为洪水过后房子有一个多月的时间没有人居住，里面肯定长霉，对人身体不利，还是住在她们发的住宿车里好。这些住宿车是免费借给受灾居民的。中国人还不太习惯给政府添太多的麻烦，况且住在自己家里更自在些。乔恩婉言谢绝，好说歹说，一直磨了半个小时嘴皮子，那位女士才同意暂时不送。后来政府廉价将部分车子卖给借用车子的房主，这种住宿车很适合一家人外出旅行。

真是谁笑到最后，谁笑得最好。那些在飓风刚过去几天，庆幸自己的房屋不曾受到损坏的人们发现，倒是被洪水淹到而又买保险的人们更幸运。尤其是那些稍微被淹，损失不大的人们。现在轮到那些受淹的人们偷着乐。那位精明的冯大厨肠子都悔青了，他算计得那么周全，却只能眼睁睁地看着他周围的人大把大把地从保险公司得到赔款，真叫他心痒痒的。尤其是那个余大厨，连数字都数不清的迂腐之人，竟然接到从天上掉下的大馅饼。一气之下，冯大厨花30万美元买了灾前价值70万美元的一套别墅。他下大赌注，坚信，纽奥尔良市在他的有生之年还会遇到卡特里娜那样的风暴。每当纽奥尔良地区刮风下雨时，他总是振臂高呼："让暴风雨来得更猛烈些吧，我将在暴风雨中发财！"可惜的是，这种百年不遇的风暴，至今还没有再次袭击纽奥尔良地区的迹象。不知冯大厨的发财梦会否实现。

针对卡特里娜飓风来袭后美国政府的表现，媒体用"卡特里娜门"来描述飓风引发的政府的信任危机。媒体称，这是自20世纪70年代"水门事件"以来，美国政局遭遇到的最大挑战。国内的媒体和新闻一边倒地报道美国卡特挪飓风造成纽奥尔良地区巨大损失，人民在凄风苦雨中叫苦不迭，却没有客观地报道事情的另一面。

美国前第一夫人巴巴拉·布什，曾到得克萨斯州探望在休斯敦"宇宙穹顶"体育场避难的灾民。探访之后，她在接受美国媒体采访时说："这里的人比飓风前生活过得好。"为这句话，老布什夫人遭到媒体的炮轰。但是以我这个亲历卡特里娜飓风者来看，如果不是出于为小布什总统开脱，这确实是句大实话。

4.10. 拾荒淘宝小记

对于早年出国的留学生来说，留学生活是艰苦的。父母不可能在经济上给予支持，我们的生活来源，依靠为数不多的奖学金或者非法打工。美国是个富裕的国家，人民的生活水平总体比较高，美国人花钱手脚也比较大，这为我们度过难关提供了条件。

美国人的浪费是惊人的，好好的一样东西，稍稍有点瑕疵就扔掉。在美国，人们除了对汽车进行修理以外，其他物件一般都是不修理的，坏了就扔，包括桌、椅、床、床垫、沙发、电视机、洗衣机、烘干机、吸尘器等。在垃圾收集日，丢弃的物件随处可见。

当年我家里的桌子、椅子、床、衣柜、沙发等家具，全是捡来的。每到垃圾收集日的前一天晚上，我开着汽车四处溜达，看到需要的东西，悄然停车，快速抬上汽车，飞速离去。虽然我既不偷也不抢，但是捡别人丢弃的物品，毕竟不是件体面的事情，所以尽量不让人瞧见。只要车子一上路，谁也不会知道东西是捡来的还是买来的。有时遇到大的物件，小汽车装不下，我就把物件放在车顶上，一路小心开回来。我驾车携带大件物品的技术，就是这样提高的。

一天晚上我出门转悠，忽然看到一张四四方方、宽宽大大的书桌，真是喜出望外。读书人最喜欢的就是书、书桌和书橱，我一直为没有像样的书桌犯愁。这下好了，我可以有张大书桌了。书桌十分沉重，我费了九牛二虎之力，才艰难地将书桌四脚朝天地弄上了车顶。回家一检查，一切完好，只是有一只桌腿是跛脚，我稍加修理解决问题。看着大桌子，甭提多高兴。

我的一位朋友比我早来两年，五岁的女儿已习惯父亲每周三晚上出门遛达捡东西。一次他因为忙忘了出门，女儿提醒他道："爸爸，时间到了，该出门捡东西了。"这一令人心酸的笑话，一直流传在Ｖ大学的中国留学生圈子里。这位朋友自嘲说，这是新的红军长征，是洋插队。这是我们这一代人艰苦创业的真实写照。

公派的留学生和访问学者的条件更糟。因为他们都是准备回国的，所以是能省则省。Ｖ大学有一位"老访①"，每天做一卷饼，背着书包在图书馆里看书，一待就是一整天。一日三餐啃面饼，连菜都不做。这样还可以省下宿舍里的空调费。他后来为一家洗衣店看门，得到房租减半的优惠。他在Ｖ大学待了一年，省下几千美元，回国时买彩电等紧俏的家电。

还有一些"老访"，打零工挣外快。一位从国内某大城市来的海事法院的负责人，来到Ｖ大学进修，为人家看小孩，一个小时挣几美元，几个月下来也能挣个千儿八百的。对于当时国内的人来说，这可是一笔不小的数目。

有一位来自国内大学的教授做访问学者，他在美国人家里做家务，洗衣、洗碗、打扫卫生，每月挣的钱，除了吃住还有节余，临回国时，单位给他的出国费用基本没有动用，全部省下来。更有意思的是，这位教授在参加出国培训班时，有人介绍经验，让他出国时带上准备丢弃的衣服，出国后在美国"车库拍卖"②买衣服换装。

车库拍卖是美国特有的卖旧物的方式。如果家中有一些多余的物品，弃之可惜，又派不上用场，可以搞车库拍卖。周末时，美国人把东西堆放在车库里，任人选购，可以讨价还价。有的人慧眼识货，运气好，可以淘到不少宝贝。报刊上曾有报道，有人花两美元买一张旧画，没想到旧画里面藏有美国独立宣言的真迹，价值十多万美元。

刚来的留学生和即将回国的访问学者，对车库拍卖情有独钟。我们

---

① 这是在美华人对访问学者的戏称。
② 车库拍卖（Garage sale）。

可以用很便宜的价格，买到不少实用的东西。留学生所经历的艰辛是难以忘记的。为使国内的亲人们放心，大家总是报喜不报忧。不少回国人士对在美国的经历避而不谈，因为那段经历不堪回首。

与车库拍卖相似的是遗产拍卖。这种拍卖，一般是老人死后，留下了房子和屋内的财产，由子女拍卖。遗产拍卖有时会让专门的机构来组织，因为美国人对遗产拍卖挺感兴趣，来的人非常多，不好好组织会乱套。为控制好秩序，门口有把门的，出几个人，门口才放几个人进去，以保证屋内的人数不致过多。有的时候，在门口要排上半个小时才能进门一睹风采。我曾去过几家遗产拍卖会，拍卖的东西可真多。有家老主人是个收藏家，各国的老古董不少。其中有好几幅中国古画，有一幅上面竟然写着"韩干真迹"。不到几分钟，这张画就被人买走。

来美多年后，我的工作和收入比较稳定，将老爸老妈接来小住。没多久，老爸将我拉进车库。不看不知道，一看吓一跳：车库里面陡然多出许多家用电器，吸尘器、除草机、打边机、电风扇，应有尽有。我正纳闷这些电器是哪儿来的，老爸得意地告诉我："这些都是我在马路上捡的。"他还告诉：，"这些玩意都被我修好了，还能用。"

美国的人工费太贵，花钱修理不如买新的。老爸指着两个吸尘器说；"这只吸尘器什么都没坏，只是卷进头发卡住了，头发清理干净以后转得呼呼的。"他又指着另一只吸尘器说："这只吸尘器的皮带坏了，你买根皮带就能转。"我们到沃尔玛商店，花了两美元买了根皮带，解决问题。

老爸退休前是位工程师，对电器有些爱好。到美国后闲在家没事，他竟然爱上捣鼓旧电器。他每天准时上下班，忙得不亦乐乎。老一辈的中国人节省惯了，看到美国人这么浪费糟蹋东西，真有点儿心疼。可是我们要不了这么多电器，放在家里占地方。老爸给我出主意："送给朋友。哪个朋友缺电器或坏了电器，就送他一个。这不，还落个免费人情。"我老爸经手的那些旧电器不知有多少，有的实在坏了无法修复，他将里面的线圈拆下来，又成为他收集的对象。你还别说，有时候还真的让我省不少钱。

乔恩家里的一个游泳池，遇到飓风被吹翻。这是一种建筑在地面上的游泳池，重新建一个要花三万美元。孩子们坚持要重建游泳池，他老爸一听浑身是劲，自告奋勇担任总设计师并负责施工。重建泳池工程需要通过市政府的批准才能动工。他老爸拿出看家本领，画了设计图纸，送到市里去批，居然给蒙过关。看来理工专业是没有国界的，中国人画的图纸外国人也能看得懂。

批准后就可以施工了。材料怎么办？老人每天散步，对周围的情况比谁都熟悉。他瞄准上附近的一个建筑工地。虽然语言不通，他却与工人们混熟了。他老爸把工人们丢弃的建筑材料（如木料、钢筋等）拖回家中，积少成多，竟然备得差不多。他见到一根很长很粗的钢筋，一个人拖不动，回家叫上老伴。两位老人吃力地拉着钢筋往家里拖，忽然一辆卡车戛然停在他们身旁，跳下一位人高马大的中年人。他老爸心里一沉，心想："坏了，人家是不是以为我偷钢筋来抓我。我可是和工地上的工人打过招呼的。"出乎意料的是，来人取出一根绳子，将钢筋扎好，开车拖着钢筋送到乔恩家的门口，还帮着抬进院子。原来这位美国人是邻居，看到老人吃力地拖钢筋，主动下来帮忙。靠着捡来的材料，乔恩只买了几十包水泥和瓷砖，重新建造了一个永久性的游泳池，再也不怕风吹雨打。

尽管老人们有此贡献，但是还是受到小辈们的责备。毕竟我们的生活条件已经改善，不必再像过去那样捡人家扔下的东西。无奈固执的老人以环保为由，拒不听从晚辈的劝告，依旧不断地从街上往家里拖他们淘来的宝贝，再由我们无情地扔到垃圾箱里。

4.11. 退税义工

　　早期的美国并不征收个人所得税。政府的运行主要靠烟、酒、糖等的税收和关税收入。1862年，美国的内战迫使政府开始征收个人所得税。这是美国首次对个人征税。不过个人所得税很快被取消。因为最高法院裁决，政府征收个人所得税违宪。1913年，国会修改宪法，个人所得税才真正成为美国政府的收入来源之一。

　　然而如何保证国民缴税，却是个令人头疼的问题。普通百姓大多不会理财，到年底他们会所剩无几。如果众多的民众没钱交税，法不责众，法律形同虚设。决策精英从汽车推销的分期付款得到启发，每月代扣所得税的方案出笼了。当美国人获取收入（如每月的薪水、奖金）时，雇主按一定的比例为税务局代扣税款。这样做，可以避免民众到年底无法缴税的问题。第二年的4月15日前，个人申报前一年的个人收入所得税。平时每月上缴的金额，是估算的预付款。只是到了此时，每个人才真正知道应该上缴多少税款。根据多退少补的原则，将平时的预缴款与应缴款相比较，多交的部分可以得到税务局的退款，少交部分应该在4月15日之前补上。由于平时已经预交税款，所以即使需要补交，数目也不会太大。美国人平时略微多交预扣款，所以第二年的1月到4月期间，被美国人称为退税季节。

　　美国的个人所得税相当复杂，没有经过专业训练，要搞明白还不太容易。更麻烦的是，如果一个人被税务局认定偷税漏税，是要坐牢的。我参加工作后有正式收入，要开始交税。但是我对个人所得税一无所知。我向一位美国朋友请教，这位朋友一口回绝，对我说："有问题，你得找会计师，我可不愿意坐牢。"如果他给我不正确的建议，他会承担法律责任。

我听说可以找退税义工帮忙，便去义工服务点。看着退税义工熟练地工作，我挺羡慕的，向义工打听，他是如何成为义工的，要成为义工需要什么条件。他告诉我说，他是个会计学的毕业生，退税义工可以算成他的工作经历。他还告诉我，任何人只要参加国税局的训练班，都可以成为退税义工，并把国税局的电话号码留给我。

第二年，我接到国税局的通知，邀请我参加他们的训练班。显然，那位义工将我的信息转交给国税局。退税训练班的时间是三天，从早上到晚上，每天八个小时满堂灌。

美国的个人所得税中，第一个重要的方面是减免部分，按家庭类别为一项，家庭人口为另一项。家庭类别，按婚姻状况分为单身、结婚合报、单亲、结婚分报等。单身减免的最少，一年约6,000美元。如果是结婚合报，一年的减免约12,000美元。如果是单亲，一年的减免约9,000美元。结婚合报的二分之一，正好等于单身减免的数额。这是近几年国会修改立法的结果。以前两个单身减免的总额，比结婚合报的数额要大，民众称之为"结婚罚款"。不少双职工的夫妇，宁可同居也不结婚，这样可以享受额外的税收减免。在许多人士的呼吁之下，国会总算加以修正，使得同居分开报税与结婚合报没有什么区别。这一措施旨在鼓励人们结婚。

以上是标准的减免，也可以叫做包干减免。还有一种"分类减免"，可以代替家庭类别减免。分类减免不是根据家庭类别，而是根据实际支出。该减免实质上是实报实销减免。分类减免包括医疗医药支出、房产税支出、房贷利息支出、捐赠等。如果这些支出加起来超过标准的家庭类别减免，纳税人可以选择此类减免，而不采用标准减免。有时候，仅房贷利息支出和房产税就是上万美元，远远超过标准减免。

家庭类别减免和分类减免犹如两股平行的车道，两者必居其一。如果报税人采用了家庭类别减免，就不可以再用分类减免；而如果采用了分类减免，就不得再用家庭类别减免。这一规定对促进民众买房和捐赠很有效。特朗普上台后取消分类减免，简化了税法。

减免的第二项是家庭人口减免，每人4,000多美元。人口越多，减免的就越多。如果是单身，一年的收入中，两项减免合计大约8,000～9,000美元。如果是一个三口之家的结婚家庭，一年约2,0000美元是免税的。个人所得税只对超过减免部分的收入征收。例如，三口之家(夫妻俩加一个孩子)年收入是45,000美元。按结婚合报，20,000美元收入免税，剩下的25,000美元须交个人所得税。

除了减免，还有退款补贴。该补贴具有美国特色。为鼓励低收入的穷人自力更生脱离贫困，报税中有一项补贴叫作"收入税抵免金"[①]。当一个人没有工作收入，该补贴为零。当一个人收入超过一定的量后，该补贴也为零。例如，一个单身者没有收入或年收入超过13,000美元时，收入税抵免金都是零。当他有1,000美元年收入时，政府奖励他78美元。如果他的年收入是2,000美元，奖励为155美元，当他的年收入在5,700到7,000美元时，补助是最高的，可以达到438美元。

如果是一个结婚合报的家庭，有两名19岁以下的孩子(如果孩子在上学，24岁以下也可)，补贴最高可达4,800美元。对于一个低收入的家庭，这是一笔相当可观的数目。政府每年在此项目上的补助，要花费大量的资金。

另一个重要的补助是教育补贴。如果孩子上大学，每个孩子头两年可以得到1,000多美元的补贴，直接抵税款。算下来，相当于4,000～6,000多美元收入的税额。成人上学也可以得到类似的教育补贴，且不受年限的限制。所以孩子去读书，一方面要花钱，另一方面有教育补贴，相抵之下负担会减轻。该教育补贴的规定，对于促进民众投资教育，起到一定的作用。

美国人一般不存钱。为了鼓励人们存钱和投资，税收中有一项规定，

[①] 收入税抵免金（Earned Income Credit，简称 EIC），也译为"低收入津帖"，"低收入所得退税"，"劳动所得税扣抵"等。

对长线投资人非常有利。任何收入（包括投资）都应交税。股票交易中
如果脱手挣钱，挣来的钱是要交税的。但是对于从投资中挣来的钱，税
收却不一样。如果是长线投资（持有期超过一年的股票和财产），税率
相对低一些。

扣除减免部分之后，剩下的部分可以计算税额。个人税的计算，基
于应交税收入的不同段进行计算，基本税率为10%，然后分别为15%、
25%、28%、33%和35%。以结婚合报为例，应交税收入在1美元至16,000
美元为10%，16,001至65,000美元为15%，从65,001到130,000美元为25%，
130,001到200,000美元为28%，逐次递增。对于富人，不少补贴和减免
对他们无效。所以许多富裕的在美华人眼瞅着大把银子交税又不能享受
补贴和减免，心疼不已。

三天的紧张学习结束后，我通过考试正式上岗，成为退税义工。我
被分配在城南的一个退税义工点。这是一个公共图书馆，图书馆挤出一
间办公室成为我们退税义工的临时办公室。2月中旬的一天，是退税义
工的启动日。市长来到我们点，新闻记者来了一大堆。市长慷慨激昂地
发表一番演说，大力赞扬了默默为民众服务的退税义工。

退税义工启动日的大肆宣传有两个目的，一是提醒民众该是报税的
时候了，不要拖到最后一日。美国人的作风比较拖拉。每年4月15日是
退税截止期，一个人如果没有急事，那一天千万别去邮局。因为许多美
国人总是在那一天才将退税表寄出。由于人满为患，为了不耽误民众报
税，邮局要延长开门时间，才能满足需求。宣传的第二个目的是，告诉
低收入的民众，他们可以得到免费的服务，可以获得他们所不了解的补
贴，可以从政府那里拿到本该属于他们的退款。根据国税局的估计，每
年仍有大量的民众因为对税务规定不了解，没有领取应该领取的补贴，
尤其是收入税抵免金补帖。

我们义工点的组长是位女士，叫丽娜。她也是州政府的公务员，在
单位里是个小头头，挺有领导经验。组里还有几位是国税局的雇员，他
们的单位要求员工主动出来帮助穷人报税。这些人都是税务专家，许多

难题到他们手上就迎刃而解，我从他们那里学到不少知识。我对计算机比较熟悉。每次服务，我总是提前到达办公室，把计算机和打印机连成网。义工服务结束后，我又帮着将计算机装进箱送回国税局。渐渐地，我成为丽娜组长的得力助手。

第一年的退税义工活动很快结束。到了分离的时候，我们组的成员点依依不舍，大家相约第二年还在同一个组。谁知我后来一干就是七八年，直至我因工作太忙最终放弃义工服务。在退税义工活动的最后一天，我们开派对。国税局的一位主管代表国税局向大家表示感谢，并赠送杯子、包包等纪念品。至今我的一只水杯、一只布包，还是当年发的纪念品。我们每人还得到一张由市长签发的奖状，作为纪念。

在退税义工服务中，我接触到不少穷苦的民众，遇到不少新鲜事。社会保险号是美国人的身份号码。所有在美国有合法身份的人，都有一个唯一的与别人不重复的号码。该号码的使用非常广泛，打工时需要它，考驾驶执照时需要它，银行开户时需要它。可以说，美国人离开该号码寸步难行。可是由于非法移民，社会保险号的使用存在着很大的问题。有一位墨西哥的偷渡客，拿着工资单找我帮忙报税。按规定，我们要求报税人出示社会保险号码卡。这是一张一寸宽二寸长的绿色小卡片，上面印有持卡人的姓名、号码及备注，注明持卡人是否可以合法打工。这位年青人拿不出这种卡。我瞧着他工资单上的社会保险号，问道："你是从那儿得到这个社会保险号的？"

"我随便乱填的。"他答道。

社会保险号的编制有一定的规律。从他填写的社会保险号看，该号码应该是真实的。我调侃道："你乱填的还挺在行的啊。"

他不好意思地小声告诉我："这是我一个朋友的号码。"

在 X 州，多人分享同一个社会保险号的情况还算好的。在加利福尼亚州，常常发生几十个人共同使用一个社会保险号的现象，令政府及执法部门伤透脑筋。面对这位非法移民的报税，我不知所措，只好请教丽娜组长。她告诉我，我们没有义务向移民局举报非法移民。他打工，向国家交税，应该按规定退还多征收的税款。我们使用的计算机软件，有自动检测社会保险号的功能。电脑会自动检测社会安全号与姓名是否符合。如果不符，报税表无法通过。我们得绕开计算机，帮他手工填好报税表，让他邮寄到国税局。这位年青人一年打工挣了一万多美元，算下来他可以得到几百美元的退税款，开开心心地走了。

比较复杂的是个体经营者的报税。他们的收入不高，但是麻雀虽小，五脏俱全，计算起来挺复杂。一位姑娘拿着一大堆单据，面带愁容地找到我。她已经在其他义工点碰过壁，退税义工们不愿意做如此复杂的报税计算，建议她请个会计师。她为难地告诉我，她是位个体经营者，自己在家里用手工做被子，然后设法卖掉。由于她的顾客不多，一年没挣多少钱，她实在没钱请会计师。她再三恳求我："先生帮个忙吧，我请不起会计师。他们收费至少100美元。"

瞧着她为难的样子，我挺同情的。可是她的材料太多，如果我帮她做，就会占用我一天的义工时间。我对她说，"你回家去先做好前期准备工作，把前一年的总收入算出来，再把成本分成几类加起来，发票归类装订好。下周的义工时间，我来为你做。这样可以减少我的工作量。我们这儿有规定，一般不做太复杂的退税。"

姑娘听到我的建议喜出望外，多跑一次腿，可以省下一笔会计师费用，对于她来说是值得的。第二个星期的周六，姑娘准时赶来，专门等我为她填报税单。由于她已经按照我的要求做好准备工作，我的工作量小多了，计算也简单得多。我花了大约半小时，把她的报税单做好。为了使她今后能够独立完成报税，我把要点向她做详细的解释，姑娘频频点头，临走时千谢万谢。

能为穷人省点钱，是我们退税义工的最大宽慰。那些受到帮助的人们，对义工心存感激。一位中年男士为表达谢意，特地买了只大蛋糕送给我们。丽娜组长为难地对他说："按规定我们是不能收取费用的。我们的退税服务是义务免费的，收下您的蛋糕就有违免费的规定了。"

那位男士是个豪爽之人，大嘴一咧笑道："那我作为你们的朋友，送给你们一只蛋糕也不行吗？"

盛情难却。丽娜组长代表我们退税义工向他表示感谢，同时招呼受我们帮助的报税者也来分享蛋糕。顿时，我们的服务点成了一个大派对，大家吃着蛋糕，谈论着退税义工的服务，充满着友好的气氛。

如果根据我们的计算，报税人可以得到退款，人们大多会欢天喜地。有一次，我为一个五口之家填报税单，他们可以得到5,000多美元的退款。对于一个年收入只有30,000多美元的家庭，真可谓是天上掉下个大馅饼。那对夫妇高兴地开怀大笑，临走时一再感谢。

可是，有的时候我们也会遭人指责。一位女士来找我帮忙报税。她已经去过一个退税义工点，因为不满意人家的计算，跑到我们这个点，期望能多得到一点退税。根据我的计算，前面一个义工点填的表是正确的。她满腹牢骚，将气撒到我身上，骂骂咧咧的。我陪着笑脸，耐心地向她解释有关规定。尽管我心里挺委屈的，但是此时我们不能对民众耍态度。那位女士愤然离去，声称要到另一个退税义工点去，再碰碰运气。

有时我们还会遇到稀奇古怪的事情。义工点来了一对西班牙裔男女，男的50岁开外，不懂英语，只会西班牙语，女的十七八岁，英语挺流利的，估计是在美国上的中学。男的有收入，女的不工作。这位姑娘对税收的规定略知一二，问我："我们可以按夫妻合报吗？"

根据他们的年龄来判断，他俩不像夫妻。我无意中问了一句："他是您的丈夫吗？"

姑娘犹豫了一下，不是很情愿地吐露真情，"不，他是我的养父。不过，现在我们同居了。"

这样的回答让我为难。从某种意义上，他们应该算夫妻，可以作为夫妻合报，多拿点退税。可是从另一种意义上，他们又是父女，是单亲家庭，退税会少一些。更为难的是，这是一桩乱伦案，如果此事曝光，这位养父搞不好会惹上官司。从他俩人的表情上看，姑娘并没有受到强迫和虐待。

我向姑娘建议道，"如果报为夫妻，将来查出你们是养父女关系，你们可能会有麻烦，还是报单亲家庭更适合一些。你看呢？"

我的想法很简单。他们在家里如何生活，是他们俩的自由和秘密，外人没有必要干涉。姑娘同意我的分析，点头同意，还向她的养父兼丈夫翻译我的话，那位男子也点头称是。这一奇遇，我没有向其他退税义工们讲述。至今我不知谊，我没有举报这桩离奇的养父女同居的事是对还是错。

丽娜组长做了几年的组长后表示要隐退，建议我接替她，任我们组的组长。我天生是个懒散之人，对出任管理工作兴趣不大。这种退税义工的组长更是难当，大家来自各个单位，一个星期见一次面，每年在一起的时间也就十来天。我婉言谢绝了丽娜组长的好意。结果一位中年黑人妇女被派来任我们小组的组长。不愉快的事情开始了。

丽娜组长本意是让我接替她。因为我多年来积极协助她工作，作为回报，她愿意协助我管理好这个组。没想到半路杀出个程咬金，肥水流入他人田。很明显，丽娜对新来的组长不那么友好。组里的其他同事习惯丽娜女士作组长，一下子来了个外人，大家对新组长也敬而远之。

新来的组长很孤单。看着她尴尬的样子，我于心不忍。我仍然用以前对待丽娜组长的态度对待新来的组长，有空时和她聊上几句，说几句鼓励话。在我看来，大家都是义工，不图名不图利，没有必要为这个有职无权的组长职位闹得不开心。

新组长对我很感激，私下问我："为什么组里的人对我如此冷淡，我是否在哪儿做错了？"

我心里嘀咕："你什么也没做错，只是不该不知深浅，空降到这个盘根错节的组来当组长。"不过我没有向她直说，只是与她打哈哈。没过多久，新组长知趣地走了。

后来丽娜在我们的鼓动下，又重新当上组长。想不到，在义工服务中也会出现争权夺利的斗争。真应了一句老话，凡是有人群的地方，总会分左中右，总会有矛盾。值得庆幸的是，我总是老老实实地做技术工作，很少卷入人际关系的斗争之中。

　　美国是个多民族的国家。许多民众来自世界各个角落。每当有人问起我是什么地方人时，我总是自豪地告诉他们，我来自中国大陆，并向他们介绍中国的风土人情和中国的文化。不少美国人对中国抱有好奇心。有的人对中国一无所知，也有的人对中国存有不少误解。经过和我不经意的聊天，我的听众或多或少地了解中国的一些情况。他们常说，在义工中他们遇到过来自台湾的中国人，来自香港的中国人，还没有遇到过来自中国大陆的中国人。受到他们讲话的启发，我逢人便自我介绍来自中国大陆，咱大陆人到美国学雷锋来了。

结束语

限于篇幅和保密的原因，我的故事还没有讲完。一些有趣的案件还没有了结，在此不能提及，连对家人都不能说。

虽然我没有像打工皇帝那样辉煌的业绩，也没有像成功商人那样富有，更没有像科学界精英做出非凡的贡献，但是我还算是发展比较顺利的。我属于千千万万出国留学生中选择留下来的一员。我常问自己，是什么原因使我留在这片陌生的土地上。"留"还是"走"的问题，是许多海外学子在毕业后常常被困扰的问题。

对我来说，留下的原因不完全是物质方面的。那么是什么呢？我是个不太会搞人际关系的人，除了尽力作好本职工作，其他方面显得弱智低能。幸运的是，在美国这片土地上，像我这样的人也能有很好的发展机会。当我的那些书呆子教授们欣赏我的刻苦努力，委我以重任时，当我的第一个老板对我说："只要我有权力留一个人，我就留你"时，当我的第二个老板两次尽力挽留我时，当我的现任老板遇到重大任务总是既给我压担子又处处尊重我时，做留下的选择是合乎情理的抉择。

我常说，我是个非常幸运的人。在美国这片陌生的土地上，我遇到好导师、好老板、好同学、好同事，有报不完的知遇之恩。士为知己者死，正是由于遇到知己，我付出比别人更多的努力，更加卖命地工作和学习，并乐此不疲。

现在常看到国内的报道，为了吸引海外人才回国，许多单位花重金，许以优厚的物质条件。诚然，一定的物质条件是必要的，但是海外人才的回归并非完全看重物质条件。许多在海外定居的人才，并不完全是冲着国外优厚的物质条件。宽松的工作环境，简单的人际关系，任人唯贤的用人之道，比优厚的物质条件更加吸引人才。

但愿国内在这方面能尽早地与国际接轨。

作者简介

张程（Keira Zhang）2012年获英国伦敦艺术大学时尚新闻学硕士学位，2017年获上海大学电影学硕士学位，现任某时装杂志编辑。

乔晞华（Joshua Zhang）1989赴美留学，1992年获社会学硕士学位，1996年获社会学博士学位，现任美国某州司法部研究人员。

张程、乔晞华合著：《西方社会学面面观》（2013年），《总统制造：留美博士眼中的美国大选》（2014年），《傲慢与偏差：66个有趣的社会问题》（2014年），《多棱镜下：中国的电影与时装、时尚》（2015年）。

乔晞华著：《既非一个文革，也非两个文革：南外红卫兵打死工人王金事件个案分析》（2015）。

乔晞华、James Wright合著：《Violence, Periodization and Definition of the Cultural Revolution: A Case Study of Two Deaths by the Red Guards》（2018），《文革群众运动的动员、分裂和灭亡：以社会运动学视角》（2019）。《Mobilization, Factorialinzation and Destruction of Mass Movements During the Cultural Revolution: A Social Movement Theory Perspective》（Forthcoming 2020）

www.ingramcontent.com/pod-product-compliance
Lightning Source LLC
Chambersburg PA
CBHW031805190326
41518CB00006B/206